国家重点研发计划(2016YFC0401610)
黄河水利委员会治黄著作出版资金资助出版图书

堤防深水漏洞抢堵与软体坝围堰堵口技术试验研究

汪自力　田治宗　何鲜峰　张宝森　等 编著

黄 河 水 利 出 版 社
·郑 州·

内 容 提 要

本书针对堤防堵漏堵口难题,系统总结了有关机理研究的理论分析、数值模拟成果,全面分析了堵漏堵口技术的试验过程和试验结果,介绍了相关案例和研究进展。本书分为上、下两篇,共设10章,上篇为“漏洞形成发展机理与堵漏技术”,下篇为“软体坝围堰汛期堵口技术”。上篇主要针对堤防深水漏洞抢堵难题,全面分析了堤防失事模式及漏洞形成发展机理,提出了对堤防“前堵后导”原则的再认识,重点探讨了深水漏洞不同抢堵技术的适用条件和局限性。下篇包括8章,主要针对软体坝(橡胶坝)围堰堵口技术的可行性进行了系统的理论分析和现场试验研究,解决了无基础软体坝设计、制造、运输、下沉、充起等一系列难题,主要内容包括堤防堵口技术发展及汛期堵口条件分析、软体坝围堰堵口总体布局与工程布置、软体坝围堰堵口关键技术、软体坝围堰装备与施工技术、软体坝堵口附属工程及施工技术、软体坝围堰堵口现场试验、软体坝堵口施工组织设计方案与可行性分析、动水堵口实例及主要认识。

本书主要为从事防汛抢险技术研究、培训或指挥者参考,也可作为水利工程、应急管理等专业的科研和教学人员以及相关专业管理人员的参考用书。

图书在版编目(CIP)数据

堤防深水漏洞抢堵与软体坝围堰堵口技术试验研究/汪自力等编著.—郑州:黄河水利出版社,2021.5
ISBN 978-7-5509-2995-1

Ⅰ.①堤… Ⅱ.①汪… Ⅲ.①堤防-防洪工程-研究②橡胶坝-围堰-技术-研究 Ⅳ.①TV871②TV551.3

中国版本图书馆CIP数据核字(2021)第099908号

组稿编辑:王志宽 电话:0371-66024331 E-mail:wangzhikuan83@126.com

出 版 社:黄河水利出版社 网址:www.yrcp.com
地址:河南省郑州市顺河路黄委会综合楼14层 邮政编码:450003
发行单位:黄河水利出版社
发行部电话:0371-66026940、66020550、66028024、66022620(传真)
E-mail:hhslcbs@126.com
承印单位:河南瑞之光印刷股份有限公司
开本:787 mm×1 092 mm 1/16
印张:17
字数:393千字 印数:1—1 000
版次:2021年5月第1版 印次:2021年5月第1次印刷

定价:120.00元

前 言

1998年长江、嫩江、松花江洪水,使堤防多处出现重大险情,并出现了长江大堤九江段决口特大险情,给黄河防汛敲响了警钟。黄河水利委员会于1998年10月决定成立黄河防汛抢险技术研究所,隶属黄河水利科学研究院和黄河水利委员会河务局双重领导,并于1999年3月23日揭牌,成为我国第一个列入科研事业单位建制的防汛抢险技术研发机构。

建所之初,虽只有8人,但人员专业结构、职称结构、年龄结构较合理,其中具有高级职称的6人(含教授级2人),具备研究生学历的5人,所涉及专业包括治河、渗流、土工、结构、机械、仪器、计算机等。通过与老专家座谈认识到,黄河下游堤防临背悬差大、堤防土质和地质条件较差、隐患多、险情突发性强,如果出现漏洞,用于抢护的时间较短,如发现不及时或抢护措施不得当,极易发展成决口并且迅速扩大。黄河大堤一旦决口,不但造成人民生命财产灾难性损失,政治影响和经济损失巨大,而且将造成洪泛区沙化,对生态环境和经济社会发展造成长期不利影响。在深感黄河防汛抢险技术研究工作的重要性、紧迫性和艰巨性的基础上,研究所明确了以堵漏、堵口技术为重点研究方向,积极吸纳国内外先进理念和技术,建立开放、协作的研究机制,逐步走入"以贡献求支持,以质量求生存,以创新增活力,以效益促发展"的健康发展轨道。

深水漏洞抢堵技术的研究,主要结合1998~2000年黄河防汛总指挥部举行的大规模堵漏演练工作进行。开展了漏洞形成与发展机理室内外试验研究,总结了软帘盖堵技术成败的经验教训,分析了深水漏洞抢堵困难的原因,对"前堵后导"原则进行了再认识,开展了软帘盖堵、大型机械推运散土堵漏、化学灌浆堵漏等一系列试验,为深水漏洞抢堵提供了理论基础和技术支撑。

黄河堤防软体坝围堰快速堵口技术研究,从1998年下半年开始,并得到国家防汛抗旱总指挥部(简称国家防总)办公室"防汛抢险关键技术研究"项目资助,全程得到黄河防汛抗旱总指挥办公室和兄弟单位的大力支持。通过近两年的研究,最终提出了"堤防堵口软体坝围堰技术研究"总报告和七个分报告。该研究工作大体上经历了三个阶段:第一阶段为前期研究阶段,在该阶段对无基础橡胶坝的分析方法进行了较深入的研究,并提出了橡胶坝——钢浮箱围堰方案;第二阶段为现场橡胶坝围堰试验阶段,在该阶段进行了水深1.5 m,口门宽20 m的橡胶坝围堰堵口试验,验证了设计理论,进行了现场观测;第三阶段为综合研究阶段,在该阶段结合"黄河下游典型河段堤防溃口对策预案"给定的条件,针对水深5 m、最大流速3 m/s的情况,通过"口门区水力特性和冲淤特性模型试验"及黄河传统堵口技术的分析,立足于快速堵口,提出了以软体坝围堰为主的堵口新技术方案。

此后,又进行了防汛道路应急处置、移动式导流装置、土石接合部抢护等一系列技术研究工作,2004 年结合蔡集 54 坝水中进占工程,成功研发了车斗型大网笼、大土工包机械化抢险技术并得到广泛推广应用。作为专家组成员,多次参加洪灾、震灾应急处置工作,如 2003 年 10 月黄河下游滩区蔡集生产堤决口堵复、2008 年 5 月汶川地震震损水工程应急处置、2015 年 6 月尼泊尔地震日喀则市灾后重建核查、2016 年 8 月鄂尔多斯市淤地坝水毁原因调查等。2016 年以来积极参加国家重大研发计划申报和评审工作,对新方法、新材料、新技术等在防汛抢险中的应用有了新的认识。

2019 年 9 月 18 日,习近平总书记在郑州市主持召开"黄河流域生态保护和高质量发展座谈会"并发表重要讲话,指出洪水风险依然是流域的最大威胁,并发出"让黄河成为造福人民的幸福河"的伟大号召,对黄河防汛工作提出了更高的要求。2020 年初,一场突如其来的新型冠状病毒肺炎疫情给水毁工程修复等防汛准备工作造成极大困难,水利部提出大江大河及重要支流应编制防超标准洪水预案并进行实战演练的要求,要做到超标洪水不能打乱仗,标准内的洪水不能出意外,并采取了一系列措施,有效应对了 1998 年以来我国发生的最严重汛情。其间,2002 年创作的《黄河防汛抢险技术画册》,因其图文并茂、通俗易懂,近两年借助新媒体得到广泛传播,也让作者感到欣慰,同时也激起把有关堵漏、堵口研究工作整理出版方便交流、完善提高的想法。

在整理书稿过程中,不禁为当时的科研环境、科研团队感到自豪和庆幸。大家不为名利,静下心来发挥各自专业优势为解决问题献计献策、努力工作,并得到上级部门认可,连续多年获得黄河水利科学研究院目标管理先进单位,获得 2001 年度黄河水利委员会"文明处室"、2003 年黄河抗洪抢险先进集体、黄河"十五"工程管理先进集体、黄河"十五"防汛工作先进集体等荣誉称号,成为水利部堤防安全与病害防治工程技术研究中心、水利与交通基础设施安全防护河南省协同创新中心、重大基础设施检测修复技术国家地方联合工程实验室等平台的重要支撑单位。

该书分为上、下两篇,共设 10 章,上篇为"漏洞形成发展机理与堵漏技术",下篇为"软体坝围堰汛期堵口技术"。上篇包括 2 章,主要内容为堤防失事模式及漏洞形成发展机理、堤防堵漏原则与堵漏技术;下篇包括 8 章,主要内容为堤防堵口技术发展及汛期堵口条件分析、软体坝围堰堵口总体布局与工程布置、软体坝围堰堵口关键技术、软体坝围堰装备与施工技术、软体坝堵口附属工程及施工技术、软体坝围堰堵口现场试验、软体坝堵口施工组织设计方案与可行性分析、动水堵口实例及主要认识。

该书主要根据研究报告、论文整理而成,其中不乏原创性成果,也反映一代人智汇黄河抢险技术的使命担当。在此谨向潘恕、余咸宁、许雨新、王卫红、兰华林,以及李斌、岳瑜素、梁羽飞、顾列亚、王帅等为此书撰写直接提供资料的各位专家表示崇高的敬意,并在每章后面所附的参考文献中列出。在整理书稿过程中,抱着温故知新的态度,系统总结了堵漏堵口技术的研究成果,并吸纳了国内外最新研究成果,展望技术的改进途径,可供开展堤防抢险技术研究的人员参考。

该书由汪自力、田治宗策划并统稿，各章编写人员如下：第1章由李娜编写，第2章由李娜、于国卿编写，第3章和第4章由张晓华编写，第5章由何鲜峰、张晓华编写，第6章和第7章由谢志刚编写，第8章和第9章由张宝森编写，第10章由邓宇、张宝森编写。

该书的出版得到国家重点研发计划（2016YFC0401610）、黄河水利委员会治黄著作出版资金的资助，谨以此书献给长期关心支持黄河防汛抢险技术研究的领导和专家，但愿此书的出版能为黄河水利科学研究院建院70周年增添光彩。鉴于堵漏堵口技术的复杂性，书中理论、技术还有较大的改进空间，加之作者水平有限，书中不当或错误之处，敬请读者批评指正。

作　者

2020年9月

目 录

上篇 漏洞形成发展机理与堵漏技术

下篇 软体坝围堰汛期堵口技术

上篇　漏洞形成发展机理与堵漏技术

第 1 章　堤防失事模式及漏洞形成发展机理

漏洞是贯穿于堤身或堤基的流水通道,其中水流常为压力管流,流速大、冲刷力强,险情发展快,如发现不及时或抢护不当极易造成决口。本章介绍了堤防工程险情类型和等级划分及堤防失事模式,并运用理论分析、数值模拟、室内试验、原型试验等手段,重点对造成溃决失事的漏洞形成及发展机理进行了深入研究,并将堤防漏洞形成及发展过程划分为几个阶段;试验研究了穿堤涵闸土石接合部脱空开裂、填筑不密实对接触渗透破坏的影响,并分析了淤地坝决口的原因,提出了震损水工程应急处理的方法。有关成果深化了对堤防漏洞形成发展机理的认识,可为堤防查漏、堵漏技术研究提供理论指导。

1.1　堤防工程及其险情类型

1.1.1　堤防工程概况

堤防工程是重要的防洪工程之一,其主要作用是约束水流、抵御风浪和海潮、限制洪水泛滥、保护两岸工农业生产和人民生命财产安全等。堤防工程包括堤防、堤岸防护工程、穿(跨)堤建筑物及其与堤防接合部等。堤防种类较多,按抵御水体类别可分为河(江)堤、湖堤、海堤等,按筑堤材料可分为土堤、砌石堤、土石混合堤、钢筋混凝土防洪墙等。土堤具有就近取材、便于施工、能适应堤基变形、便于加固改建、投资较少等优点而被广泛采用,但也有体积大、占地多、易受水流与风浪破坏等局限性。土堤填筑的质量标准主要是控制土的密实度、均匀性,土料要尽量选择有足够抗剪强度和较低渗透性和压缩性的。

截至 2018 年底,全国已建 5 级以上江河堤防 31.2 万 km,累计达标堤防 21.8 万 km,达标率为 69.8%;其中 1 级、2 级 4.22 万 km,累计达标 3.4 万 km,达标率为 80.5%。全国已建江河堤防保护人口 6.3 亿,保护耕地 4 100 hm^2。堤防在防洪、灌溉、城乡供水、航运和旅游等方面发挥了巨大的经济效益和社会效益。1998 年洪水以后,我国在大江大河上斥巨资进行重点堤段除险加固,使得堤防工程的抗洪能力整体上得到了明显增强。然而由于堤防工程自身的特殊性和复杂性,以及极端气候条件造成的强降雨等,河道堤防出现管涌、漏洞甚至决口等重大险情仍时有发生,造成重大损失,引起社会高度关注。2020 年 7 月 17 日,习近平总书记主持中共中央政治局常务委员会研究部署防汛救灾工作,指出:江河堤防防汛救灾关系人民生命财产安全,关系粮食安全、经济安全、社会安全、国家安全,必须坚持预防预备和应急处突相结合,工程措施与非工程措施相结合,争取把重大堤防工程建设、城市内涝治理以及加强防灾备灾体系和能力建设等纳入“十四五”规划中统筹考虑。其中,堤防堵漏、堵口就是有效控制险情、把淹没损失降到最低的有力应急抢险措施,从机理分析、技术研发、案例总结等凝练出高效的机械化堵漏、堵口技术具有重要的理论意义和实践价值。

1.1.2 堤防工程主要险情分类分级

1.1.2.1 堤防工程险情

堤防工程包括堤防、堤岸防护工程、交叉连接建筑物和管理设施等。河道堤防经常出现的险情类型可概括为渗水、管涌、漏洞、滑坡、陷坑、冲塌、裂缝、风浪淘刷和漫溢等。穿堤涵闸本身及其土石接合部可能发生滑动、渗水、管涌、漏洞、裂缝、启闭故障等险情。对于标准内洪水,这些险情如果发现及时,抢护得当,一般都能得到有效控制,因此即使在洪水期出现这些险情一般也是容许的,但不容许这些险情继续发展成决口事件。因此,将大堤决口作为不能容许的风险来进行安全评价是与目前大江大河经济社会以及抢险技术发展水平相适应的。

1.1.2.2 黄河防洪工程主要险情分类分级

为规范黄河防洪工程险情上报、分级处置和责任追究,有利于报险"及时、全面、准确、负责"原则的落实,黄河防汛抗旱总指挥部办公室将险情依据严重程度、规模大小、抢护难易等分为一般险情、较大险情、重大险情三级,其划分标准见表1-1。

表1-1 黄河防洪工程主要险情分类分级标准

工程类别	险情类别	险情级别与特征		
		重大险情	较大险情	一般险情
堤防	漫溢	各种险情		
	漏洞	各种险情		
	管涌	出浑水	出清水,出口直径大于5 cm	出清水,出口直径小于5 cm
	渗水	渗浑水	渗清水,有沙粒流动	渗清水,无沙粒流动
	风浪淘刷	堤坡淘刷坍塌高度1.5 m以上	堤坡淘刷坍塌高度0.5~1.5 m	堤坡淘刷坍塌高度0.5 m以下
	坍塌	堤坡坍塌堤高1/2以上	堤坡坍塌堤高1/2~1/4	堤坡坍塌堤高1/4以下
	滑坡	滑坡长50 m以上	滑坡长20~50 m	滑坡长20 m以下
	裂缝	贯穿横缝、滑动性纵缝	其他横缝	非滑动性纵缝
	陷坑	水下,与漏洞有直接关系	水下,背河有渗水、管涌	水上
险工	根石坍塌		根石台墩蛰入水2 m以上	其他情况
	坦石坍塌	坦石顶墩蛰入水	坦石顶坍塌至水面以上坝高1/2	坦石局部坍塌
	坝基坍塌	坦石与坝基同时滑塌入水	非裹护部位坍塌至坝顶	其他情况
	坝裆后溃	坍塌堤高1/2以上	坍塌堤高1/2~1/4	坍塌堤高1/4以下
	坝垛漫顶	各种情况		

续表 1-1

工程类别	险情类别	险情级别与特征		
		重大险情	较大险情	一般险情
控导	根石坍塌			各种情况
	坦石坍塌		坦石入水 2 m 以上	坦石不入水
	坝基坍塌	根坦石与坝基土同时冲失	坦石与坝基同时滑塌入水 2 m 以上	其他情况
	坝裆后溃		连坝全部冲塌	连坝坡冲塌 1/2 以上
	漫溢	裹护段坝基冲失	坝基原形全部破坏	坝基原形尚存
涵闸虹吸	闸体滑动	各种情况		
	漏洞	各种情况		
	管涌	出浑水	出清水	
	渗水	渗浑水,土与混凝土接合部出水	渗清水,有沙粒流动	渗清水,无沙粒流动
	裂缝	土石接合部的裂缝、建筑物不均匀沉陷等引起的贯通性裂缝	建筑物构件裂缝	

1.2 堤防失事模式

1.2.1 大堤决口类型

按照引发大堤决口的主要动力,可将堤防决口划分为水力决口型和非水力决口型两大类。水力决口型按照水作用的形态不同又可分为漫溢决口(漫决)、冲刷决口(冲决)、渗透决口(溃决)、凌汛决口(凌汛决)等 4 类;非水力决口型主要包括出于战争目的的人为扒口和地震诱发的决口 2 类。本节仅对水力决口类型进行讨论,并将其破坏过程分为不同失事模式。

1.2.2 水力决口型堤防失事模式

1.2.2.1 漫决失事模式

大堤防洪标准过低或遇到超标准特大洪水或因河道受阻,在河水位猛涨超过堤顶高程且来不及抢护时,水流将漫溢堤顶,由此产生的堤防决口称为漫溢决口,简称漫决。漫溢的发生可归结为以下几种情况:超标准洪水、堤防本身未达到设计标准、防浪超高设计不够、河道淤积严重、河道上修建阻水建筑或盲目围垦及河势变化等。

1.2.2.2 冲决失事模式

由于河水主流直接顶冲淘刷堤脚导致堤防崩塌而发生的决口,称为冲刷决口,亦即冲决。冲刷决口在黄河上发生概率比较高,据统计,黄河在山东境内历年 424 个决口中,属于冲决的就有 78 个。黄河下游属于游荡性河段,河势摆动频繁,尤其对黄河下游“二级悬河”堤段,一旦发生较大洪水,将可能引起重大河势变化,有可能出现“横河”“斜河”“滚河”现象,黄河主流将直冲大堤,增大了冲决的危险,如图 1-1 所示。因此由于黄河多泥沙的特性,无论从历史和现状来看,冲决模式都是黄河下游发生概率最高的。

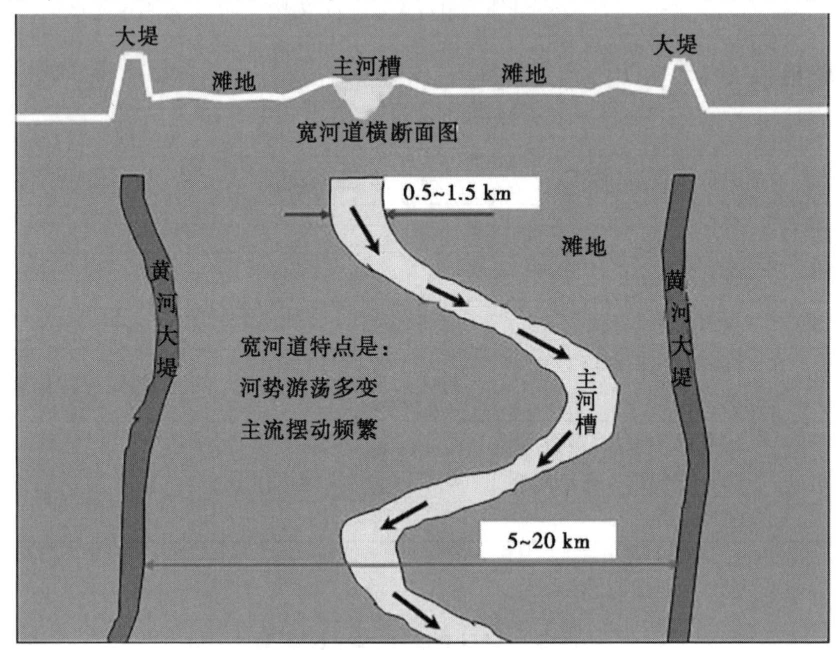

图 1-1　黄河宽河道状态示意图

1.2.2.3　溃决失事模式

由堤身或堤基渗透破坏引起的水流穿越堤身所造成的决口称为溃决。根据黄河下游洪水大小将溃决分为两类:①大洪水时下游堤防全段偎水;②中常洪水下漫滩洪水在“二级悬河”较为发育的宽河段,由于堤根洼排泄不畅造成局部河段大堤长时间偎水。在上述两种情况下,由于悬河的特点,偎水堤段临背河水位差大,堤身堤基土质抗渗性又差,极易发生渗水、管涌、漏洞、塌陷等险情,若未及时发现或抢护不当,都会导致堤防溃决。另外,因近堤取土将临河滩地表层不透水层破坏,或者大堤受到冲刷后,造成堤坡严重坍塌,渗径缩短,也会促成渗透破坏的发生。标准化堤防建成后,虽然堤身得到加宽,但堤基并未处理。因此,黄河下游大堤在大洪水时发生溃决的概率仍较大,应引起高度重视。

1.2.2.4　凌汛决口失事模式

在北方严寒地区,由凌汛洪水导致的堤防决口称为凌汛决口,又称凌汛决。据统计,黄河下游自 1855 年至 1938 年,有 24 年发生凌汛决口,决溢 74 处,特别是 1927~1937 年,几乎年年凌汛决口。1951 年和 1955 年也因抢护不及时而决口,淹没山东省利津等 3 县农田 8.87 万 hm^2,受灾人口 26 多万人。

封冻冰层破裂,随水流动,无横跨河面的固定冰层,叫作开河。开河又分为文开河和武开河。文开河是平稳开河,是以热力为主的开河,是由气温回升造成的。武开河则是以水力为主的开河,上游来水流量增大,强迫开河,这种开河危险性更大。

冰块堆积横跨整个断面,显著抬高水位的现象,叫作冰坝。冰坝的形成有三个条件:一是河段上游武开河,冰质较强;二是有足够的来水量和来冰量;三是有阻止冰块顺利下泄的河道。在黄河下游,通过小浪底水库流量调节和严格审批跨河桥梁的桥墩间距,已大大减轻了下游凌汛的压力,发生凌汛决的概率相对较小。但在黄河宁蒙河段仍受凌汛威胁,2008 年 3 月 20 日,在黄河内蒙古杭锦旗段连续发生两个决口。

1.3　堤防漏洞形成发展机理

1.3.1　研究目的与手段

通过对大堤溃决过程的初步分析发现,大堤自然溃决都经历了渗水、流土、漏洞、决口等阶段,因此堤防漏洞的形成和发展是导致溃决的关键环节,深入研究漏洞的形成和发展过程是研究溃决机理的关键。为此,以黄河大堤为例开展了室内试验、现场试验,并进行了理论分析和有限元数值模拟,但其研究手段和主要结论也基本适合其他土质堤防。

1.3.2　漏洞形成的机理

黄河大堤由于历史原因形成堤基基础复杂,堤身内土质不均匀,且砂性土含量较高,存在松土、洞穴、裂缝等隐患。同时由于堤防多年未经洪水考验,一旦发生大堤偎水,其临背河水头差大,持续时间长,在背河将出现渗水、管涌险情,并极有可能形成漏洞,进而发展成决口。漏洞的起因可归为两类:一类是由堤身或堤基存在的隐患造成局部薄弱带引起的;另一类是由堤身或堤基因断面不够发生渗透破坏引起的。

第一类是堤防修建过程留下的隐患(如虚土层、穿堤建筑物等)或动物的破坏形成的。当隐患部位与水接触之后,便发生较快的浸润和渗漏。当渗漏带走了一定数量固相物之后,会使渗漏道路畅通,造成临背河贯穿性漏洞。这类漏洞的形成速度较快,且在低水位时也可能发生。由于隐患分布的随机性强,影响其形成渗漏通道的因素多,漏洞的形状和出口位置多样,目前尚无较好的预测方法。

第二类破坏是由于堤身断面不能满足必要的渗径要求引起的,且多发于长历时高水位情况。由于黄河下游砂性土的颗粒级配组成的特点,渗透破坏的形式以流土破坏为主。一般情况下,背河堤脚处会首先出渗,当超过土体的允许渗透坡降时,就可能发生以流土破坏为主的渗透变形,并逐渐形成贯穿临背河的漏洞。这类漏洞的形成过程较长,与高水位长期浸泡有关,其出口多在堤脚。黄河堤防多数堤段由于平时并不偎水,遇漫滩洪水后,堤身渗流情况则属典型的饱和—非饱和不稳定渗流。堤身浸润线变化滞后于临河水位变化,其形状不仅与堤身和堤基的透水性有关,而且与整个洪水历时过程也有关。另外,应特别指出的是,浸润发展快慢还与大堤偎水前堤身的含水率及地下水位埋深关系很大,因此用饱和—非饱和不稳定渗流分析方法计算浸润线的变化过程更为合理。还需注意的是,因临河近堤取土将相对不透水层挖穿或者近堤处不合理的打井、钻孔、挖坑塘等也会大大加快渗透破坏的速度。

1.3.3 漏洞发展的机理

漏洞发展速度对于抢险工作至关重要,主要影响因素是洞内流速及周围的土质等。为此,对概化模型进行了理论分析和室内试验。

1.3.3.1 漏洞内流速

如图 1-2 所示,在漏洞形成初期,漏洞内水流为有压流,出流为自由出流,洞径沿程变化不大,漏洞内各断面流速可视为相同,故可近似按简单管道在大气中的自由出流公式计算,即由 1—1 断面、3—3 断面能量方程可推出:

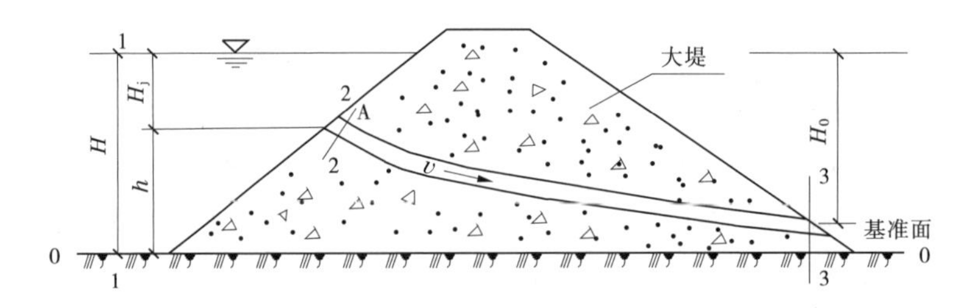

图 1-2 堤防漏洞示意图

$$v = \mu\sqrt{2gH_0} \tag{1-1}$$

其中:

$$\mu = \frac{1}{\sqrt{1 + \lambda\dfrac{L}{d} + \sum\xi}} \tag{1-2}$$

式中:μ 为修正后的渗漏通道(漏洞)的流量系数,其大小与漏洞所在堤段的土质、密实度、洞长、洞径等有关;H_0 为漏洞出口的中心距临河水面的高度,主要与临背河水位差有关;g 为重力加速度;L、d 分别为漏洞的长度和直径;λ 为沿程阻力系数,主要与洞壁的粗糙程度、洞径有关;$\sum\xi$ 为从漏洞进口到出口的各种局部水头损失系数的总和。

从式(1-1)、式(1-2)可看出,在水深一定的条件下,漏洞出口位置越低,洞内流速越大。由于黄河堤防的临背差较大,漏洞出口往往很低,因此洞口出流流速也较大。从影响 μ 值的因素看,洞径越大,漏洞越短,流速就越大;洞壁越光滑,沿程水头损失就越小,洞内流速就越大;此外,若能增加洞内或进出口的局部水头损失,也可降低洞内流速。

1.3.3.2 漏洞进口处吸力

众所周知,堤防漏洞能产生吸力。其值大小直接关系到抢堵的方法和难度,但目前尚未有准确的计算方法。这里近似采用能量方程进行分析计算。如图 1-2 所示,选择河底为计算基准面,列 1—1 断面、2—2 断面能量平衡方程:

$$H + \frac{\alpha_1 v_1^2}{2g} = h + \frac{p_2}{\gamma} + \frac{\alpha_2 v_2^2}{2g} + \xi_j\frac{v_2^2}{2g} \tag{1-3}$$

式中:H 为总水深;α_1、α_2 为动能修正系数,与漏洞截面上流速分布的均匀性有关,流速分布越不均匀,其值越大;v_1 为 1—1 断面行进流速,可忽略不计;h 为 2—2 断面中心点距基准面高度；p_2 为2—2断面中心点的压强；v_2 为2—2断面中心点处的水流流速；ξ_j 为漏洞进口处局部水头损失系数。由式(1-3)可得：

$$(H-h)-\frac{p_2}{\gamma}=(\alpha_2+\xi_j)\frac{v_2^2}{2g} \tag{1-4}$$

式(1-4)左端为洞内外压力差，而右端是洞内流速的函数，其值恒为正值，故洞内压力总是小于洞外压力，即在进口处产生吸力。洞内流速越大，右端项越大，洞内吸力就越大，洞口产生的漩涡就越强烈。其大小与洞内流速关系最大，而与洞子进口高低无直接关系。但为什么一般认为深水漏洞处吸力更大呢？一般来讲，这是由于漏洞进口越低，出口位置也越低，临河与漏洞出口水头差也越大，洞内流速也就变大，洞口吸力也就大。事实上，即使对浅水漏洞，如果其出口位置较低，洞内流速也会很大，相应吸力也会很大，这一点在抢险时应特别注意，以免发生人身安全事故。由此可见，在相同的洞内流速条件下，无论进口位置高低，其吸力相差不大，由此产生的漩涡强度应基本一致，这就是为何浅水漏洞易在表面发现漩涡，而深水漏洞就不易发现漩涡的道理。

1.3.3.3 漏洞进口处压力

若用软帘等将漏洞进口覆盖，由于水流突然中断，其所受压力在不计瞬时吸力的情况下为

$$P=\gamma H_j\omega \tag{1-5}$$

式中：H_j 为漏洞进口中心距水面的高度；ω 为洞口面积；γ 为水的容重。

当 H_j 超过2.5 m时，压强将高达25 kPa，并可能将强度不高的软帘压破。另外，在软帘覆盖洞口的一瞬间，由于来流突然中断，洞口内还会产生瞬时负压，对软帘有很强的吸力(类似水锤的作用)。所以，应充分考虑这两方面对软帘材料强度的要求，选择高强材料。

1.3.3.4 洞内水流流速、压力分布

洞内水流流速、压力随着洞径的变化而变化，其相互关系可近似由能量方程式解释，即各断面总能量在减小(沿程水头损失影响)，位能、压能、动能三者在不断转化。

洞内水流流速随着洞径的发展总体呈加大趋势，沿程表现为漏洞进口处小，考虑到洞径变化的影响，最大流速应在中间有压段或出口段，尚需进一步研究。

洞内压力随着洞径的增加总体呈减小趋势，即有压流→半有压流→全明流。沿程表现为进口处最大，并逐段减小，到出口处最小。

在进行堵漏时，堵漏效果可通过观测洞内压力、流速变化得知。如临河塞堵后，洞内压力和流速均会明显减小；而在背河修筑反滤围井后，洞内流速减小，而洞内压力则会增加。

1.3.4 漏洞形状及土体抗冲蚀室内试验

1.3.4.1 漏洞形状水槽试验

为更直观地了解漏洞发展过程，用重砂壤土在水槽中修筑了均质模型坝进行试验。在洞内半有压流阶段，漏洞剖面形状、水面线形式见图1-3。从图1-3中可看出，漏洞洞径沿程变化较大，可分为三段，即进口段、中间段、出口段，且进、出口断面大于中间断面，出

口断面大于进口断面,最小断面出现在中部偏下部位。漏洞的前半部为有压流,后半部为无压流,整个漏洞呈半有压流状态。其原因可做以下分析:

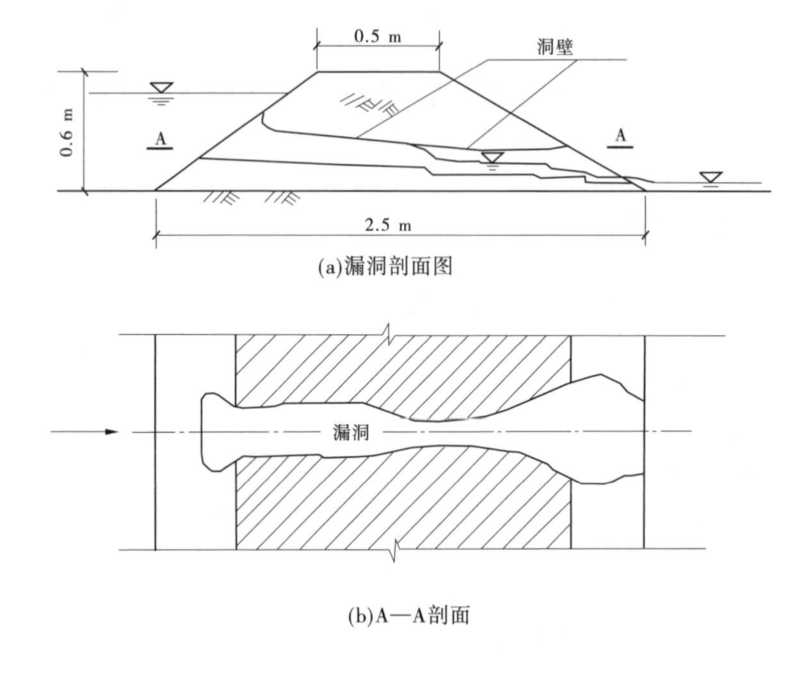

(a)漏洞剖面图

(b)A—A剖面

图 1-3　水槽试验漏洞剖面

对堤身漏洞来讲,由于其出口比降突然增大,水流极易形成跌水,产生溯源冲刷,然后逐渐向洞内发展,两边土体则不断受淘刷而扩宽,上方土体由于下方土体被淘空,出现拉应力,在自重作用下失去稳定而坍塌,坍塌土体则被水流带向下游,出口以向下发展为主(对层状结构明显的土体则有可能向两侧发展较快);在进口,初始漏洞进口形态棱角比较突出,其棱角部分将首先受到水流的冲刷,使其适应水流流线。进口上方土体在水流冲刷、水压力及自重的作用下,极易发生坍塌且发展迅速,其发展速度要明显快于向下发展速度,向下发展速度主要受制于出口侵蚀基准面,因而较慢。因此,漏洞进口以向上发展为主,逐渐形成外大内小喇叭形态。

1.3.4.2　不同土体的抗冲蚀试验

(1)黏粒含量影响:对黏性土用“8”字形断裂冲刷仪直接拉伸方法对其断裂强度和裂缝抗冲蚀能力进行了试验,结果表明,黏性土裂缝(非表面缝)的抗冲能力与土的颗粒级配、密实度、含水率诸因素有关,它随着土体中黏粒含量的增加而提高,随着密实度的增加而增大。在适宜的含水率和密实度情况下,粉质壤土的抗冲蚀流速为 4.72~6.69 cm/s,冲蚀水力坡降为 0.11~0.15;黏土的抗冲蚀流速为 14.84~30 cm/s,冲蚀水力坡降为 0.58~1.33。由此可见,土体黏粒含量对其抗冲能力影响较大。

(2)分散土与非分散土:据有关试验,我国北方的非分散性土,抗冲蚀流速在 100 cm/s 左右,冲蚀水力比降大于 2.0;而分散性土抗冲蚀的流速很小,小于 5 cm/s,冲蚀水力比降甚至小于 1.0。由此可见,分散土与非分散土的抗冲能力相差很大。

1.3.5　漏洞周围土体的应力计算

为分析漏洞形成后对其周围土体应力变化的影响,采用三维线弹性有限元法,对漏洞周围堤身土体受力状态进行了分析计算,得出相应的拉力区与压力区的分布状况,从而为进一步分析漏洞在高水位作用下的变化情况提供依据。

1.3.5.1　概化模型

如图 1-4 所示,模型堤堤顶宽 5 m,堤高 6 m,临背边坡均为 1∶1.67。漏洞设为水平直洞,洞径分别按 50 cm 和 100 cm 考虑,洞的中心线距离堤顶 4.5 m。

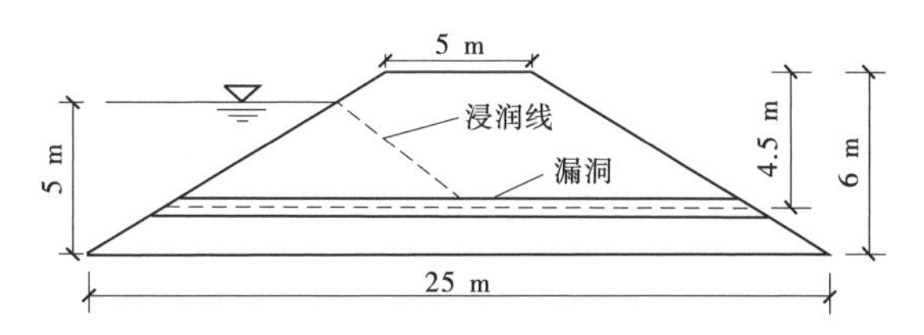

图 1-4　模型堤剖面示意图

1.3.5.2　水压力分布

上游水深 5 m,下游无水;洞内水压力分布假定为直线分布,出口为 0。对浸润线也做了简化处理。

1.3.5.3　计算参数

大堤为均质坝,采用重砂壤土,湿容重为 18.5 kN/m^3,干容重为 16.5 kN/m^3,饱和容重为 20.4 kN/m^3, 黏聚力 $c=15$ kPa, 内摩擦角 $\varphi=27°$,压缩模量 $E_s=20$ MPa,弹性模量 $E=14.85$ MPa, 泊松比 $\mu=0.3$。

1.3.5.4　边界条件处理

在建立有限元模型时,沿大堤长度方向取 10 m 作为计算范围,两侧面加以连杆约束,底部采用固定约束。

1.3.5.5　计算工况

计算分为 5 种工况:①漏洞洞径为 50 cm,堤身内浸润线未形成(暂不考虑孔隙水压力);②漏洞洞径为 100 cm,堤身内浸润线未形成(暂不考虑孔隙水压力);③漏洞洞径为 100 cm,堤身内浸润线如图 1-4 所示;④漏洞洞径为 100 cm,但洞上方有部分坍塌而变为平顶,堤身内浸润线如图 1-4 所示;⑤情况基本同工况④,但把浸润线以下土的弹性模量降低 10%。

1.3.5.6　计算结果分析

1. 成果整理方法

根据计算结果和受力特点以及研究所关心的部位,最终将两个典型剖面的应力应变结果进行了整理。Y1、Y2 为相邻的两个横剖面,间距为 2 m,其中 Y2 剖面位于漏洞中心线,其坐标 $Y=5.0$,而 Y1 坐标 $Y=2.0$。坐标轴的方向为:X 轴从上游指向下游,Y 轴沿大堤长度方向,Z 轴沿高程垂直向上。位移与坐标轴方向相同时为正;应力以压应力为正,拉应力为负。

2. 计算成果及分析

现以计算工况①为例进行分析。图 1-5～图 1-10 分别给出了 Y1 剖面内土体的位移和正应力分布图。

从图中位移的变化趋势来看，符合土体在自重和水压力作用下的变形规律，最大 *X* 向位移为 2.52 mm，发生在下游边坡附近；最大 *Z* 向位移为 16.96 mm，发生在堤顶附近。而从图中应力的变化趋势来看，由于土体自重为主要的作用力，因此竖向的应力随深度的增加由小变大。*X*、*Y* 向的应力作为侧向应力，变化规律基本同 *Z* 向的分布。同时由于上游水压力的作用，三个方向的应力分布都出现上游大于下游的趋势，特别在 *X* 向应力的等值线图中表现最为明显。

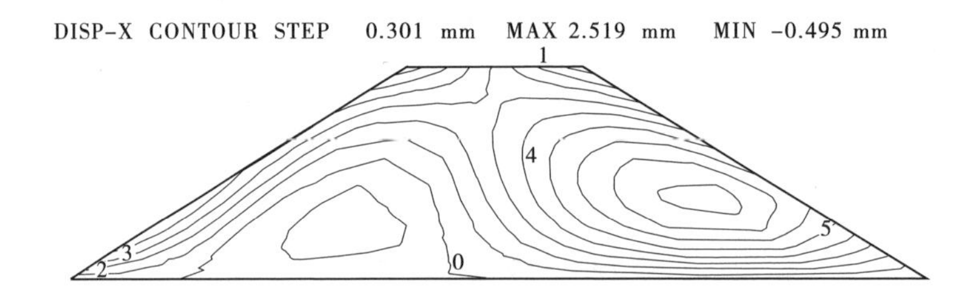

图 1-5　Y1 剖面 *X* 向位移等值线分布图

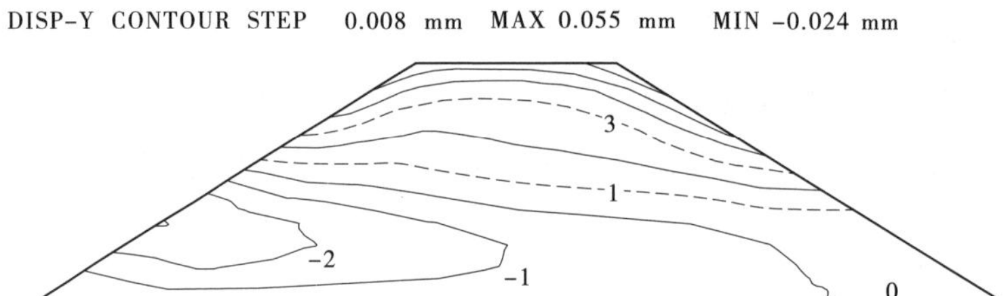

图 1-6　Y1 剖面 *Y* 向位移等值线分布图

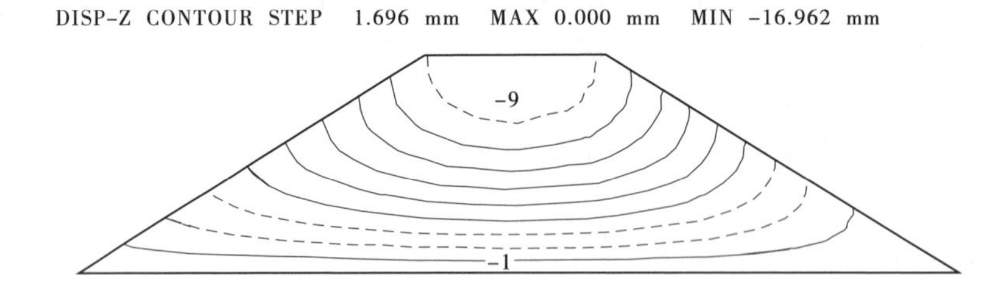

图 1-7　Y1 剖面 *Z* 向位移等值线分布图

图 1-11～图 1-13 分别给出了 Y2 剖面的 *X*、*Y*、*Z* 向的正应力等值线分布图。从应力的分布趋势上看，它与 Y1 剖面基本相似，只是在漏洞处等值线出现转折。在三个方向的应力中，*Y*、*Z* 向的应力对漏洞的变形起主要作用，*Z* 向应力有使漏洞变扁的趋势，而 *Y* 向应力

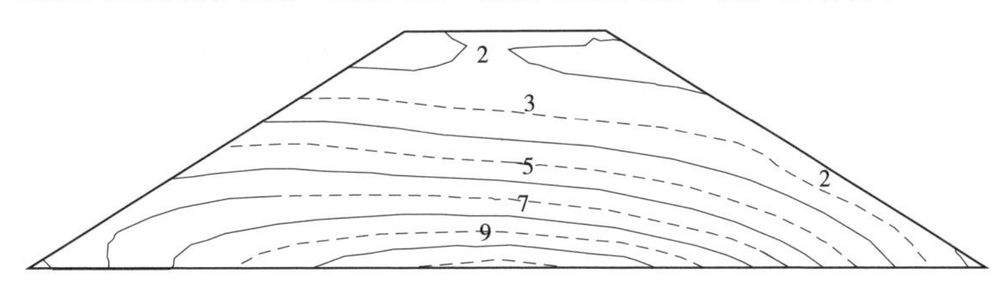

图 1-8　Y1 剖面 X 向应力等值线分布图

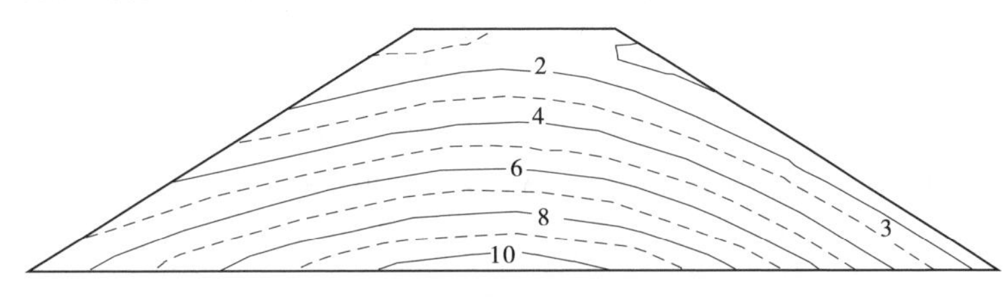

图 1-9　Y1 剖面 Y 向应力等值线分布图

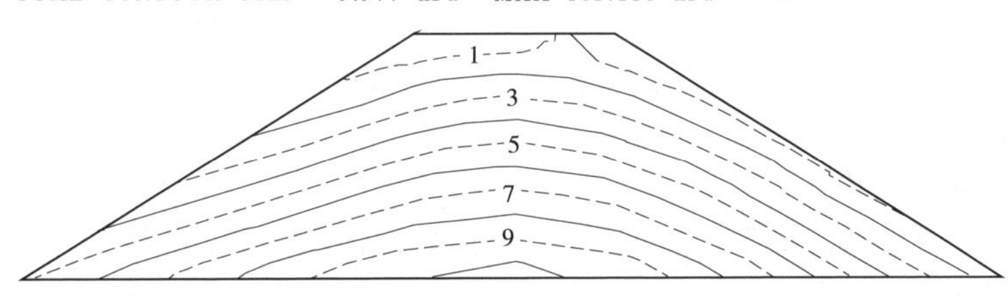

图 1-10　Y1 剖面 Z 向应力等值线分布图

又有阻止这一趋势的作用。从图 1-12、图 1-13 中可看出，在洞内水压力的作用下，Y、Z 向的应力都为压应力，但 Y 向应力在上游洞口的上部出现弱应力区，最小应力为 1.1 kPa。

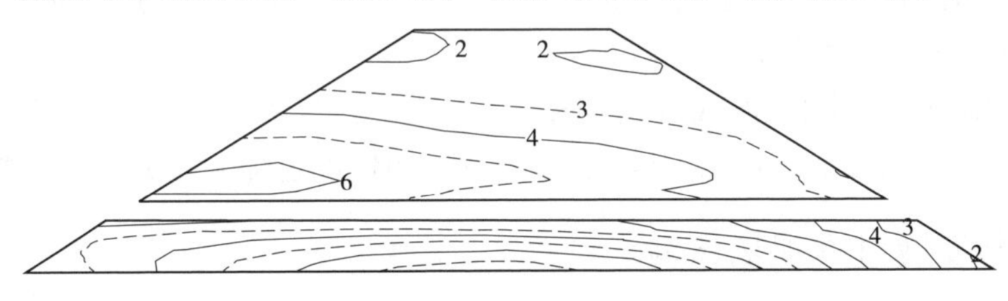

图 1-11　Y2 剖面 X 向应力等值线分布图

3. 漏洞进出口应力分析

为便于比较，将 5 种工况下漏洞进口、出口的三个方向的应力、位移列入表 1-2。从计算结果可看出，漏洞的洞径为 50 cm 时，洞的进口、出口没有出现拉应力，但漏洞进口上部为弱应力区，此时采取封堵措施较为容易。当洞径增大为 100 cm 时，进口上部出现拉应力区,如果不采取措施,洞口有继续扩张的危险。如果洞顶变为平顶,则在出口处会产生较大的拉应力,应引起足够的重视。总之,漏洞在进、出口部位易出现拉应力,而中间部位基本为压应力,且洞口的拉应力值的大小与洞径及洞的形状密切相关。

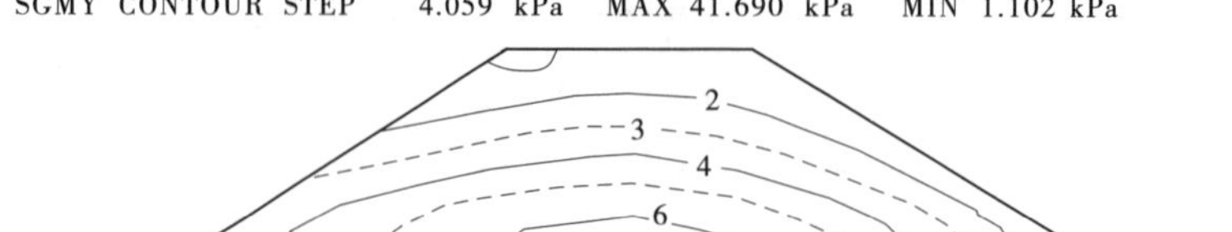

图 1-12 Y2 剖面 *Y* 向应力等值线分布图

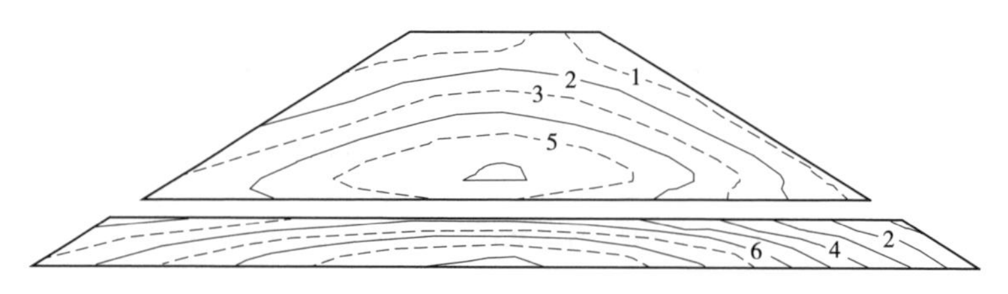

图 1-13 Y2 剖面 *Z* 向应力等值线分布图

1.3.5.7 计算成果讨论

(1)堤身出现漏洞后,将引起洞子周围应力的重新调整,在洞子进口和洞子出口均出现弱应力区,甚至会出现拉应力,而在洞子中部则一直保持较大的压应力,因此洞子进出口部位土体较为松散,抗冲力差,易被水流淘刷发展较快。而洞中部土体较为密实,不易被冲刷。

(2)洞子进口、出口处上方压应力均小于其下方的压应力,因此洞子进口处受有压流的作用向上发展的速度要快于向下发展的速度,而洞子出口处由于其上部一般不受水冲刷(明流),故以向下发展为主。

(3)当漏洞洞径较小时,洞周围均为压应力,而当其发展较大时,洞顶则可能出现拉应力,拱效应减弱,出现坍塌现象。因此,漏洞发展的速度也随洞径的变大而加快。

1.3.6 漏洞发展过程现场试验

影响漏洞发展速度的因素较多,主要有漏洞周围土质情况、洞内流速、洞径大小、上覆荷重等。为更直接观察漏洞的发展过程,结合 2000 年黄河防总堵漏演习进行了现场试验。

1.3.6.1 试验堤修筑

本次试验利用黄河大堤、相邻的两个丁坝,在丁坝坝头新筑试验堤围成三个水池(见图 1-14)。所筑新堤基本上是比照黄河大堤标准修建的,干容重 1.42 ~1.63 kN/m^3,堤

表1-2 不同工况下漏洞进出口处应力位移一览表

计算工况	发生位置	正应力值(kPa)			位移值(mm)		
		X	Y	Z	X	Y	Z
①	进口上方	18.28	1.10	27.23	1.59	0.58×10^{-4}	-3.93
	进口下方	18.96	5.02	32.16	1.35	0.12×10^{-4}	-2.68
	出口上方	8.28	6.19	5.82	1.96	0.17×10^{-4}	-1.64
	出口下方	8.25	7.34	6.87	1.03	0.22×10^{-4}	-0.79
②	进口上方	17.38	-3.30	26.14	1.57	0.24×10^{-5}	-4.49
	进口下方	17.86	4.00	32.86	1.14	-0.75×10^{-6}	-2.05
	出口上方	7.98	7.23	4.54	2.51	0.28×10^{-5}	-2.44
	出口下方	7.15	7.55	6.38	0.66	-0.58×10^{-6}	-0.46
③	进口上方	17.94	-2.15	26.87	1.43	0.30×10^{-4}	-4.82
	进口下方	18.40	4.78	33.46	1.09	0.40×10^{-5}	-2.10
	出口上方	8.22	8.14	4.96	2.51	-0.12×10^{-3}	-2.69
	出口下方	7.44	8.06	6.95	0.68	-0.49×10^{-5}	-0.50
④	进口上方	20.12	3.23	28.02	1.50	0.38×10^{-4}	-4.40
	进口下方	18.66	5.43	33.77	1.08	0.27×10^{-5}	-2.10
	出口上方	5.25	-10.06	11.69	2.70	-1.80×10^{-3}	-0.34
	出口下方	7.26	-3.00	17.04	0.71	0.83×10^{-5}	-0.98
⑤	进口上方	21.26	7.64	27.93	1.09	0.42×10^{-4}	-4.34
	进口下方	21.33	10.71	34.27	0.96	0.26×10^{-5}	-2.12
	出口上方	4.88	-9.07	10.94	3.42	-0.19×10^{-3}	-0.11
	出口下方	8.33	-1.04	17.04	0.97	0.64×10^{-5}	-1.01

顶宽7 m,临背边坡1:2,临河堤高5 m,水深4.5 m。但筑堤土料基本上为粉质黏土,黏粒含量为22%~33%,渗透系数k小于1×10^{-5} cm/s,属于低渗透性土,具有良好的防渗性能。通过预先在水下3.5 m土堤内水平预埋直径50 mm、长度为23 m的镀锌钢管,试验时用D85推土机将其拉出而形成漏洞。试验还进行了水位观测、堤身测压管观测、洞内流速观测、上下游表面观测等。

1.3.6.2 试验过程

新堤堤顶高程为93.98 m,2000年6月9日开始蓄水,到6月14日蓄水位为92.37 m,6月23日蓄水到设计水位93.35 m,6月25日开展漏洞发展过程试验,决口后蓄水位快速降到90.78 m,高水位浸泡时间为10 d。其有关观测结果见表1-3。

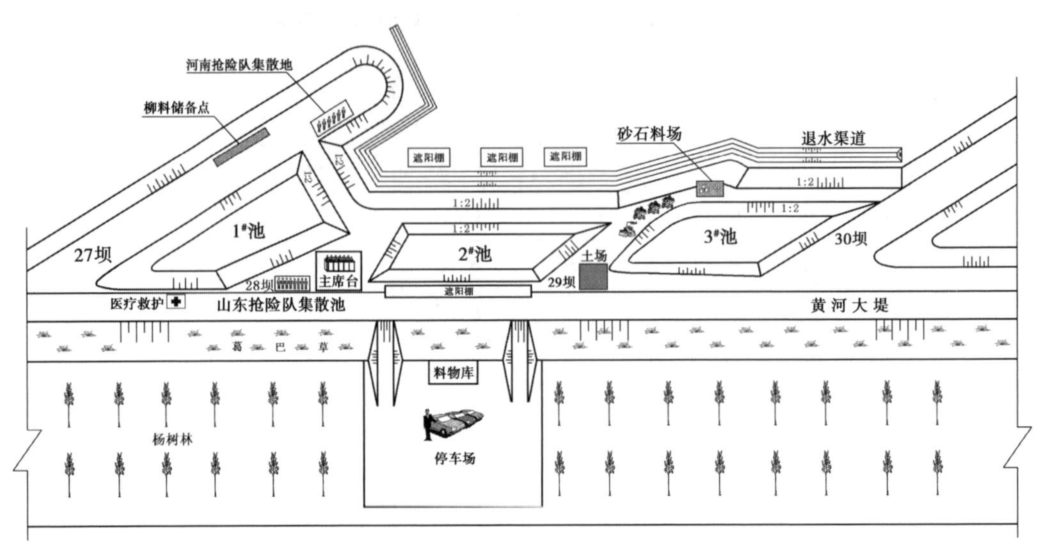

图 1-14　试验现场平面布置图

表 1-3　2000 年 6 月 25 日漏洞发展至决口试验过程观测结果汇总

观测时间	累计时间(min)	洞内平均流速(m/s)	水位(m)	洞上水深(m)	说明
10:53:24	0		4.11	3.11	洞拉开
10:58:49	5.42	1.34	4.11	3.11	出口处洞径 10 cm
10:59:29	6.08	1.10	4.11	3.11	出口处洞径 13 cm
11:03:29	10.08	0.96	4.10	3.10	出口处呈扁平状,高 15 cm
11:04:25	11.02	1.64	4.10	3.10	
11:05:06	11.70	1.77	4.10	3.10	
11:05:30	12.01	1.83	4.10	3.10	
11:13:16	19.87	2.80	4.10	3.10	
11:14:32	21.13	3.83	4.10	3.10	
11:17:45	24.35	3.83	4.10	3.10	
11:19:50	26.43	3.83	4.10	3.10	
12:10:06	76.70	*	4.09	3.09	由于局部坍塌造成
12:28:08	94.73	*	4.09	3.09	以上用示踪法测速,以下用雷达测速
13:15	142	—	4.07	3.07	洞径 25 cm
13:45	172	—	3.85	2.85	洞口急速扩大
13:51	178	3.80	3.35	2.35	
13:55	182	4.00	2.90	1.90	全部为明流
14:00	187	4.40	2.30	1.30	
14:01	188	—	2.27	1.27	洞顶全坍塌
14:45	232	0	1.60	0.60	坍塌断流

注:“—”表示未观测,“*”表示所测数据异常。

1.3.6.3　水位及测压管观测结果

(1)新修围堤上的测压管从蓄水开始到试验结束,堤身内均未观测到水位,说明在这种黏性土质及干容重较高的情况下,高水位浸泡10 d以内,堤身不会形成稳定的浸润线,这一点在2000年6月25日1#池决堤后剖面上也得到了证实。

(2)2000年6月25日堤决口后,池中水位快速下降,造成东侧丁坝两处脱坡,长度分别为15 m及5 m。可见临河水位如下降过快,由于堤身内部土体孔隙水压力的消散比较缓慢,如果堤防排水条件不好或堤坡较陡,临河侧就会产生较大的渗透力,造成脱坡现象。

1.3.6.4　洞内平均流速观测结果

利用示踪法对洞内流速进行测量,利用雷达测速法对洞子出口明流流速进行观测。示踪法如图1-15所示,其观测结果见表1-4及图1-16。

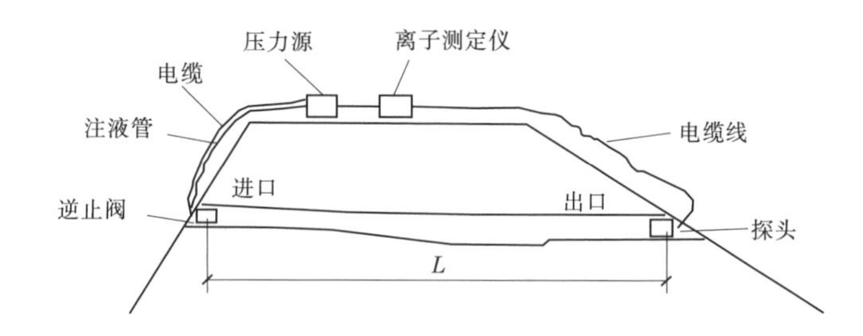

图1-15　示踪法流速测定示意图

表1-4　洞内流速观测成果(2000年6月25日)

观测时间	10:58:49	10:59:29	11:03:29	11:04:25	11:05:06	11:05:30
时差Δt(s)	17.2	21	24	14	13	12.6
流速v(m/s)	1.34	1.1	0.96	1.64	1.77	1.83
观测时间	11:13:16	11:14:32	11:17:45	11:19:50	12:10:06	12:28:08
时差Δt(s)	8.2	6.0	6.0	6.0	4.85	8.6
流速v(m/s)	2.8	3.83	3.83	3.83	4.79	3.02

注:L=23.0 m,水深3.5 m,洞径50 mm,不抢堵;洞内平均流速$v=L/\Delta t$。

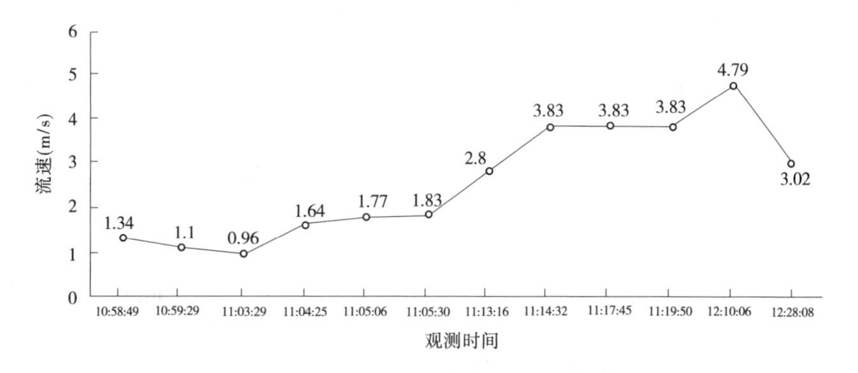

图1-16　流速观测成果曲线图

观测结果表明,洞内流速开始较小,在 1.5 m/s 左右,当漏洞扩大到一定洞径时,流速增加很快,实测流速达 4 m/s,这么大的流速使土体冲蚀速度加快。流速过程线出现的局部波动,据观察应是进出口部位塌落土体造成短时局部塞堵所致。由洞内平均流速计算结果(见表 1-3),即可计算流量系数μ。将不同阶段的流速、水深等代入式(1-2)反算得试验条件下不同洞径时的μ值为:当洞径为 5~10 cm 时,μ=0.2~0.3;当洞径为 10~25 cm 时,μ=0.3~0.4;当洞径为 25~50 cm 时,μ=0.4~0.6。

1.3.6.5　漏洞发展阶段分析

根据现场观测和对洞内流速、水位和洞径变化过程分析,在试验所用的土质(粉质黏土)和漏洞形状(水平直洞)条件下,按照漏洞发展速度和库水位下降速度的突变点(见图 1-17),可将漏洞形成发展过程分为三个阶段。

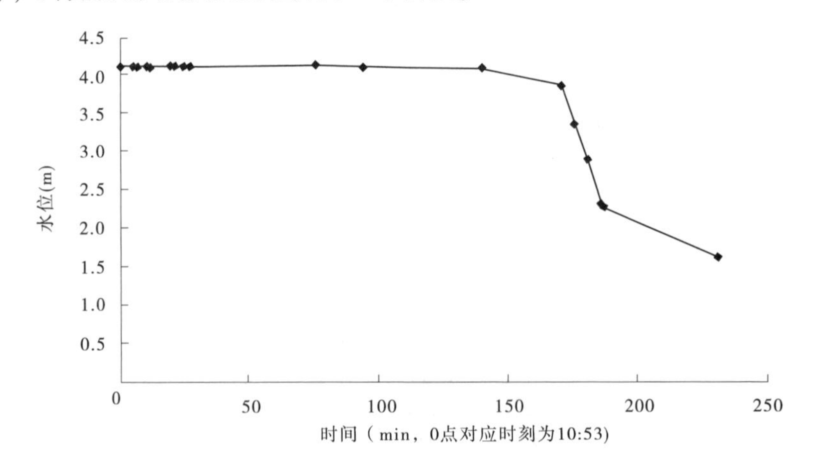

图 1-17　库水位下降过程线(6 月 25 日)

阶段一:漏洞缓慢发展阶段(10:53~13:15)。该阶段长达 142 min,库水位无明显变化。这一阶段初期,漏洞刚刚形成,过流断面很小,洞子长、洞壁粗糙、沿程阻力大,因此流速较小,在 1.5 m/s 以下。但 10 min 后,洞壁经过冲刷变得光滑,洞内流速开始加大,逐步增至 3.8 m/s。由于土的黏性较大,抗冲能力较强,洞径发展较慢。除出口处外,洞内水流基本为有压流(见图 1-18)。

从漏洞的发展过程看,由于水流的冲刷,在该阶段出口洞径扩展较快,并呈现为无压流。当出口段的洞径扩大到 0.5 m 以上后,洞顶的拱效应减小,出现拉应力,土体开始下塌。出流在堤坡上产生跌水,同时在洞内的有压段和无压段接合处也产生跌水,最大流速有可能发生在有压段的出口。

在这一阶段,由于该堤黏粒含量高、干容重大,洞径的扩展不是很大,洞周围的拱效应也较大,所以漏洞发展较慢,有压段洞径发展为 25 cm,出口处漏洞呈门洞形,宽 1 m,高 1.5 m。

阶段二:洞径急剧扩展阶段(13:15~13:55)。该阶段持续有 40 min,洞径急剧扩大,流速陡然增加(实测达到 4.4 m/s),水流流势凶猛,蓄水位快速下降。

出口水流快速冲刷洞底和两侧,使洞上部土体失去支撑,拱效应大大降低,土体坍塌速度加大(见图 1-19),因此洞径扩展速度很快。此阶段漏洞出口位置已冲刷后退达 5 m

图1-18　漏洞出口水流形态

左右,洞的总长和有压段缩短,水力半径增大,流速快速增加,流量大。有压段的洞径已扩展为0.5 m以上,出口的门洞宽约2 m、高约3 m以上。在该阶段后期,进口出现明显漩涡(见图1-20),洞内全部转为明流(见图1-21)。

图1-19　漏洞出口坍塌瞬间

阶段三:溃口阶段(13:55~14:01)。该阶段只有6 min,洞顶出现裂缝并坍塌,水位急剧下降引发滑坡(见图1-22)。断堤形成口门,并继续加宽。由于该阶段水位已经较低,实测流速并不大,口门水流为明流。从本阶段的发展情况看,进口水流出现漏斗,水面比降陡。当口门发展宽度达6 m后稳定下来,由于口门两侧土体的坍塌,在库水位还有1.6 m的情况下坍塌土体截断水流使试验停止(见图1-23)。

图 1-20　漏洞进口漩涡

图 1-21　漏洞内全程明流

需要说明的是,此次试验所用土质为黏性土,因而漏洞发展速度较慢,而在 1999 年的防汛堵漏演习中,采用的是砂性土,且堤顶宽度只有 4 m,导致漏洞从形成到决口只有十几分钟。说明在相同压实度情况下,堤身填筑土料性质与断面尺寸对延缓堤身漏洞发展速度至关重要。

1.3.7　漏洞形成发展过程的阶段划分

综上所述,溃决经历了渗水、管涌(流土)、漏洞、决口等过程,其中漏洞从其形成到决堤受到冲蚀与坍塌破坏的双重作用,初期以冲蚀为主,后期以坍塌为主,整个过程先缓后急,可分为四个阶段。

图 1-22　堤顶裂缝及临水面滑坡

图 1-23　溃口断面形态

1.3.7.1　**漏洞形成阶段**

堤防自身隐患遇到长历时洪水，会由渗水逐渐发展成贯穿临背河的漏洞，此阶段所需时间一般较长，也是“抢早抢小”的关键阶段。

1.3.7.2　**漏洞缓慢发展阶段**

漏洞形成初期，洞径较小、阻力较大，所以洞内流速也较小，洞内全部为有压流，此阶段漏洞发展以冲蚀破坏为主，发展速度较慢，便于抢护。

1.3.7.3　**漏洞急剧发展阶段**

当漏洞扩展到一定程度时，漏洞出口处出现明流，洞内流速明显加大，洞体下部冲刷加剧，洞顶出现拉应力，并向下坍塌，坍塌土体则被水流带走，漏洞发展速度较快，抢护困难。

1.3.7.4 溃口阶段

漏洞继续扩大,洞内以明流为主,漏洞上方发生急剧崩塌,最后便形成决堤。

1.3.8 主要认识

(1)土质堤防出险类型主要包括渗水、管涌、漏洞、滑坡、陷坑、冲塌、裂缝、风浪淘刷和漫溢等;堤防决口失事模式主要为漫决、溃决和冲决,漏洞形成是溃决的前提。

(2)漏洞从其形成到决堤受到冲蚀与坍塌破坏的双重作用,初期以冲蚀为主,后期以坍塌为主,其形成发展过程可分为四个阶段:形成阶段、缓慢发展阶段、急剧发展阶段、溃口阶段。

(3)漏洞进口有较大的吸力,吸力大小主要与进出口高差有关,可利用洞口吸力引起的流场变化查找漏洞进口位置或研发适当的堵漏装置;当采用软帘堵漏时,软帘应有足够的强度抵抗吸力导致的瞬间水锤作用破坏;查漏人员应注意自身安全防护。

(4)堤防修筑应注意土料(黏粒含量)和断面选择(高度、宽度、坡度),并确保压实度,可有效提高堤防抗渗防冲能力。

(5)对于洪水来去迅猛的大多数河流堤防,短时间内很难形成稳定的浸润线,但因树根等局部隐患有可能形成贯穿临背河的管涌、漏洞。

(6)管涌、漏洞抢险应"抢早抢小",以临河进口封堵为主,背河抢修养水盆或反滤围井可消杀水头延缓漏洞发展速度;漏洞进出口扩展较快,中部扩展较慢,可在漏洞中部采取截堵措施。

(7)在退水期,临水坡受土体容重、抗剪强度、水压降低以及反向渗透力的影响更易发生滑坡,应在下降之前及时把所修子堤等拆除以减小下滑荷载。

(8)堤防漏洞发展过程现场试验,仅针对所修筑的相对均质、黏粒含量相对较高的堤身,并在蓄水池中水位难以得到及时补给条件下进行的,试验结果多为定性的,若要获得定量结论,尚需对洞内流速、断面形态变化等的观测手段进行完善,可望用水、沙两相流理论及水土耦合方法进行更为准确的模拟。

1.4 穿堤涵闸土石接合部漏洞形成过程

1.4.1 问题的提出

为了引水灌溉、城市供水、分洪等目的,堤防上修建了许多涵闸。黄河下游的涵闸大多建于20世纪70年代和80年代,有的甚至建于50年代,经过数十年的运行,大多已出现老化和病害现象。作为堤防的薄弱环节,穿堤涵闸土石接合部存在许多安全隐患,而且隐蔽性强难检测,素有"一处涵闸一处险工"之说,每年汛期涵闸堤段都是防守的重要部位。

穿堤涵闸土石接合部由于其特殊的结构形式或回填土质量差、碾压不实等因素而常常成为薄弱部位,容易形成渗漏通道。这种渗漏初期对堤防的破坏或许是渐进式的,但渗透破坏达到一定程度就会加速发展,尤其对于土石接合部接触冲刷的发展更为迅速,严重影响堤防安全。这种渗透破坏初始过程大都隐藏在内部,外面事先难以察觉,等发现渗漏时,往往已形成大险,抢护十分困难,因而土石接合部的渗透破坏具有隐蔽性、突发性和灾难性的特点。因此,土石接合部渗漏形成发展过程研究对除险加固、应急抢护有着重要意义。

1.4.2　接合部险情及原因

堤防涵闸土石接合部施工中不易压实,运行中容易出现裂缝、脱空、止水老化失效等问题,高水位下易形成渗漏通道,且发展速度快,抢护困难,造成溃堤。病害成因既有勘测设计方面的,也有施工、运行方面的。主要在以下两个部位。

1.4.2.1　涵闸与大堤连接处

穿堤涵闸的岸墙、翼墙或边墩等混凝土与堤防土体接合部,由于不均匀沉陷及其他诸多因素,很容易引起裂缝,一旦迎水面水位升高或遇降雨地面渗流进入,沿洞壁、墙或墩等硬性构件与堤土接合的裂缝流动,形成集中渗漏,严重时将形成漏洞,危及建筑物及堤防安全。主要原因有:

(1)接合部回填土质量不佳,密实度达不到要求,抗渗强度得不到保证。建筑物回填土多采用机械化施工,大型机械上土、碾压,使填土与建筑物接触面很难压实,特别是一些拐角和狭窄处。采用人工填土受人为影响因素较大,尤其是翼墙处更难填实,遇水后将产生较大沉陷,引起土石接合部拉开、裂缝而发生渗漏。

(2)穿堤建筑物止水破坏,有效渗径得不到保证。

(3)由于建筑物各部位荷载与地基承载力不一样,或者地基内有淤泥、松软薄弱而未得到有效处理,在建筑物自重作用下,基础将产生较大的不均匀沉陷,导致建筑物倾斜引起接合部土体不紧密或脱空。

1.4.2.2　涵闸基础部位

汛期外河高水位下,涵闸基础下的地基也会发生渗透破坏,使基础砂土大量流失,从而引起涵闸塌陷、断裂或倾覆,甚至堤防决口。主要原因有:

(1)涵闸建在粉细砂基础上,而缺乏有效的加大渗径措施,在高水位长期作用下在地基薄弱处发生渗透破坏,或在基础与土石接合部发生接触冲刷破坏。

(2)地基砂层曾发生较严重液化而未认真处理。

(3)施工时,地基浮土及淤泥清理不彻底。

1.4.3　漏洞形成过程探讨

1.4.3.1　接触冲刷试验

接触冲刷是指流体沿着两种不同介质的接触面流动时,把其中颗粒层的细颗粒带走的现象。根据形成接触面的两种介质刚度的差异度,可以将土体接触面归纳为两种类型,一类是土体与刚性介质的接触,包括土体与涵管、边墙以及闸底板之间的接触;另一类是不同土体之间的接触,包括无黏性土层间、砂砾石层与黏土层、心墙与反滤层、黏土与粉土之间的接触。本节涉及的内容主要是前一类接触面上的接触冲刷问题,这一类又可分为两种情况:一是接合部位有脱空缝隙,二是接合部位无脱空但不密实。针对这两种情况分别开展了接触冲刷室内试验。

1.4.3.2　接合部存在脱空裂隙

1. 试验装置与试样制备

1) 试验装置

针对黄河堤防土体特性及接触面结构特点，利用自行设计的接触冲刷试验装置（见图 1-24），模拟水闸侧墙与两侧填土间存在裂隙情况下的接触冲刷破坏，研究土体性质、接触面缝隙及水力比降等因素对接触冲刷发生、发展变化过程的影响。由于水闸侧墙多为长方体结构，因此接触冲刷试验装置设计为箱式结构，见图 1-24(a)。为便于观察试验现象，箱体用厚 8 mm 有机玻璃，内径尺寸为 150 mm×200 mm×200 mm。接触冲刷试验装置上、下游侧边缘均为厚 20 mm 钢板，钢板与有机玻璃箱体之间设置厚 12 mm 硅胶防水圈，顶杆用于紧固有机玻璃箱体和上、下游侧，在紧固螺栓和顶杆作用下钢板与有机玻璃箱体之间密闭防水。为使上游水流均匀平稳，底部设有孔径 1.5 mm 的带孔金属透水板。另外，试验时的供水设备包括吊桶和提升架，吊桶上接有溢水管道，可通过调节提升架高度为试样提供不同的稳定进口水头，见图 1-24(b)。

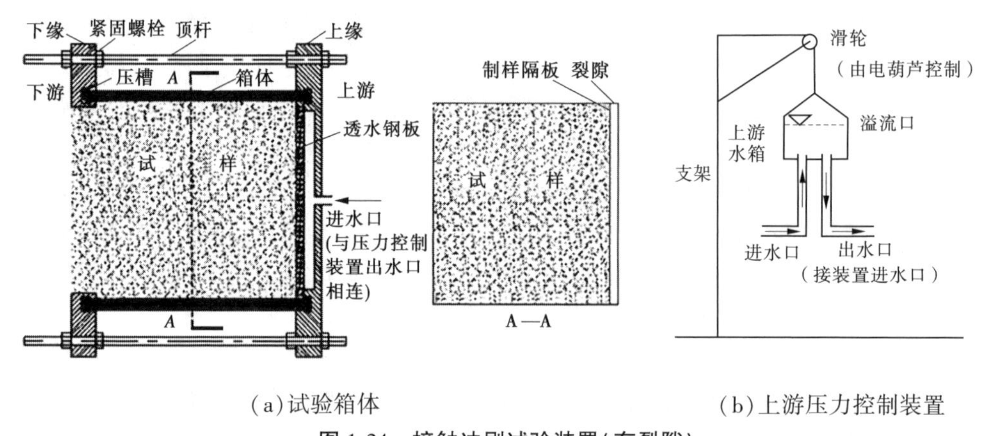

(a) 试验箱体　　(b) 上游压力控制装置

图 1-24　接触冲刷试验装置（有裂隙）

2) 试样制备

试验前，严格按照《土工试验方法标准》(GB/T 50123—2019) 进行土样配制，将试验用土风干后，用木槌击碎，过筛备用。以最优含水率和最大干密度为控制指标分次拌和。将土样平铺在托盘内，用喷雾器喷洒加水，分次拌和均匀后放置到玻璃缸内静置 24 h 备用，以使水分均匀分布在土料中。进行填装时，首先将图 1-24(a) 所示的试验装置竖直放置，在试验装置底部放入透水钢板，以使水流平稳均匀进入试样，而后在透水钢板上铺设一层土工布，防止细颗粒土料堵塞水孔。制样时，紧贴箱体观测面一侧垂直放置一不锈钢薄板作为隔板[隔板位置详见图 1-24(a)]，通过改变隔板的厚度来模拟接触面的裂隙大小（裂隙沿箱体一侧贯通），在隔板另一侧装入土样，箱体其余 3 面均匀涂抹一层膨润土护壁，以防水流沿边壁集中渗漏。每个试样分层夯实，共分 4 层装料，每层土样填筑高度均为 50 mm，根据最优含水率、最大干密度、压实度、铺土高度及试样体积等计算出每层土体填筑质量（每层土体填筑质量根据裂隙宽度的不同而不同），表面平整后振捣压实，每层都压实到所要求的高度以保证试样压实度。每层填料时，尽量使土体颗粒分布均匀且层与层之间应进行剖毛处理(剖毛深度大致为 1~2 cm)。击实时,击锤要分布均匀,且试样与装置边壁接触的周边一定要击实。制样结束后试样表面保持平整,去掉隔板即完成裂隙试样的制备。

2. 试验方法与专用名词

试样制备完成后将试验装置按图 1-24(a)所示放置并开始试验。试验模拟工程水位骤升时的最不利工况,试样不预先饱和。将上游水头调整至预设高度,检查进水口是否堵塞,打开进水阀门,并检查装置周边是否渗水。施加初始水头后,观察试样与仪器接触带土体随水头施加时间的变化,并记录土体变化过程,计算上下游水力比降 J^*。观察并记录主要试验现象,分别记录试样破坏后每 120 s 内的冲蚀量(共记录 5 次),5 次冲刷结束后停止试验。试验过程中收集渗透破坏初始析出土体颗粒,烘干后进行颗分,并与原始土体进行比较。对上述提到的几个名词解释如下:

(1)试样破坏:土与裂隙接触处有泥或浑水不断流出时即认为试样破坏。

(2)破坏时间:从施加水头到试样破坏的时间称为破坏时间。

(3)水力比降 J^*:仍借助常规算法,但未考虑渗径在沿程断面的不一致,用试样长度代替,故比降数值不是常规意义的。

(4)冲蚀量:借鉴含沙量的表达方法,反映试验过程中从接合部流出的浑水中含有泥沙的多少。本节仅对单位时间冲蚀量的平均值进行分析。

3. 试验土料与试验方案

试验用土选 A、B、C 三种,其黏粒含量分别为 4.6%、12.3%和 22.6%的无黏性土和黏性土,试样压实度为 0.95,最优含水率分别为 15.5%、15.8%和 13.7%,最大干密度分别为 1.81 g/cm³、1.69 g/cm³、1.72 g/cm³。具体试验内容主要有两方面:一是分析接触面同一裂隙宽度(b=0.3 mm)时,不同水力比降 J^*(20、10、5、3.5、2.5)对接触冲刷渗透破坏的影响,结果见图 1-25;二是分析相同水力比降(J^* =2.5)作用下,不同裂隙宽度 b(0.6 mm、1.0 mm、2.7 mm、6.0 mm、9.0 mm)对接触冲刷渗透破坏的影响,结果见图 1-26。

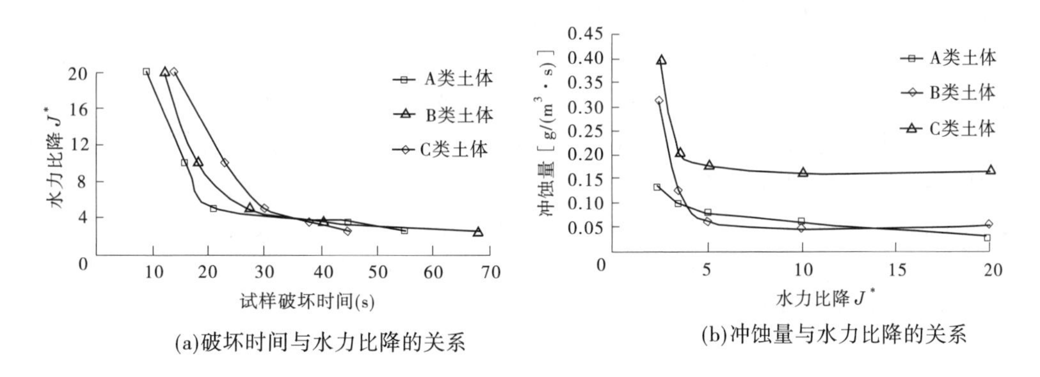

(a)破坏时间与水力比降的关系　(b)冲蚀量与水力比降的关系

图 1-25　相同裂隙宽度下不同水力比降的影响(b=0.3 mm)

4. 接触冲刷的发生发展过程

接触面存在裂隙时引起的渗透破坏过程历时较短,不同土体试样的破坏过程均以出浑水为主要破坏特征。试样破坏时间与裂隙宽度、水力比降及土体性质等有关,但并不完

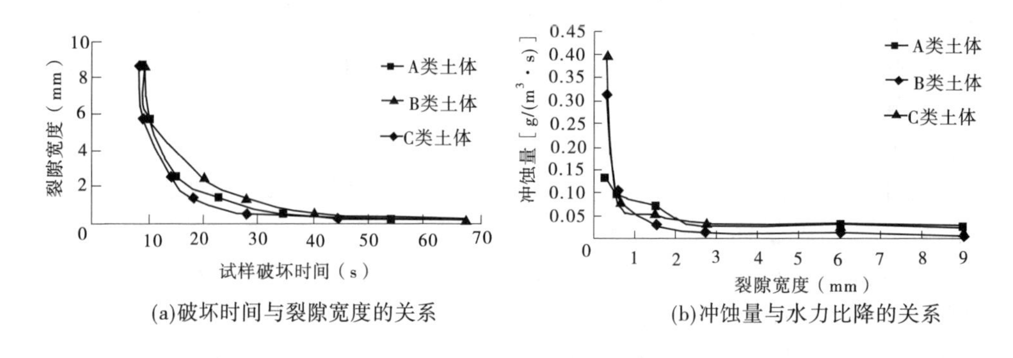

(a)破坏时间与裂隙宽度的关系　　(b)冲蚀量与水力比降的关系

图 1-26　相同比降下不同裂隙宽度的影响($J^*=2.5$)

全一致。

(1)在水力比降一定情况下,刚开始时接触面缺陷裂隙变化并不明显,但在水流持续冲蚀作用下,裂隙在底部横向发展并逐渐有土颗粒被持续带出。同时,裂隙的存在导致接触面土体含水率增加,抗冲性能降低,接触面土体在水流作用下,裂隙变得越来越大,裂隙中流速加大,冲蚀作用更加明显,最终形成一条弯曲状的强渗漏通道。

(2)水力比降较小时又可按裂隙宽窄分为:裂隙宽度较大(大于 0.6 mm)时,底部快速润湿后,从接触面底部流出浑水,并从底部冲刷形成通道;裂隙宽度较小时,施加水压较短时间后,主要是从试样底部开始向上部润湿,然后有浑水从裂隙底部不断流出,此时接触面沿程并未完全润湿,但继而快速由进水侧向上部润湿,由进水底部到上部,形成不规则的马蹄面。试样出口接触带底部,沿裂隙层面形成一条贯穿的强渗流通道,并沿横向背向裂隙方向扩展,通道上的土体颗粒已全部流失,渗流通道位置基本一致。

5. 试验结果分析

1)不同因素对破坏时间的影响规律

(1)水力比降与破坏时间:从图 1-25(a)可以看出,较小裂隙宽度下($b=0.3$ mm),水力比降越大,其破坏时间越短,抗冲蚀性越弱。

(2)裂隙宽度与破坏时间:从图 1-26(a)可以看出,较小水力比降下($J^*=2.5$),随着裂隙的增大,破坏时间渐小,但当 $b>2.7$ mm 后裂隙宽度几乎无影响。

(3)土体性质与破坏时间:从图 1-25(a)可以看出,在较小水力比降(约 $J^*<3.5$)下,土体性质对破坏时间影响相对较大,且有一定的随机性;随着水力比降的增大,土体性质对破坏时间的影响减小,黏粒含量大的土体破坏时间略长。从图 1-26(a)可以看出,在裂隙较小时,土体性质对破坏时间影响相对较大,且有一定的随机性;随着裂隙的增大,土体性质对破坏时间影响较小。

2)不同因素对冲蚀量的影响规律

(1)水力比降与冲蚀量。

从图 1-25(b)来看,相同试验条件下,水力比降越小,则冲刷一定时间后的冲蚀量越大,且冲蚀量与水力比降呈非线性递减关系,并无流量突增现象。不同性质土体冲蚀量随水力比降的变化大致相同,随水力比降的增大而减少,当水力比降大于 10 时,冲蚀量并无明显变化且越来越接近。

(2)裂隙宽度与冲蚀量。

图 1-26(b)给出了冲蚀量随裂隙宽度的变化情况。不同性质土体的表现较为一致，冲蚀量随裂隙宽度的增加表现为非线性的递减关系。接触带裂隙越小，流速相对越大，土体对预留裂隙的挤占效果较为明显，土体颗粒也较易带出。在初始小裂隙，即裂隙宽度为 0.3 mm 和 0.6 mm 时，随着水流的冲刷，接触带土体不断被带出，裂隙破坏较为明显，而在裂隙宽度大于 2.7 mm 时，冲蚀量基本无明显变化，裂隙宽度的变化对接触带冲蚀无显著影响，这一结果与前述试验成果吻合。

(3)土体性质与冲蚀量。

从图 1-25(b)来看，在水力比降一定的情况下，较小裂隙宽度时，不同黏粒含量土体冲蚀量差别较为明显。从图 1-26(b)来看，裂隙宽度较小时，土体性质的影响较为明显，随着裂隙宽度的增加，土体性质的影响逐渐减弱。例如，裂隙宽度为 0.3 mm 时，3 类土体冲蚀量分别为 0.13 g/(m^3·s)、0.31 g/(m^3·s)、0.40 g/(m^3·s)；裂隙宽度为 0.6 mm 时，3 类土体冲蚀量分别为 0.09 g /(m^3·s)、0.10 g /(m^3·s)、0.08 g /(m^3·s)；当裂隙宽度大于 2.7 mm 时，土体性质不再具有显著影响。由图 1-25(b)可知，裂隙宽度一定时，黏粒含量越大，冲蚀量也越大，且相差值随着水力比降的增大而增大。在水力比降分别为 2.5、3.5、5.0、10.0、20.0 时，黏粒含量为 22.6%的 C 类土体冲蚀量分别是黏粒含量为 4.6%的 A 类土体的 3.0 倍、2.1 倍、2.3 倍、2.8 倍、5.5 倍，是 B 类土体的 1.3 倍、1.7 倍、3.3 倍、3.7 倍、3.2 倍。这与一般认为黏性越大的土抗冲蚀能力越强的观念似乎相悖，分析如下：

一般认为，土体抗冲刷能力与填土的性质关系密切，如果土体具有壤土或黏土的性质，则在一定干密度下对裂隙渗流将具有较高的抗冲刷能力，土体黏性越大，抗冲刷能力越强。但本次试验结果表明，在接触带存在裂隙的情况下，黏粒含量较大土体反而较黏粒含量较小土体的冲蚀量大。初步分析认为，接触带黏性土体未经历细颗粒在骨架颗粒孔隙间的迁移和析出过程，而是直接在水流作用下冲出。黏粒含量越多，固体组分的颗粒越密集，颗粒之间结合就越紧密，其相互作用也越强。由于黏粒含量较多的土体在工程特性方面主要表现为细颗粒之间具有一定的黏聚力，也就决定了黏土团粒间的相互作用力小于黏土颗粒之间的作用力，发生接触冲刷时被渗透水流冲出的是黏土颗粒团而非单个黏土颗粒，因此本试验表现出黏粒含量大土体较黏粒含量小土体的冲蚀量大。但鉴于黏性土体接触冲刷机理的复杂性和试验条件的局限性，黏性颗粒团的启动、流失等微观现象还有待进一步研究。冲蚀量虽在一定程度上反映了土体颗粒的流失，但并不能动态表示其连续的变化过程，冲蚀量随时间的变化也有一定的离散性，尚需更多的试验资料和更科学的试验方法论证研究。

1.4.3.3　接合部填土不密实

1. 试验装置与试验制备

试验装置同图 1-24，但 A—A 试样剖面见图 1-27。为模拟施工过程，每个试样分 4 层填筑，表面平整后振捣压实。

2. 试验方法与专用名词

制样后，将试验装置平放进行试验[见图 1-24(a)]。试验模拟工程水位骤升、骤降时止水破坏情况下侧墙与两侧填土不密实的最不利工况，并观察土石接合部局部发生渗透破坏的过程。试样不预先饱和,直接施加水头进行试验,下游面临空无侧向限制。

将上游水头调整至预定高度,检查进水口是否堵塞,打开进水阀,检查装置周边是否渗水。初始水头施加后,观察试样与仪器接触带不密实区土体随水头施加时间的变化,并观察记录土体的变化过程。记录试样水平向距离(渗径)L,上游水位与试样进口位置高度差 H,近似算出平均水力比降 J^*。若在水头作用下出现了土体脱落,即认为试样已破坏。观察并记录主要试验现象,分别记录试样破坏后每 2 min 内的冲蚀量(共记录 5 次),5 次冲刷结束后停止试验。试验过程中对初始析出土体细颗粒进行颗分试验,并与原始土体进行比较。

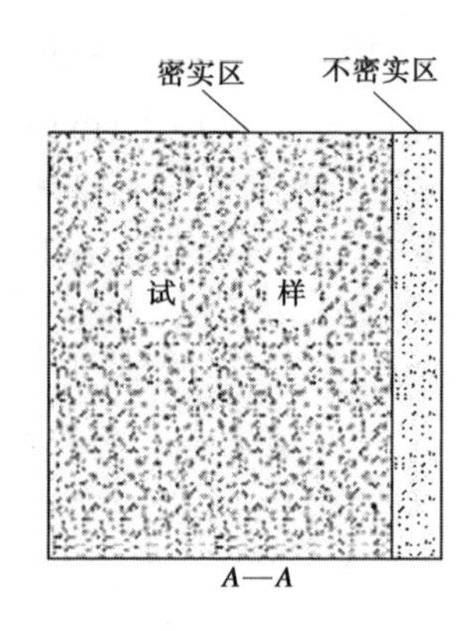

图 1-27　试样剖面图

3. 试验土料与试验方案

试验土料同 1.4.3.2 节。土样密实区 K_b 设定为 0.95,不密实区 K_b 分别按 0.75、0.80、0.85 考虑,不密实区宽度为 50 mm,上游作用水头分别为 4 m、2 m、1 m、0.7 m 和 0.5 m,相应的 J^* 分别为 20.0、10.0、5.0、3.5 和 2.5。

4. 接触冲刷破坏现象及发展过程

接触带不密实区土体在上游水头长期作用下,一方面,随着土体内部细颗粒的析出,土体内部结构发生调整,土体颗粒骨架更为疏松,加之接触带底部土体所受较大水压力及上部土体重力作用,破坏从接触带底部开始;另一方面,由于土体结构的变化,含水率增大,土体抗剪强度减小,土体在外荷载作用下发生破坏。从最终试验现象来看,土石接合部接触冲刷破坏表现为从接触带土层上游顶部至下游出口处形成一条强渗流通道。

土体黏粒含量越大,其抗渗性能越强,在上游水头不大或短时间作用的情况下较难发生渗透破坏,上游水流也较难传递过来,致使试验后期渗透破坏前土体颗粒析出时间持续较长、析出土体黏粒也较多。试验初始阶段,水压主要由整个试样承担,试样进口底部承受较强的侧向水压力,随着上游水头的持续作用,试样内土体中大量的细颗粒被带出。在土体颗粒涌出后,试样内水压重新分布,当上游水压力不断增加,破坏了土体的静力平衡后,整个试样水力比降上升,水力比降的增加又迫使土体内达到启动流速的细颗粒急剧涌出,同时内部土体逐渐破坏,土体较大颗粒甚至局部土样也被带出,继而渗径继续缩短直至形成渗漏通道,土体与刚性介质的接触带被冲开并发生冲刷破坏。试样破坏后,出口附近底部土体在沿接触带并指向出口方向上的渗透比降最大,该方向为接触冲刷破坏的优先方向,渗漏通道的位置也由下游出口方向接触带沿底部向土体密实区发展。渗漏通道形成前虽伴随有土体颗粒的持续涌出,但也会有短时间的堵塞,这种短暂的堵塞会改变水流系统的流动特性,使得渗漏现象变得复杂且难以预测。从试验现象看,渗漏通道形成并不连续,其形成过程具有间歇性、突发性和随机性等特点,较难控制。

当渗漏通道上的大部分细颗粒被带走后,在较强水流作用下接触带主通道一侧的土体开始流失,使渗漏通道逐渐变宽,作用时间持续越长,通道宽度越宽。土体承载力将大大降低,最终土体试样被冲蚀形成一条弯曲的渗漏通道。随着上游高水压的继续作用,整个接触带土体被淘空,并逐渐向密实区底部土体发展。渗漏通道的形成及接触带大量土体的流失,致使穿堤涵闸土石接合部脱空、土体坍塌,以致发生险情。

根据试验观察,可将试验过程分为3个阶段:稳定渗流阶段、管涌形成发展阶段和冲蚀破坏发展阶段。

(1)稳定渗流阶段:从水头初始施加到下游面有清水渗出为稳定渗流阶段。水头初始施加阶段,颗粒相对稳定,不会发生土体颗粒调整或流失。试样润湿从接触带不密实区开始,待不密实区试样底部完全润湿后,下游右下方有水渗出,出水清澈,渗水量较小,此时并未发现土体有明显变形现象。这一阶段持续时间相对较长,定义为稳定时间 t_1。t_1 与试样接触带状态及作用水头有关,若接触带密度较小、水头较大,则 t_1 较小(或直接发生破坏)。

(2)管涌形成发展阶段:从试样的渗流量增大到试样中渗漏通道形成为管涌形成发展阶段。随着上游水头作用时间的持续增长,渗流量突然增大,试样下游面有浑水渗出,土体开始出现局部变形,继而内部土体细颗粒持续涌出。在水流作用下,接触带底部试样土体被逐步侵蚀,土体细颗粒逐渐从底部被带出,有泥浆流出,此时接触带不密实区土体内部已发生局部的渗透破坏,内部土体颗粒正在逐渐流失,土体渗透性显著增加。但土体颗粒的涌出时快时慢,还会短暂停止,持续一段时间后,底部突破口变形区域逐步扩大,随之有大量土体颗粒从接触带底部持续不断涌出,进而从渗流出口处向上游方向逐步发展,渗漏通道由下游侧向上游侧溯源发展,直至与上游连通,形成贯通的渗漏通道,通道口呈不规则的圆形洞。通过对接触带土体的破坏情况及渗漏通道的形成情况进行观察和分析,发现接触带不密实区的破坏范围大部分呈扇形破坏面,且土体试样中最终形成的渗漏通道通常是弯曲的,最终底部渗漏通道口横向贯穿整个接触带。在这一阶段水平向的渗流通道已初步形成,但密实区土体仍未见明显破坏。由于土体自重及水流作用,渗漏破坏发展范围也仅限于下游接触带下部附近。从试样浑水渗出至渗漏通道形成的持续时间定义为破坏时间 t_2。这一阶段土体变形主要发生在接触带不密实区,t_2 与土体性质及作用水头密切相关,历经时间也有所差别,几分钟至几十分钟不等。尤其在上游较大水头作用下,土体从初始破坏到渗漏通道形成时间非常短。

(3)冲蚀破坏发展阶段:从通道贯通至接触带土体冲刷为冲蚀发展阶段。随着渗漏通道的形成,在水流的持续作用下,大量土体颗粒从渗漏通道口涌出,并在接触带与有机玻璃侧壁之间发生了冲刷,接触带不密实区土体被不断淘刷,渗流通道出口面积不断扩大,最终接触带土体流失,此时流量较大,但密实区土体仍未发生明显变形。事实上,这一阶段是土层接触冲刷破坏的最终结果,即接触带不密实区土体被淘空,持续时间较短。

5. 试验结果及其分析

接触冲刷破坏机理复杂,涉及因素较多,就本次试验来看,接触冲刷发生破坏过程、抗冲性、土体内部颗粒流失及分布情况、冲蚀量等问题与土体性质、K_b 及 J^* 等密切相关。

1)试样的抗冲蚀能力

t_1 与 J^* 的关系如图1-28所示。由图1-28可知,对于不同黏粒含量的土体,K_b 及 J^* 相同时,土体黏粒含量越大,t_1 越大;对于同种土体,K_b 越大,则 t_1 越大,抗冲性越强。但不同土体的 t_1 在 J^* 较大时表现出一定的离散性。例如,$K_b=0.75$、$J^*=20.0$ 时,A、B、C

类土体的 t_1 分别为 3 min、0.5 min 和 8.0 min。同样条件下，黏粒含量 4.6%的 A 类土体反而较黏粒含量 12.3%的 B 类土体的 t_1 大。这一现象反映了影响土体接触冲刷因素的随机性，同时反映出在工程施工过程中土石接合部渗透破坏实际制约因素较大。

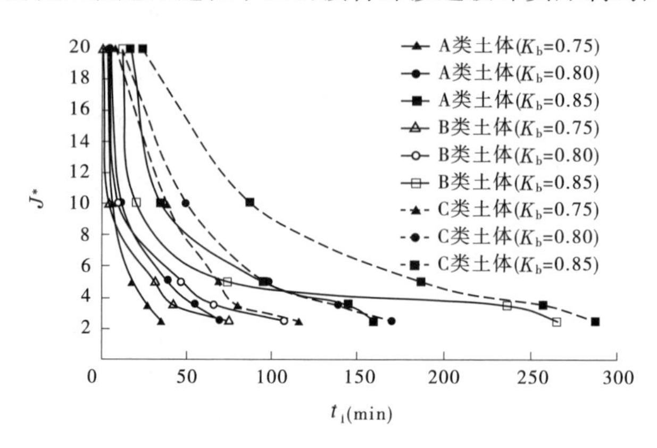

图 1-28　t_1 与 J^* 的关系

2）冲蚀量的变化规律

不同条件下，冲蚀量 ρ_t 随水力比降的变化如图 1-29 所示。

从图 1-29 可以得出：

（1）ρ_t 与土体黏粒含量关系。相同试验条件下，3 种土体 ρ_t 随着黏粒含量的增加均呈现非线性减小趋势，黏粒含量 22.6%的 C 类土体 ρ_t 比黏粒含量 4.6%的 A 类土体小。K_b = 0.80 时，这两类土体 ρ_t 最大可相差 1.93 倍，但随着 J^* 增加，这种差异逐渐缩小，当 J^* >10.0 时，土体差异不再表现出明显作用，此时 J^* 起主导作用。

（2）ρ_t 与 K_b 关系。总体上，在相同条件下，K_b 与 ρ_t 也成反比关系，K_b 越小，则 ρ_t 越大。这是因为 K_b 越大，土体结构越稳定，颗粒间越密实，黏结力越大，就越难分散。J^* 较小时，3 类土体 ρ_t 与 K_b 关系差别相对较为明显，但随着 J^* 的增大这种差异表现并不显著。

（3）ρ_t 与 J^* 关系。在不同的 J^* 情况下，ρ_t 的变化也表现出不同的特点。不同黏粒含量土体的 ρ_t 随 J^* 的增大总体上呈现明显的减小趋势，且随着 J^* 的持续增大，其后期曲线较为平缓。例如，K_b = 0.75、黏粒含量 4.6%的 A 类土体，J^* = 5.0 时相应的冲蚀量分别是 J^* = 10.0 和 J^* = 20.0 时的 2.2 倍和 3.14 倍。初步分析认为，J^* 较小时，接触带土体由稳定、破坏至渗漏通道形成时间较长，土体内部颗粒水土作用持续时间较长，可动颗粒潜在移动范围及距离较大，细颗粒流失导致土体结构疏松，颗粒在内部复杂水土作用下较有可能出现孔隙填充现象，以致在渗漏通道形成后冲出土体质量较大。

3）试样抗冲蚀时间

不同黏粒含量土体的 t_1 及 t_2 等值线如图 1-30、图 1-31 所示。

由图 1-30 和图 1-31 可见，在所选土体黏粒含量及 K_b 试验范围内，t_1 和 t_2 等值线并未出现时间极值。J^* 越大，t_1 和 t_2 相对越小；在 J^* 相同条件下，随着土体黏粒含量或 K_b 的增大，t_1 和 t_2 也增大，这一规律与前述基本一致。在稳定阶段，J^* 较小时，时间等值线

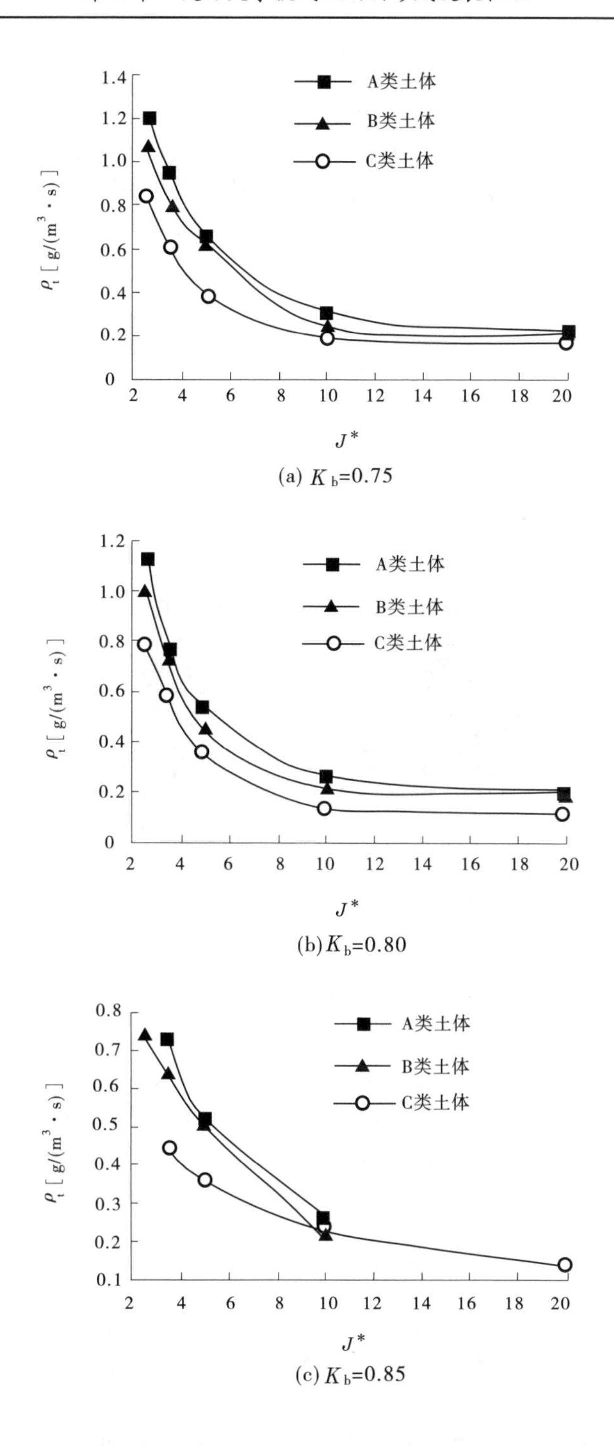

(a) K_b=0.75

(b) K_b=0.80

(c) K_b=0.85

图 1-29 冲蚀量 ρ_t 随水力比降的变化

在横向差异较大，t_1 主要受 K_b 影响；随着 J^* 的逐渐增大，土体性质影响作用逐渐显现。尤其是在土体试样破坏后，土体性质的影响作用表现得更为明显。

针对工程施工过程中接合部土体不易压实的问题，可适当提高土体的黏粒含量，以提

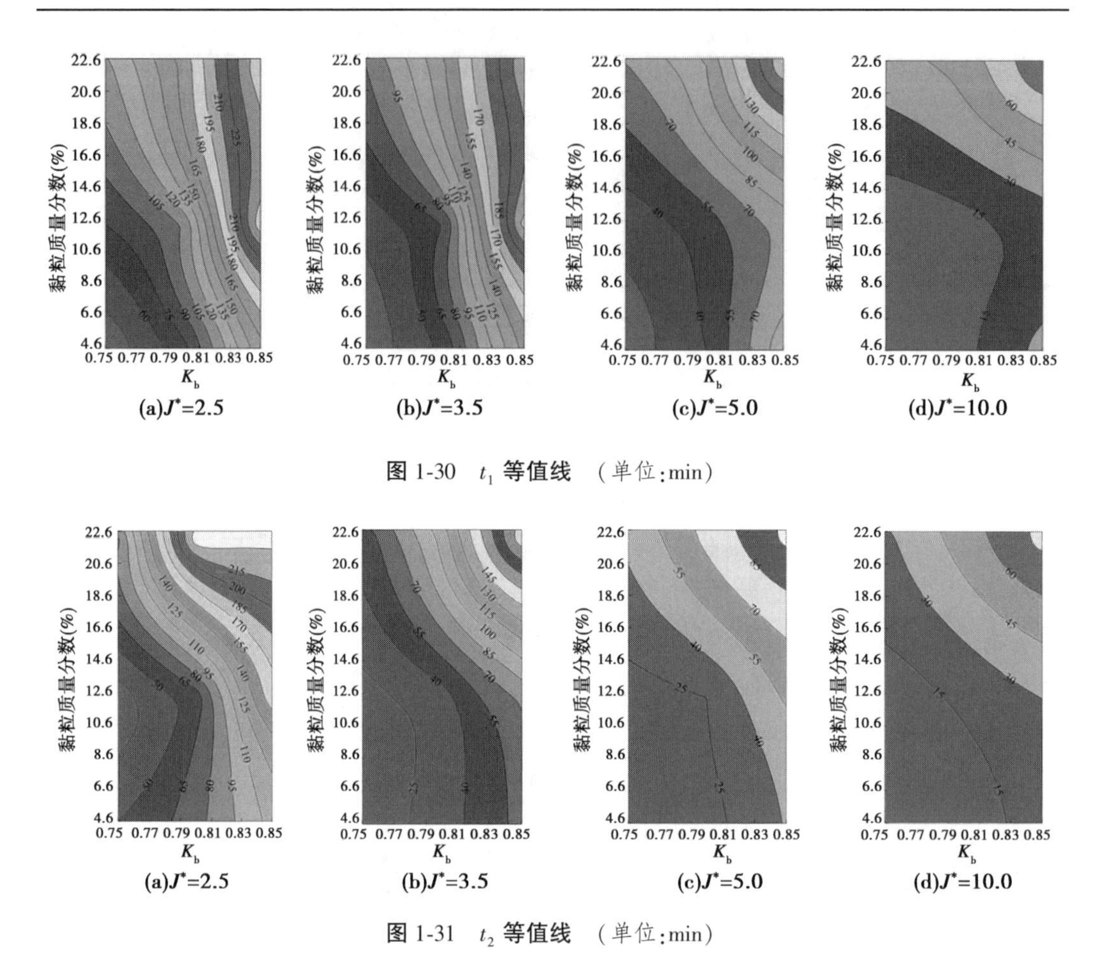

图 1-30　t_1 等值线　（单位:min）

图 1-31　t_2 等值线　（单位:min）

高抗渗能力。《堤防工程设计规范》(GB 50286—2013)规定均质土堤的土料宜选用黏粒含量质量为10%~35%的黏性土,1 级堤防压实度不应小于 0.95。从本次试验结果看,当 J^* 较小时,可对土体黏粒含量及 K_b 要求适当降低,例如,$J^*=2.5$ 时,若留有 110 min 的抢险时间,从 t_1 等值线看,黏粒含量 20%、$K_b=0.81$ 即可满足要求;而当 J^* 较大时,土体黏粒含量及 K_b 均应有所提高;若 J^* 处于中间值,可采取增加 K_b 降低土体黏粒含量的措施或降低 K_b、提高土体黏粒含量的措施。

1.4.4　主要认识

(1)穿堤涵闸土石接合部因其特殊的结构形式,易在接合部产生裂隙或不密实等缺陷,以致在高水位长期作用下发生接触冲刷渗透破坏,且难以发现和抢护,具有隐蔽性、突发性和灾难性的特点。

(2)接触冲刷渗透破坏时间与土体黏粒含量、土体密度、接触带状态以及水力比降等内外因素密切相关,当接合部存在裂隙时发生破坏的时间更短。

(3)接触冲刷破坏主要集中在不密实区,其破坏过程分为 3 个阶段:稳定渗流阶段、管涌形成发展阶段和冲蚀破坏发展阶段。3 个阶段持续时间由长到短,发展由慢到快。渗漏通道形成过程并不连续,具有间歇性、突发性和随机性等特点。

1.5　淤地坝特点及决口原因

1.5.1　问题的提出

建设在黄土高原的淤地坝建设标准不高，遭遇强降雨时经常发生垮坝，其建造和运行特点尽管与河道堤防有较大的不同，但决口却有类似之处。鉴于淤地坝库容不大，决口宽度有限，故可从决口剖面查看坝体断面填筑情况，加深对堤坝决口的直观认识。

西柳沟和罕台川两个流域（孔兑）位于内蒙古鄂尔多斯市达拉特旗，是黄土高原水土流失严重区，也是黄河粗泥沙的重要来源区。截至 2015 年底，两个小流域（区域）共建成淤地坝 167 座，其中大型坝 50 座，中型坝 59 座，小型坝 58 座。2016 年 8 月 16~18 日，该区域发生特大暴雨（简称“8・17”暴雨），最大降水量达到 406 mm，部分淤地坝水毁严重，并有 19 座淤地坝决口。为核查淤地坝水毁原因及对入黄泥沙的影响，客观评价淤地坝建设管理水平及拦沙作用，8 月 29 日至 9 月 1 日作者一行进行了实地调查。调查组逐个查看了当地上报的水毁严重的 21 座淤地坝现场，走访了当地群众，收集了该区域水文站及山洪预警平台雨量站有关资料，查阅了施工档案，分析了暴雨频率、入黄泥沙以及水毁原因，提出了相应的对策和建议，可供淤地坝规划设计、建设和管理者借鉴。本节重点对淤地坝水毁原因进行分析，以供研究土质堤坝垮坝原因者参考。

1.5.2　淤地坝特点

淤地坝当初主要作用是滞洪、拦沙、淤地，以改善当地农业生产土地条件，后来逐渐成为控制沟道侵蚀、滞洪拦泥、淤地造田以及减少入黄泥沙等作用的水土保持工程。与以蓄水为主的小水库相比，淤地坝有以下特点：

（1）淤地坝设计指标特殊，包括洪水重现期、设计淤积年限两个指标。淤地坝设计总库容为校核洪水位以下的库容，包括拦泥库容和滞洪库容。拦泥库容为拦截设计年限内入库泥沙所需的库容。滞洪库容为校核洪水位至与拦泥库容相应水位之间的库容。由此可见，除设计洪水和输沙量计算偏差较大的原因外，拦泥情况直接影响淤地坝的实际滞洪能力和坝体安全，因此其滞洪能力是动态的。滞洪能力在淤地坝投入运行之初远大于设计洪水重现期，而随着坝区的快速淤积将大幅降低，直至淤满，完全丧失滞洪作用。

（2）坝体、坝基未进行截渗处理。防渗主要依靠淤积形成的铺盖，并使用放水设施尽快降低坝前水位，减少高水位运行时间。在淤地坝投入运行初期，防渗铺盖尚未形成时，遇到高水位时坝基极易发生渗透破坏。淤积到一定高度后方可在库尾蓄水，但不得在坝前积水。

（3）放水工程设施简单，排水能力及消能能力有限。主要基于黄土高原降雨量偏少、连续降雨概率低，淤地坝决口风险小及投资有限。如鄂尔多斯市多年平均降水量 348.3 mm，而多年平均蒸发量 2 506.3 mm。在达到设计淤积年限后，无法控制不再淤积，原设计的滞洪库容难以保证。遇到超标准洪水难以及时排泄，易导致漫坝。消能段偏短，长期排水易引起溯源冲刷。

(4)施工质量难以保证,运行管理不到位。坝体碾压不实,遇水浸泡后沉降加大,或水位突降后滑坡导致坝顶出现裂缝。特别是放水工程土石接合部填筑难以密实,截水环结构偏硬,难以与周边土体接合好,更易透水。当消能段出现溯源冲刷时,如抢护不及时将危及坝体稳定。

1.5.3　淤地坝决口原因

从现场调查和淤地坝的特点分析可知,导致淤地坝决口的原因较多,具体可归纳为以下几种:

(1)超标洪水导致漫决。如上所述,淤地坝的滞洪库容是动态的。当淤地坝控制范围内产生洪量超出现有实际滞洪库容时,由于淤地坝无泄洪设施,致使洪水漫顶而过,逐步将坝体淘刷冲毁,最终造成垮坝。此次所调查的垮坝中有 9 座属于漫决,具体又可分为 3 种情况:第一种虽有较大防洪库容,但在此次超标准降雨条件下,较快出现漫顶;第二种是此次降雨前已基本淤满,强降雨下很快就漫顶;第三种是由于上游淤地坝垮坝后,使得下游骨干坝入库洪水急剧增加导致下游骨干坝漫顶。

(2)结构缺陷导致溃决。本次淤地坝溃口主要发生在放水涵管处,多是由于放水能力有限,造成以较高水位运行,导致放水设施土石接合部发生渗透破坏进而发展为接触冲刷、坍塌而溃坝。具体原因可从以下三方面分析:①从施工方面来看,放水卧管、消力池、涵管与周围土石接合部需采用人工夯实,难以密实,加之周围土体多为砂性土,抗渗性、抗冲蚀性差,易在高水头作用下发生接触渗透破坏且发展迅速难以抢护;②从结构方面来看,放水涵管底部垫层易发生不均匀沉陷,导致涵管间接缝发生错位、渗漏,缩短了渗径。③从运行方面来看,涵管按无压流设计,实际运行时有可能出现有压流,导致管内出现正负压交替,并通过涵管连接处影响到周围土体变形且淘空;涵管消能段出口防冲设施欠缺,引起溯源冲刷,加速了涵管失稳、坝体坍塌。

(3)填筑隐患导致溃决。淤地坝多采用当地材料筑坝,但部分坝址附近筑坝材料卵石含量较高,不易压实且抗渗性差。在运行初期上游侧尚未形成有效铺盖的情况下,坝基卵石含量较高部位在高水位作用下易发生管涌破坏,导致溃决。另外,坝体填筑不实,也导致高水位浸泡和降雨下坝顶出现不均匀沉陷和纵向裂缝。

(4)管理欠缺导致决口。淤地坝分布较广且多处于偏僻山沟,放水设施及坝体日常维护不到位。暴雨洪水时,放水设施进水孔开启、堵塞失控,涵管段溯源冲刷,难以及时发现、抢护,以及不能有效控制高水位运行等,最终酿成决口。

1.5.4　主要认识

(1)淤地坝建设标准和结构形式有待进一步优化。淤地坝水毁严重的主要原因是强降雨造成的超标准洪水,但放水设施结构缺陷及坝体施工质量控制不严也是不可忽视的因素。串联骨干坝易出现自上而下相继垮坝问题,因此有必要对骨干坝优化坝系布局和结构设计,增设泄洪设施,强化施工质量管理,严格责任追究。对小型坝要考虑淤地坝运行特点,适当控制坝高,并考虑多种结构形式和材料,允许漫坝而不溃,既满足拦沙淤地要求,又降低溃坝风险,还可长期安全运行。

(2)非工程措施对于淤地坝应急管理是必要的。本次降雨造成 19 座淤地坝决口,部分道路桥梁被冲毁,但由于前期国家防总派出督导组进行督导,地方各级政府高度重视,并发挥了山洪灾害预警系统的作用,及时转移安置 827 名人员,故未造成人员伤亡,最大限度地降低了损失。今后有必要增加淤地坝水位等现场视频监视系统,进一步落实管护责任,并研究倒虹吸等应急降水措施。

(3)基础管理工作有待加强。此次调查受时间和基础资料所限,难以实现定量分析。建议通过淤地坝技术规范的修订,规范淤地坝规划建设与运行管理内容,加强对淤积库容的动态观测,增加对排水涵管的隐患探测等。

(4)适时进行修复、加固。根据淤地坝溃坝原因、淤积情况及风险大小,选择合适的修复、加固方法,适当增加泄洪能力,并注意接合部填筑质量。

1.6　震损水工程安全隐患风险排查

1.6.1　问题的提出

地震尤其是强震对水利工程常造成损伤,造成裂缝、滑坡等损伤,在高水位下有可能发展为管涌、漏洞甚至决口,给下游人民生命财产造成更大损失,因此对震损水工程安全隐患风险进行全面排查对于避免次生灾害具有重要意义。本节结合“5·12”汶川地震甘肃省震损水工程应急排查和处置工作,分析了震损水工程安全隐患排查的特点、难点以及方法和建议。

1.6.2　基本情况

2008 年 5 月 12 日 14:28,汶川发生里氏 8.0 级强震,与其相邻的甘肃省是仅次于四川的重灾区,距震中最近距离为 200 km,距北川二次破裂点仅 100 km。甘肃省的陇南、甘南、天水、平凉、庆阳、定西、白银、临夏、兰州、武威十个市(州)的 70 个县(区)受灾,其中地震烈度在Ⅵ度以上的县(区)达 44 个。虽然当地上班、上学时间为 15:00,在一定程度上减小了人员伤亡,但因灾死亡人数仍达 365 人、受伤 10 003 人,紧急转移安置人口 177.99 万,直接经济损失 490 多亿元,震区水利工程也受到地震不同程度的影响。考虑余震不断、主汛期即将来临,部分震损水工程还要承担发电、供水等任务,在这个特殊时期其安全问题引起水利部抗震救灾指挥部的高度重视。5 月 15 日派出专家组到现场,对甘肃省水库等水工程进行震灾摸排、逐坝研判,了解实情、应急处理,为进一步开展震损水工程调查和处置提出意见和建议。

1.6.3　应急排查特点

(1)时间短、任务重。在 7 d 时间内对甘肃省所有震损水库和堤防及饮水工程等进行排查,其中包括水库 72 座(52 个由电力系统直接管理,20 个由水利部门直接管理),专家组现场查看后,还要晚上总结讨论,形成工作简报连夜报送国家防办和黄河防办,每天休息时间只有 4~5 h。

(2)责任大:震损水库和堤防一旦溃决对下游造成的次生灾害往往要超过震灾本身,电站和供水工程如不能正常运行,也将严重影响震区群众的正常生活。

(3)困难多。首先是不确定因素多,主要是余震不断,来水情况复杂,缺乏相应的应急管理技术标准;其次是对震损水工程的勘察设计、运行资料,以及相关的社会、经济资料占有信息少;另外山区道路坍塌和通信不畅,直接影响行程和对外联络。

(4)风险高。对专家组成员来说,在甘肃震区虽没有瘟疫的威胁和饮食的困难,但多数时间乘车穿行在山区,随时要面临余震和降雨引起的滑坡危险;晚上住宿缺乏帐篷,为便于工作,只能冒险住进宾馆或民房中,其间 18 日凌晨 1:08 还经历了江油 6.0 级余震(距住处约 120 km)。

1.6.4 应急排查方式

针对此次工作的时间紧、任务重、应急性强的特点,以安全管理为核心进行风险管理。按照“突出重点,兼顾一般”的原则,明确了工作方式和方法:首先听取省厅介绍,初步了解工程震损情况,根据工程震损情况和工程失事的风险程度,将震损水工程按照水库、堤防、供水工程进行分类考虑,对重点工程要逐个现场查看,并现场提出处理意见;对一般险情水利工程要进行分类研判,分清轻重缓急,并提出不同的应急处理意见,对于新发现的可能造成较大威胁的工程,必要时再到现场进行查看;最后根据此次排查情况,与省厅等有关部门交换意见,落实有关措施。

1.6.5 应急排查过程

(1)5 月 15 日 11 时集合布置任务,下午从郑州经北京转机于晚 8 时抵达兰州。首先听取省厅介绍,明确现场查看重点和路线,同时建议甘肃省防汛抗旱办公室对情况紧急的水库要连夜要求水库管理单位继续降低水位运行,对一般险情的要求各管理单位认真分析震损情况,提出应急处理意见尽快上报。

(2)16~18 日,到震损最严重、对灾区威胁最大、情况紧急的 3 座水库(黄江、碧口、汉坪嘴)和高峰水库供水工程现场查看,并现场提出应急处理意见。

(3)19~20 日,对一般险情的水库、堤防等根据重新收集的资料进一步澄清震损情况,再进行逐个逐段摸排、研判,提出处理意见。

(4)20 日,鉴于震损水工程在管理与责任主体不一致的情况,召开相关方的技术座谈会,进一步了解相关方对工程的认识和管理意见,通报专家组建议,要求甘肃省防办继续督促落实相关意见。

(5)20~21 日,汇总有关成果,提出所有已知的震损水工程在复杂环境下运行的意见和建议,供水利部、国家防办、黄河防办、甘肃省防办等部门应急决策时参考。

1.6.6 应急处置原则

专家组通过现场查询,了解大坝受损情况和溃坝后风险状况,包括裂缝、渗漏、坍塌、位移、泄洪设施以及下游河道泄洪能力、人员居住情况等,对溃坝的风险高低做出初步判断。对受此次地震影响明显的大坝,考虑到余震和来水以及坝自身安全的众多不确定性,按照以下原则对工程管理单位提出应急处置意见：

(1)要牢固树立"安全第一"的观念,对任何问题,在没有处理之前都不能放过。

(2)管理单位应按照有关规定,尽快委托有资质的单位对大坝做出安全鉴定。在大坝安全鉴定结果出来之前,水库应继续降低水位运行(可能远低于汛限水位),不应再蓄水,水库度汛要按病险库对待。

(3)要进一步落实大坝安全责任制,要有保坝抢险和泄空预案,每一个环节都要细化,确保预案的可操作性。

(4)要考虑非常时期与上、下游工程的关系,明确建立工程上、下游的联防减灾体系。对上游大坝也处于非正常运用状态,或下游居住有大量人口的,要建立信息沟通机理,强化预报预警系统,确保下游人员的安全。

(5)全面观测,抢测资料,为紧急状态应对、大坝安全鉴定和工程后续处理提供依据。分析资料时要考虑位移观测的基准点可能已发生移动,部分观测设施受损的影响。

(6)对无观测设施的土石坝,在除险加固中要增设必要的位移观测和渗漏观测。

(7)震损供水工程要尽快提出修复或重建方案,尽快恢复供水能力、保证供水质量。

1.6.7　意见和建议

(1)针对水电站和供水工程投资与管理主体的多元化,应进一步明确界定行业主管部门与工程经营管理者在应急管理中的责任,强化安全生产意识。

(2)完善《水库大坝安全管理应急预案编制导则》,增强极震情况下的可操作性。

(3)完善极震情况下的远程传输与会商系统,并研究如何根据关键技术指标的变化对坝体安全性进行科学快速的判断,提出合理的风险应急对策。

(4)对小型水库应设置必要的基本监测设施。

参 考 文 献

[1] 汪自力,张宝森,田治宗,等. 黄河堤防漏洞形成发展机理初步试验研究报告[R]. 2000.

[2] 汪自力,田治宗,兰华林,等. 黄河防总堵漏演习技术总结报告[R]. 2000.

[3] 王帅,张宝森. 2000 年黄河防总堵漏演习围堤施工技术总结报告[R]. 2000.

[4] 黄淑阁,王军. 堤防漏洞险情发生规律与抢堵特点研究[J]. 人民黄河,2000(5):9-10.

[5] 汪自力,张宝森,田治宗,等. 黄河堤防漏洞形成与发展机理初探[J]. 人民黄河,2002(1):11-13.

[6] 秦曰章. 黏性土断裂强度和防止裂缝冲刷措施的研究[R]. 1989.

[7] 张宝森. 黄河大堤堤防查漏堵漏技术研究[R]. 1999.

[8] 李斌,何鲜峰. 黄河大堤堤防漏洞的应力应变计算[R]. 2000.

[9] 水利部黄河水利委员会,黄河防汛总指挥部办公室. 防汛抢险技术[M]. 郑州:黄河水利出版社,2000.

[10] 胡一三,朱太顺. 长江抗洪抢险及对黄河防洪的思考[J]. 人民黄河,1998(12):8-10.

[11] 汪自力,高骥,李莉. 黄河大堤渗流动态有限元的分析[J]. 人民黄河,1992,14(7):48-51.

[12] 汪自力,顾冲时,陈红. 堤防工程安全评估中几个问题的探讨[J]. 地球物理学进展,2003(3):391-394.

[13] 朱太顺. 防汛抢险关键技术研究[J]. 人民黄河,2003(3):1-2.
[14] 毛昶熙,段祥宝,毛佩郁,等. 堤防渗流与防冲[M]. 北京:中国水利水电出版社,2003.
[15] 朱建强,欧光华,言鸽,等. 堤防决口机理及其防治[J]. 湖北农学院学报,2000(4):369-373.
[16] 赵寿刚,常向前,潘恕. 黄河标准化堤防渗流稳定可靠性分析[J]. 岩土工程学报,2007(5):684-689.
[17] 兰华林,王震宇,田治宗,等. 黄河下游控导工程防守等级及抢险对策研究[J]. 人民黄河,2005(8):9-11.
[18] 汪自力. 黄河大堤病险分析方法与抢险新技术[D]. 南京:河海大学,2009.
[19] 汪自力,周杨,张宝森. 黄河下游堤防安全管理技术探讨[J]. 长江科学院院报,2009,26(S1):96-99.
[20] 赵寿刚,汪自力,张俊霞,等. 黄河下游堤防土体抗冲特性试验研究[J]. 人民黄河,2012,34(1):11-13.
[21] 杨端阳,王超杰,郭成超,等. 堤防工程风险分析理论方法综述[J]. 长江科学院院报,2019,36(10):59-65.
[22] 刘新华,张宝森,苗长运,等. 淤背区打井对黄河堤防安全的影响[J]. 人民黄河,2003(12):10-11.
[23] 郭全明,张宝森,仵海英. 黄河堤防险情调查分析[J]. 地质灾害与环境保护,2003(3):45-49.
[24] 汪自力,朱明霞,高青伟,等. 饱和-非饱和渗流作用下边坡稳定分析的混合法[J]. 郑州大学学报(工学版),2002(1):25-27.
[25] 姚秋玲,丁留谦,刘昌军,等. 堤基管涌破坏特性研究进展[J]. 中国水利水电科学研究院学报,2014,12(4):349-357.
[26] 田治宗,余咸宁,王卫红. 黄河穿堤涵闸土石结合部渗漏险情抢护方法研究报告[R]. 2002.
[27] 张宝森. 堤防工程及穿堤建筑物土石接合部安全监测技术发展[J]. 地球物理学进展,2003(3):445-449.
[28] 常利营,陈群. 接触冲刷研究进展[J]. 水利水电科技进展,2012,32(2):79-82.
[29] 于国卿,汪自力,顾列亚. 水闸安全监测数据挖掘中的数据预处理方法[J]. 南水北调与水利科技,2010,8(4):115-118.
[30] 汪自力. 堤防涵闸土石接合部病害成因与处置[C]//第五届中国水利水电岩土力学与工程学术研讨会. 北京:中国水利水电出版社,2014.
[31] 李娜,汪自力,乔瑞社,等. 某引黄涵闸应急供水工程运行风险及对策[J]. 人民黄河,2015,37(10):145-118.
[32] 李娜,汪自力,赵寿刚,等. 水闸侧墙与土体接合部渗透破坏过程模拟试验[J]. 水利水电科技进展,2019,39(6):75-81.
[33] 张家发,丁金华,张伟,等. 论堤防管涌的危急性及其分类的意义[J]. 长江科学院院报,2019,36(10):1-10.
[34] 李娜,汪自力,赵寿刚,等. 土石结合部接触冲刷渗透破坏特性试验研究[J]. 人民黄河,2019,41(12):122-126.
[35] 汪自力,张宝森,刘红珍,等. 2016 年达拉特旗淤地坝水毁原因及拦沙效果[J]. 水利水电科技进展,2019,39(4):1-6.
[36] 汪自力. “5 · 12”汶川地震甘肃省震损水工程应急管理[J]. 长江科学院学报,2009,26(S1):127-129,134.
[37] 中华人民共和国水利部. 2018 年全国水利发展统计公报[M]. 北京:中国水利水电出版社,2019.

第 2 章　堤防堵漏原则与堵漏技术

针对堤防深水漏洞发展快、抢护难等问题,本章从堵漏机理入手分析了堵漏原则及深水漏洞堵复难的原因,提出在适当条件下也可以从背河进行封堵的理念及措施。分析了大型机械推运散土、软帘盖堵、软体袋围井、化学灌浆等技术在封堵深水漏洞时的适用条件、操作要点及存在的问题,并探讨研究查漏、堵漏、加固一体化漏洞抢护技术的可行性。最后介绍了穿堤涵闸土石接合部险情抢护的原则与方法。本章内容可为堤防及其土石接合部深水漏洞的抢堵提供指导。

2.1　堤防堵漏原则

2.1.1　一般原则及把握要点

堤防漏洞按照其进口距临河水面高度可定性分为浅水漏洞和深水漏洞。浅水漏洞表面常有漩涡,相对容易早发现并较快进行塞堵处理;而深水漏洞则相反,若不能在较短时间内采取有效措施遏止漏洞发展,直至闭气加固,极有可能很快恶化造成决口。抢堵堤防漏洞遵循的一般原则是“前堵后导,临背并举”,即先在临河找到洞口,及时塞堵,以截断水流,同时在背河出口处采取滤导措施,防止险情扩大。把握要点如下:

(1)抢早抢小。漏洞在形成和发展的初期扩展较慢,是抢堵的最有利时机,因此要加强查险力度,做到早发现,并因地制宜做好抢堵预案和料物准备,随时能启动抢堵工作。

(2)方法得当。在抢堵过程中应尽量延缓漏洞的发展,其最为关键的是控制漏洞内的水流速度,延长进口、出口附近再次发生渗透破坏的时间。“前堵”既可降低洞内流速也可降低洞内压力,故为根治措施;而“背导”则只能降低洞中流速,并使洞中压力增加,但因其比较直观且易实施,故为延缓漏洞发展的有效临时措施。

(3)闭气彻底。为使抢堵的漏洞不再出现新的险情,闭气加固必须一气呵成,做到漏洞处不再发生新的渗透变形,即应满足渗径要求,并做好留守观察工作。浅水漏洞塞堵后因进口以上水头压力小,接触面渗透坡降较小,再次发生渗透破坏所需时间较长,闭气相对容易;而深水漏洞则相反,塞堵后接触面渗透坡降剧增,闭气难是造成深水漏洞难堵的主要原因。

2.1.2　对“前堵后导”堵漏原则的再认识

2.1.2.1　问题的提出

深水漏洞抢堵困难有三方面的原因:一是漏洞进口较深,难以查找和塞堵;二是塞堵后洞口周围渗透坡降大,容易发生新的渗透破坏;三是洞口离堤顶较远,如在堤顶采取压盖措施难以到位,因此对深水漏洞单从临河采取措施有一定的局限性。堤身一般很难形成稳定浸润线，背河堤坡大面积出渗的可能性不大，因此堤身漏洞多是由各种隐患在高水位浸泡下形成的。鉴于此特点，在漏洞形成初期，从背河入手临时堵塞漏洞以延缓漏洞发展速度的方法得到一些探索性研究，其优点是背河漏洞出口位置明确，便于快速采取措施，且与临河措施一般不发生矛盾。但此类方法也引起一些争议，认为从背河入手抢堵有违堤防漏洞抢护“前堵后导”的传统原则。

堤防加固与抢护作业是有区别的，抢护作业基本要求是采取可行措施有效遏制险情发展速度。对堤坝加固工程来讲，采取临河做防渗处理，背河侧进行反滤导渗，而严禁填筑透水性相对弱的料物，俗称“前堵后导”，是无争议的。但对堤防管涌、漏洞抢护这种非常规环境下的作业，能否在漏洞形成初期，从背河采取临时性的塞堵措施延缓漏洞发展速度，有必要进行再认识。随着抢险技术水平的提高，在一定条件下从背河采取临时性截堵措施是可行的，值得探讨。

2.1.2.2 堵漏机理分析

从堵漏机理上讲，无论是前堵还是后堵，或中间截，最终都要以加固到不发生渗透破坏为原则，即要有足够的渗径。对浅水漏洞，进口塞堵后内外压力差小，渗径易满足要求。而对深水漏洞，临河进口塞堵后，内外压力差大，渗径很难满足要求，若不立即进行加固也易在漏洞进口周围发生渗透破坏导致进口进一步扩大，这一点与从背河出口塞堵有类似之处。

在堤防隐患加固时，若在背河采取透水性弱的材料覆盖，由于隐患并未消除，会使背河排水不畅，人为将堤防浸润线抬高，出渗区扩大，背河堤坡渗透坡降增大，有可能经过一段时间从周围发生渗透破坏，形成新的甚至更大的险情，达不到永久加固堤防的目的。因此作为堤坝加固措施一般是不能在背河采取硬堵的方法，而是采用渗透性较大的反滤料覆盖以降低浸润线并起到滤水保砂的作用。由此可见，后堵有两方面的担忧：一是堤身浸润线抬高而引起更大范围的渗透破坏；二是塞堵后后续措施跟不上，以至在周围土体发生新的渗透破坏之前尚未加固。

对漏洞抢堵来说，时间非常重要。在漏洞形成初期，如在背河出口处堵，也会出现浸润线升高和发生新的渗透破坏的可能。但应该认识到，这需要一个过程，尽管这个过程持续时间较短，但对抢险来说也有利用的价值。同时堤身出渗区只是局部的，发生新的渗透破坏区域也不会太大，因此可以考虑从背河临时封堵漏洞。目前可望用于抢堵漏洞的新机具、新材料、新工艺较多，完全有可能做到在发生新的渗透破坏之前的较短时间内将堤防加固，达到延缓漏洞发展或抢堵漏洞的目的。

2.1.2.3 背河堵漏技术探讨

针对漏洞形成初期，如何使背河封堵措施成为一种实用技术尚需进行大量的试验研究，可从两方面入手：一是如何封堵能快速起到作用并能维持较长时间不发生渗透破坏；二是在封堵后如何对洞体进行快速加固。具体措施分析如下。

1. 背河修筑围井（“养水盆”）

对深水漏洞，进口难以快速查找，而背河洞口则总能先发现，在漏洞形成初期，在背河如能采取临时性的延缓漏洞发展的措施就显得尤为重要。传统的做法是做围井（俗称“养水盆”），即在漏洞出口一定范围内用麻袋或编织袋等做成围井或直接拼装围井，并向围井内抛投碎石等增加局部水头损失。通过抬高围井中水位来减小临背压力差,通过抛石消减洞出口水能,从而实现降低洞中流速、延缓漏洞发展速度,为前堵争取时间的效果。由此可见,修建围井也是在周围不发生渗透破坏前提下减小洞内流速,但增大了洞内压力,对水流也有堵的作用,只是未堵死而已。对围井的基本要求是能在漏洞出口一定范围将围井内水位抬高,且能保持围井的稳定性。除把握好围井的直径、高度外,还要特别注意:①围井与基础接触带的防渗处理和外围加固,以免围井蓄水后发生接触渗透破坏或因围井漫溢导致冲刷失稳;②围井自身漏水量控制,保证围井内部水位能够达到一定高度。从理论上讲,若围井内与临河水位平,则洞内无流速,抛石将失去消杀水头作用。

2. 背河快速打设钢板桩

由于河道洪水多有来去迅猛的特点,堤身很难形成较高的浸润线,故背河出现的饱和区很有限,一般情况下在背河打桩不会造成大面积滑坡(破坏)。因此可考虑在距背河出口水平距离约 3 m 处快速打设钢板桩,由于距出口较近,容易快速将板桩准确打在漏洞上。当桩的不透水部分接触漏洞时,水流被截断,可能会顺板桩与土石接合部流动,此时相当于将水流出口抬高了 1.5 m(按背河堤坡 1:2计)。此时最小渗径则在桩下部和侧部,桩下部可通过截住水流后再下打 0.5 m 将渗径延长到 1 m 解决,侧部则可通过加宽钢板桩解决(拼装式或整体式)。

3. 背河快速打设透水钢板桩

背河快速打设透水钢板桩,即在背河快速打设中部透水的钢板桩(见图 2-1),其上下部均为不透水,透水率可选 30%~60%。主要作用是通过透水钢板增加局部水头损失,减缓洞内流速,并将洞内掉落的黏土块等拦住,逐步在透水钢板桩前形成一段淤堵。打设时可先在距洞口约 3 m 处打设透水率较大的钢板桩,接着再在相距 1 m 处打设透水率较小的钢板桩,以达到逐级消能的作用。

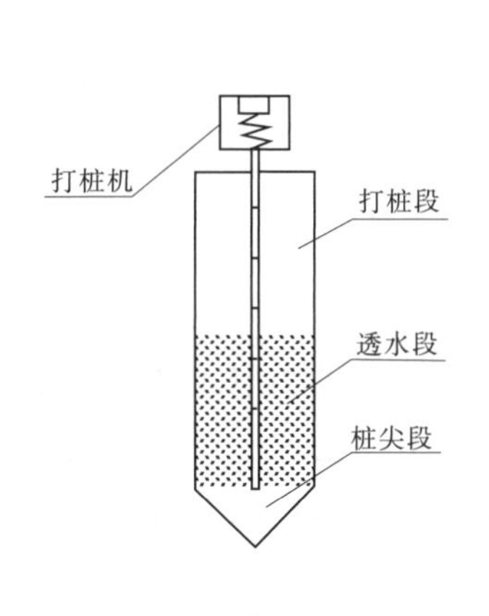

图 2-1　透水钢板桩示意图及实物

4. 背河反压灌浆堵漏

该法是从背河出口入手,将洞口一定范围内水流截断(可使用上述的钢板桩),并立即从背河灌注高聚物等快速膨胀浆液,浆液在压力作用下逆流而上,在洞口发生渗透破坏之前将整个洞子用浆液注满并在几分钟内凝固,从而达到堵漏的目的。此法利用了出口塞堵后发生渗透破坏滞后的一段时间。

2.2　深水漏洞堵漏技术试验研究

2.2.1　大型机械推运散土堵漏技术

2.2.1.1　散土堵漏机理及相关问题

漏洞封堵事实上人为改变了漏洞进口处的流态和洞内的流速、压力分布,而闭气加固是为了满足漏洞处不再发生新的渗透破坏的要求。以往多是在塞堵或盖堵措施起作用后,再用大量散土闭气。而对深水漏洞,塞堵盖堵困难,可否直接用大量散土封堵闭气?采用散土堵漏关键是将散土推至洞口的效率,若到位的土远比被水流带走的土多,则可封堵。另外,散土在抢险条件下不可能压实,其抗渗性能较差,为保证闭气后不再发生新的渗透破坏,需用大量的土方加固。由此可见,采用大型挖掘机、自卸车、推土机联合作业用散土堵漏需解决以下几个问题。

(1)适用条件:漏洞的大小、发展速度及水流条件要与所用机械的效率匹配,需特别注意的是,黏性土与砂性土质漏洞的发展速度大不相同,顺堤行洪流速大时也会对散土到位有所影响。当漏洞较大时,要注意与其他措施的配合,如临河采取软帘覆盖、大网兜塞堵等。

(2)漏洞位置:对漏洞进口位置的判断应控制在一定范围内,对深水漏洞应开发出一套简单快捷的测试渗漏通道的方法,通过渗漏通道位置确定进口大体位置。

(3)机械操作:所用机械的操作要到位,场地及道路要适合机械操作,以满足机械操作安全快捷的要求。该方法在路况良好、机械到位的情况下效果很好,但雨天道路泥泞须快速修建抢险道路。

(4)闭气加固:堵漏要一气呵成,闭气后要抓紧加固,以免再次发生渗透破坏出现新的险情而加大堵漏工程量,甚至导致堵漏失败。加固后要留专人观察,若发现渗水且有进一步发展的趋势,则需继续加固。

2.2.1.2　机械手操作中应注意的问题

2000 年 6 月,进行了散土堵复深水漏洞现场试验(见图 2-2)。由于抢险现场具有人多、场地小、作业量大、时间短等特点,因此对机械的操作要求较高。尤其是对推土机司机心理素质和操作水平要求更高,即其操作要到位,既要争取时间,也要保证设备和人员的安全,同时对堵漏技术(含安全)也要明白,这样才能在现场复杂的条件下,充分发挥机械的作用。其操作中应注意以下几点:

(1)操作手对车况应熟悉,如对转向、油门控制都应得心应手,并确保机械时刻处于良好的临战工作状态,以避免抢险时出现故障。

(2)推土机行走时应保持两侧履带基本处于一个水平面,以避免推土机失衡,为此在临河侧推土机行走路线要基本与堤轴线垂直。

(3)临河堤坡湿水后较滑(尤其对黏性土),推土机易整体滑入水内,但一般只是表层湿滑,应先将其表层推掉。

图 2-2　大型机械推运散土堵漏现场

(4)推土机每次推土量可达平地的数倍,以适应堵漏对推土强度的要求。这是由于推土机履带所处位置较硬,不会出现打滑现象,而且土在临河侧是沿一定坡度下滑的,阻力较小。

(5)应特别注意背河反馈信息,当某次推土起到明显作用时,要加大在该位置的入土量,必要时可削临河堤顶的土用于盖堵。在土源供应不上的情况下,可充分利用大堤超高部分的土体。

(6)在保证安全的情况下,应尽量加大油门以提高效率。

(7)推土机手应有自己的主见,对现场指挥的指示要综合判断,适时处理。

2.2.2　软帘盖堵深水漏洞技术

2.2.2.1　问题的提出

软帘覆盖堵漏法,在截堵浅水漏洞时因闭气相对容易而效果较好,但在封堵深水漏洞时还存在较多问题。如在堵漏现场试验中,模拟的堤防土质为粉质壤土,抗冲能力较差,漏洞洞径 10~15 cm,洞上水头 2.5~3.0 m。采取的堵漏方法以临河软帘覆盖为主,配合背河修筑反滤围井。现场看到,软帘的铺设均是从水面以上的堤肩开始的,软帘到位的极短时间内漏洞出流明显减小,但一般没超过 3 min 就恢复了过流,且漏洞发展迅速。尽管在软帘上抛压了大量土袋,但效果不佳,其中有多个漏洞都是在 20 min 内发生了溃堤。堵漏采用的软帘材料有土工布、帆布和彩条布。铺设方法有导杆铺设法、软帘机具展开法和自重下沉法。究其堵漏失败的原因,一般认为是软帘铺设不到位和抛压土袋不能使软帘与堤坡紧密贴合致使漏洞继续发展所造成的。

为使模拟的堤防土质更接近实际和改进软帘的铺设方法,又开展了几次试验,其中模拟的堤防土质的抗冲能力有了较大提高。软帘选材和铺设方法也有了较大改进,基本上保证了软帘的铺设到位。在软帘到位后,开始确实起到了盖堵漏洞作用,但持续时间均很短又恢复了过流,之后,虽向软帘上抛压土袋,但收效不大,最后均是通过推土机大量向漏洞进口推散土做前戗才使漏洞逐渐闭气。在推土机向临河推入散土时,为保障推土机的安全,多数情况下推土机将软帘推到了堤脚,软帘此时已不起作用。

由此看出,这几次现场试验中软帘深水堵漏所起的作用都是很短暂的。总结现场试验的经验教训得出的共识是:堤防深水漏洞,因洞内外水压差大,洞口处重新发生渗透破坏的时间短,漏洞发展速度快,仅用上述的软帘覆盖法难以完成闭气。为寻求更好的软帘深水堵漏方法,开展了一系列的室内模型试验。

2.2.2.2 室内模型试验

模型几何比尺为1:10。模拟洞上水头3 m、洞径10 cm。用于堵漏的软帘形式分别为单层、长管袋型、华盖型。软帘尺寸均为1 m×0.5 m(长×宽)(相当于原型10 m×5 m)。

1. 单层软帘

当漏洞形成后,快速将软帘铺设到位,由于堤坡非常平整,软帘又很柔软,在软帘到位后漏洞出流迅速减弱,但持续不到1 min,出流就开始加大。为使软帘与堤坡贴合紧密,采用铁棍对软帘实施了碾压,但未能成功。通过立即放空蓄水池,发现在洞口周围呈放射状出现多条沟槽,长度相当于原型1~6 m。

该试验说明,就单层软帘堵漏来讲,即使遇到最平整的堤坡,其堵漏效果也只是短暂的。从洞口周围冲刷形成的放射状沟槽看,是因接触冲刷而造成的。

2. 长管袋褥垫软帘

为使软帘覆盖与压重一次完成,将软帘制成长管袋型,底部设一横管袋,纵向设5个长管袋,原型高度30 cm,袋内装砂。当软帘铺设到位后,漏洞出流没有减小,显然这种形式的软帘堵漏效果远差于单层软帘。分析原因是长管袋型软帘柔性差,与堤坡接触不易严密,造成漏洞发展速度快。

为使长管袋型软帘与堤坡能紧密黏合,达到截流与闭气同时完成的目的,将长管袋型软帘的底层穿孔,管袋内改为充填快凝水泥砂浆,拟使速凝浆液通过穿孔流出,在堤坡与软帘间凝结,使堤坡与软帘紧密贴合,以达到闭气的目的。试验时,当漏洞形成后,将尚未充浆的软帘铺设到位,之后用高压泵将配比好的浆液快速充填到软帘的长管袋内。试验发现,由于软帘是双层的,在铺设过程中有漂浮现象。当浆液充入后,软帘虽能压盖在堤坡上,但漏洞出流始终未见减少,且漏洞发展迅速,待5 min管袋充满后,堤防几乎溃决。从对长管袋的检查看,自身已凝固成近似石板状,堤坡上也有一些凝结,但未达到黏结堤坡与软帘的作用,结果使堵漏失败。

3. 华盖式软帘

基于上述软帘堵漏失败的教训,又在单层软帘的周边增加垂直于软帘平面的布帘,布帘宽约30 cm(相当于原型),整个软帘形似华盖,并在布帘下缘加配重。这种软帘的设计思想是拟通过垂直的布帘贴紧堤坡,配重起压重作用,再在软帘上加压土袋。从试验结果看,华盖软帘的堵漏效果优于前述的软帘堵漏效果,但仍因不能从根本上完成闭气,最终依然溃堤。

2.2.2.3 软帘盖堵中的接触冲刷过程

无论从现场试验还是从模型试验都可看出,软帘在深水堵漏时,虽然可起到一定的延缓漏洞发展的作用,但给人一种收效小、费工大、甚至有时有贻误战机的感觉。究其原因主要在于闭气难,而闭气难的根本原因又在于深水漏洞的水力特性及由此带来的渗流破坏上,接触冲刷是软帘深水堵漏效果不佳的根源。

接触冲刷是指渗流沿着两种不同介质的接触面流动时,把其中颗粒层的细颗粒带走的一种渗透破坏现象。软帘与堤坡间的渗流破坏也属于接触冲刷破坏,整个破坏过程如下:

当软帘盖住洞口的瞬间,会大量减少漏洞的出流,截断水流的多少主要取决于堤坡的平整程度。此时的软帘受到临河水压力和漏洞吸力的双重作用,使漏洞能与堤坡较紧密地贴合,漏洞出流明显较小。然而,此时软帘下的土体正受到渗透力的作用,在短时间内,土体还未发展到接触冲刷破坏,出流不会增加,呈现出较好的堵漏效果。

当洞内原存水流流出,使漏洞出流变有压出流为无压出流时,漏洞对软帘已不产生吸力。另外,位于洞口附近的土颗粒受到渗透力作用,稳定性差的土颗粒首先被起动,即发生接触冲刷,并很快由洞口向外延伸,拉成一些细沟(已被模型试验所证实),细沟逐渐被拉成较大的沟槽,漏洞出流随之逐渐加大。较大的漏水进一步使接触冲刷加剧,拉出的沟槽逐渐加深、加长,甚至超过软帘覆盖的范围,致使软帘完全失去作用。尽管此时在软帘上大量抛投了土袋,但因不能使这些沟槽消除,接触冲刷破坏仍在继续,漏洞的发展则成必然。漏洞洞口位于水下越深,洞口水头差越大,接触冲刷发展速度就越快,漏洞扩展也越快,这就是为什么深水漏洞较浅水漏洞难以抢堵的原因。而此时只有快速、大量地在洞口压盖散土,阻塞各个渗流通道,并满足渗径要求,才能从根本上堵塞漏洞,最终达到堵漏的目的。

接触冲刷的临界渗透比降远小于发生在土体内部的渗透比降。对于砂壤土,接触冲刷的临界比降为 0.225~0.375,为流土破坏的临界比降 0.86~2.35 的 1/6~1/4。也就是说,对于 3 m 水头的漏洞,若要避免发生接触冲刷,需要满足的渗径为 8 m 以上,即需要的软帘幅宽为 16 m 以上。这样的幅宽是假定软帘与堤坡完全紧密贴合、洞口在软帘中央且不考虑安全系数条件下的幅宽,实际上是不可能的,特别是位于坡脚的漏洞更难做到。这就是为什么软帘堵漏对浅水漏洞效果较好,而对深水漏洞只能维持一时而不能从根本上解决问题的根源。

2.2.2.4　软帘改进建议及适用范围

1. 软帘制作的要求

软帘制作要考虑材料、幅宽、结构形式等:①要选用具有一定强度的柔性材料,能够抵抗临河水头压力与洞内瞬时吸力的合力作用,能与坡面较好贴合;②要有一定幅宽,包括长度和宽度,能够满足一定时间内不发生大范围渗透破坏渗径的要求;③结构形式要合理,不但便于制作、运输,还要便于铺设到位且不给后续抢护手段制造困难。

2. 软帘铺设的要求

软帘定位应尽量使漏洞进口位于软帘中央,铺设前应尽量清除铺设范围杂草,铺设过程中注意背河水流变化,到位截断水流后尽量减少对其扰动。尤其对下有滚筒的软帘,如抛压土袋可能使部分土袋滚落到滚筒上,将软帘绷紧使其脱离了堤坡,给水流进入漏洞创造了条件,加快了接触冲刷的破坏速度。

3. 软帘适用条件

综合考虑,对水下 1 m 以内的漏洞采用水充袋更为方便有效(见图 2-3)。软帘适用于漏洞位置基本确定的水下 2 m 以内的浅水漏洞,且堤坡土质黏性越大、越平整、杂草越少,效果越好;对接近堤脚的深水漏洞应慎用。软帘盖堵只能临时截断水流,为大量散土闭气等手段争取时间,所以后续闭气工作必须跟上。

图 2-3 水充袋实物照片

2.2.3 软体袋围井技术

2.2.3.1 问题的提出

反滤围井常用来处理管涌、漏洞险情。用土袋构筑反滤围井的优点是机动灵活,受地形条件限制较小。缺点是:①袋与袋之间有缝隙,容易漏水,影响井内水位上升速度和高度控制;②土袋与地面的接触为相对硬性接触,不易密实,易发生接触渗透破坏导致围井失稳;③构筑围井需要大量的土袋,若遇风雨交加则取土困难,且装运土袋速度慢、劳动强度大。为此,需要研究一种防渗漏、与地面接触好、省时省力的围井构筑技术。软体袋围井就是一种以水治水,进行漏洞、管涌抢护的新技术。

软体袋围井是一种用柔软、高强、不透水材料制成的环形袋子,用刚性材料作为其支撑,通过向袋内充水形成的一种围井。其工作原理是利用袋子内部与井内渗漏水产生的水压差,使软体袋底部与地面紧紧贴合,阻止渗漏通道水的渗出,从而达到养水、抢护险情的目的,可望克服传统土袋围井的弊端成为一种新的围井技术。

2.2.3.2 基本结构形式

软体袋围井的基本结构形式见图 2-4。主要组成部分为环形软体袋井壁,起支撑作用的内、外无底圆筒以及排水管三部分。软体袋用柔软、高强、不透水的材料做成,其结构由内筒壁、外筒壁、内外筒之间的软体袋组成;内、外支撑筒可用铁皮、玻璃钢或钢网制作;穿透内外筒和软体袋的排水管为 PVC 管,与筒壁的接口一定要密封不漏水。为使结构简单,也可不设排水管,抢险时用虹吸管代替,这样,组成软体袋围井的三部分可在抢险时临时组合,更方便快捷。

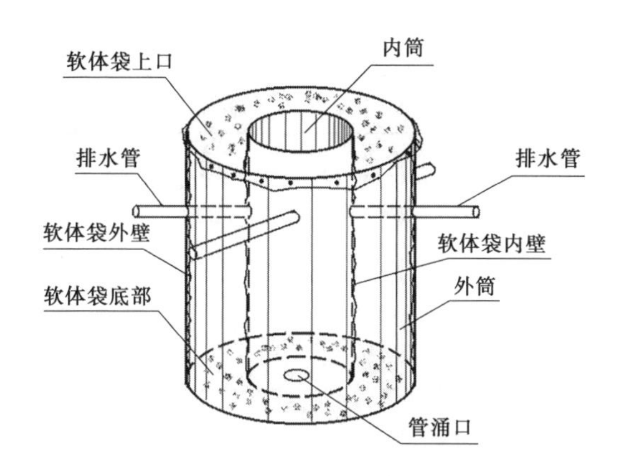

图 2-4　软体袋围井的基本结构形式

2.2.3.3　试验方法及结果

(1)试验一:在相对不透水的地面上铺设了 30 cm 厚的砂壤土(垫层)。软体袋用牛筋布材料制成,内、外筒用铁皮制作,直径分别为 1.0 m、3.0 m,高均为 1.5 m,未设排水管。首先将内外两筒置于相对不透水的地面上,软体袋上口固定在两筒的上边沿,人工将布袋底部展开并使之与地面贴合。试验开始,首先向内筒充水(相当于管涌口的出水),水在内筒水压力作用下即刻沿底部土层渗透出来,使铺设的土壤很快成为饱和土;然后再向软体袋内充水。试验发现,当外筒(软体袋内)水位高于内筒水位时,底部基本不发生渗漏;当两筒水位平齐时,底部出现少量渗漏;而当外筒水位低于内筒水位时,底部出现大量渗漏。

(2)试验二:采用的围井形式、尺寸同试验一。试验是在普通砂壤土地面上进行的,为模拟管涌,在地面以下接通一条软管。为防止地面上的硬物将软体袋底扎破,将表层土铲去。试验结果同试验一,即当外筒水位蓄高 1.2 m,内筒水位较其稍低,围井底部不发生渗漏;可当内筒水位高于外筒水位后,很快可看到渗漏,随着内筒水位的继续升高,相差约 10 cm 时,筒底出现大量渗漏。

试验还发现,外筒筒径与养水高度有一定的关系,也就是说,当筒径(渗径)一定的前提下,养水高度是有限制的,还与洞子出口处的土质及密实度等有关。

2.2.3.4　机理分析

由试验观察到,在试验条件下,在外筒水位高于内筒水位时均可保证围井底部不漏水。其实,这仅是对试验特定土质和密实度下的巧合,如果下部垫层(出口附近)为黏性土或砂石料则结论会略有不同。下面从渗流和受力两方面分析,均假定软体袋所采用的材料非常柔软,能与地面良好接触不留缝隙,可将袋内的水压力通过袋底传递给其下面的土体。软体袋围井剖面图及底部受力图如图 2-5 所示。

1. 渗流分析

垫层渗透流速:

$$v = ki = \frac{H_1}{L} \tag{2-1}$$

垫层渗透系数(参照砂性土):

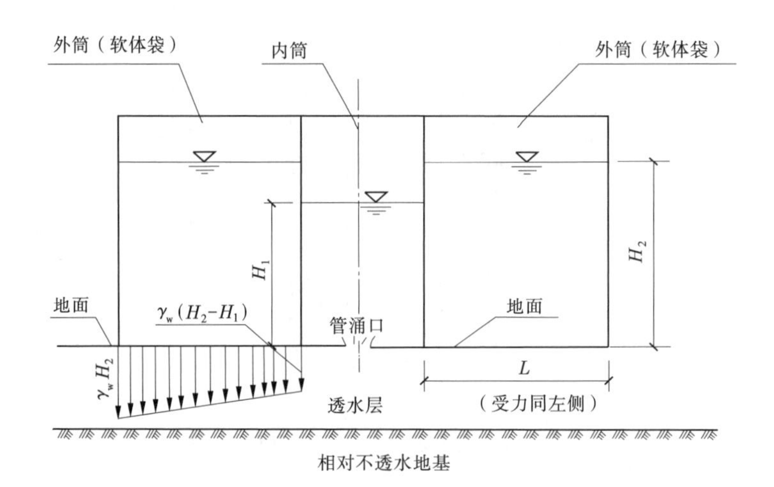

图 2-5　软体袋围井剖面图及其底部受力图

$$k = 2d_{10}^2 e^2 \tag{2-2}$$

式中，H_1 为内筒养水高度；L 为 H_1 水头作用下的渗径长度；k、d_{10}、e 分别为垫层土体的渗透系数（cm/s）、有效粒径（mm）、孔隙比。

2. 袋子底部受力分析

如图 2-5 所示，袋子底部主要受到外筒水压力和下部内筒扬压力共同作用以及下部垫层土体的支撑力。其中，由外筒水位 H_2 产生水压力为 $p=\gamma_w H_2$，呈矩形分布；由内筒水位 H_1 产生的扬压力（孔隙水压力）$u=\gamma_w H_1$，呈三角形分布，外边缘为零。两者相抵后即为通过袋子底部传给下部垫层土体的压力。当 $H_2 \geq H_1$ 时，整个袋子底部与下垫层土体接触较好，并能起到对下部土体压实的作用，减小土体孔隙比，降低渗透系数和渗透流速，达到减少渗漏量的目的。反之，袋子底部将会在内侧被掀起，既缩短渗径 L，又影响对下部土体的压实，增加了渗透流速和渗漏量。

2.2.3.5　尺寸确定

由于内筒与临河水相通，临河水位越高，需要的围井就越高，同时，需要的渗径 L 也就越长，即需要软体袋压住的范围也就越大。渗径 L 与内筒水位、管涌（漏洞）发生位置的土质有关，通常的计算方法是：

若土体的临界渗透比降为 i_{cr}，则渗径 L 需要满足：

$$L \geq \frac{H_1}{i_{cr}} \tag{2-3}$$

这样，当所需要的养水高度很高时，所需要的外筒直径将会很大，况且与地面接触面难以做到贴密。这从结构上讲难以实现，因此通过设置排水管降低养水高度或向内筒内填筑砂石料来消杀水头，从而减小外筒直径。围井作用主要是延缓险情发展，其养水高度常受限制，即允许洞内有一定流速，让砂石料起到消杀水头作用。一般情况下，对普通的砂壤土地基，养 1.2 m 的水头，需要的外筒直径约为 3 m。

2.2.3.6　使用方法

当发现管涌（漏洞）后，首先将出口周围地面进行清理，铲去表层坚硬杂物，以免将袋底扎破;然后将围井的内筒罩在出口上,再把外筒套在内筒外;将软体袋的端部固定在内、外筒的上端,通过人工踩踏的方法使软体袋底部与地面贴合,同时向软体袋内、外筒充水,用虹吸管限制内桶水位。当内筒水位稳定后,保持外桶水位高于内筒水位一定值(一般不小于10 cm),软体袋围井就可起到"养水盆"的作用。若在内筒铺设反滤料,就可以起到反滤围井的作用。

2.2.3.7　软体袋围井的优点及改进途径

1. 优点

与传统土袋围井相比,软体袋围井有以下优点:①用水代替了土袋,不仅省去了大量土料,还大大减轻了劳动强度;②因软体袋十分柔软,充水后的袋底可与地面的贴合非常紧密,压实作用好,阻水能力强;③软体袋是一个圆柱形整体,并在内、外筒的支撑下,抵抗水压力能力强,袋壁不会漏水;④对发生在坑塘内的管涌或漏洞,采用软体袋围井更方便养水和向袋内充水,做到事半功倍。

2. 改进途径

外筒充水时可在内撒散土增加泥浆浓度;其形状可采用轮胎状,内部改充泥浆,并可叠放以抬高养水高度;与地面接合部要加宽并尽量做防渗处理(如黏土)。

2.2.4　化学灌浆堵漏

2.2.4.1　问题的提出

对于深水漏洞,常规方法除进口难以判定和临河水深流急不利实施外,都只是暂时阻断了水流,而漏洞本身并未得到加固处理,汛后仍需处理。能否从背河堵漏并做到堵漏与加固同时完成呢?采用化学灌浆法就是一种尝试,并具有以下特点:①化学灌浆是将漏洞完全充填加固,从根本上消除堤防隐患;而一般的堵漏方法,例如:软帘盖堵法,软楔、水布袋等塞堵法及修筑前戗等堵漏方法都是只阻断了水流进入洞中,而漏洞本身仍然存在。②在临河找不到漏洞进口的情况下,化学灌浆仍可进行堵漏作业,只要根据背河漏洞出口的位置,就能确定钻孔位置,使其与漏洞相通,就可以向漏洞中注入浆材,达到堵漏的目的。③化学灌浆机械化程度较高,使用人员少,机动性强,总体投入费用少,经济效益和社会效益都很大。④在漏洞形成的初期阶段,甚至在刚出现渗水阶段,即可做防渗抢险处理,防止形成漏洞。因此,化学灌浆法堵漏是值得深入研究的实用抢险新技术。

2.2.4.2　基本原理

在漏洞出口附近钻孔与漏洞相通,下入注浆管,通过注浆管把浆材注入漏洞中;注浆的同时,在漏洞出口实行滞浆措施,使注浆材料能在漏洞中有较短时间的停留,浆材和水发生反应,初步凝结固化,形成固体颗粒,后面的浆材不断充入,逐渐增加固体颗粒量,使漏洞充满了化学浆材固化反应所形成的固体物,以达到堵塞漏洞的目的。

2.2.4.3　化学灌浆方案设计

化学灌浆堵漏方案包括施工工艺和注浆材料选取两个方面。注浆材料从国内已有的化学灌浆材料中选取,所选材料能在水中迅速固结,形成的固结物初凝强度高,并能和周围土体接合好等。初步选用聚氨酯和水玻璃两种材料,并对它们的性能进行了室内试验。化学灌浆施工工艺如下所述。

(1)注浆孔位置的确定和钻孔:应尽量在离漏洞出口较近的位置钻孔,钻孔处的地面高度应高于临河水面。可使用隐患探测仪器确定漏洞走向,在漏洞上方钻孔,使注浆孔与漏洞相交。钻孔应保证垂直度,并注意观察漏洞出口水的浑浊度及水量变化,直至贯通漏洞。如果达到出口深度仍没有贯通,说明钻孔位置出现偏差,应重新确定钻孔位置再钻孔。钻孔所用时间,包括钻机到位准备时间,应在 3 min 内完成(一般钻孔深度不会超过 5 m)。

(2)下注浆管:注浆管插入深度应该稍浅于钻孔深度,在地面上将注浆管固定,注浆管与钻孔壁周围应留有间隙,开始注浆的前一阶段不要将这一间隙封闭,以利于释放注浆泵压力,使漏洞内的压力不要太大。

(3)打入钢板网桩:在漏洞出口上游 1~2 m 处打钢板网桩,其板面有许多小孔,如同网状,起滞留浆材并延缓洞内流速的作用。使用小型振动打桩机,一般 3 min 即可打入规定深度。

(4)抛投颗粒物料滞浆:通过钻孔向漏洞中投入碎石子等颗粒材料,石子直径以 1~2 cm 为好,石子落入漏洞中被水流冲到漏洞口由钢板网阻挡形成一个反滤层,可以减缓水流流速并把化学浆液滞留在洞内。

(5)注浆:配制好的浆料用泵通过注浆管送入漏洞中,由于注浆管与钻孔周围有空隙,所以浆料出注浆管后压力得以释放,浆料流入漏洞中被水带往漏洞出口。在这一运动过程中浆料与水发生反应,形成固体颗粒,被漏洞出口反滤层挡住。逐渐堵塞漏洞,当快要充满漏洞时,应注意封堵注浆管与钻孔周围间隙,用适当压力继续向漏洞中注入浆料,直到漏洞充满。

2.2.4.4　室内试验

1. 材料性能试验

(1)聚氨酯材料性能试验:选择国产和进口两种型号材料试验。①国产 WPU 型聚氨酯材料,产品性能指标为:黏度 100~400 MPa · s;诱导凝固时间 30 s~90 min;黏结强度≥1.0 MPa;固结体抗渗性≥0.6 MPa;固结体渗透系数 $10^{-6}\sim10^{-10}$ cm/s。②德国卡波技术公司 CarbostopU 型为单组分聚氨酯普隆材料,产品性能指标为:黏度 100~200 MPa · s,典型凝结时间 130 s,典型膨胀系数 20,固结体最大抗压强度 0.1 MPa。

对上述两种材料进行不同水量下凝胶时间及固结体性状的试验。试验方法:把一定体积的浆材先放入试验杯中,分别加入不同体积的自来水,计算反应时间,观察固结体的性状,试验结果如表 2-1 所示。其中,组号 1~9 为 WPU 型浆材,第 10 组为德国 carbostopU 型浆材。从试验结果分析,WPU 型浆材和水的比例不宜超过 1∶5,水量过多浆料固化后不能形成满足强度要求的固结体,另外反应时间仍较长,难以适应抢险要求,固结体离开水后体积会逐渐缩小,因此并不适应长期在堤坝中存留。相比之下德国的 carbostopU 型浆材较好。

表 2-1　聚氨酯材料与不同水量反应效果试验

组号	浆体积(mL)	水体积(mL)	浆水比	凝胶时间(s)	固结体性状
1	25	2.5	1:0.1	235	体积不变,有强度,弹性小
2	25	5.0	1:0.2	200	体积稍大,有弹性
3	25	12.5	1:0.5	180	体积增大,有弹性
4	25	25	1:1	175	体积增大 1 倍,有弹性
5	25	50	1:2	160	体积增大 1.5 倍,有弹性
6	25	125	1:5	130	体积增大 3 倍,有弹性,疏松
7	20	200	1:10	100	体积增大 5 倍以上,无强度
8	10	200	1:20	95	呈渣状,无强度
9	5	200	1:40	70	不搅拌,在静水中如第 6 组
10	20(德国)	200	1:10	65	迅速固化,变硬,无弹性

(2)水泥-水玻璃浆料性能试验:选用强度等级 42.5 的普通硅酸盐水泥,水玻璃为中性,其模数为 3~3.5,浓度 40Be′。试验内容:①水泥浆浓度对凝胶时间影响;②水泥浆与水玻璃不同体积比对凝胶时间的影响。试验结果如表 2-2、表 2-3 所示。

表 2-2　水泥浆浓度对凝胶时间的影响

水灰比	1.5:1	1.25:1	1:1	0.75:1	0.5:1	0.3:1
凝胶时间(s)	150	130	90	65	50	30

注:普通 425#硅酸盐水泥,水泥浆与水玻璃体积比为 1:1,水玻璃浓度 40Be′。

表 2-3　水泥浆与水玻璃体积比对凝胶时间的影响

水玻璃与水泥浆比	1:1	0.75:1	0.5:1	0.3:1
凝胶时间(s)	60	55	35	28

注:水泥浆水灰比为 0.6:1,水玻璃浓度 40Be′。

从试验结果可以得出:水泥浆浓度越高凝胶时间就越短,堵漏时在工艺允许条件下,采用水灰比(0.3~0.5):1为好。过稀凝胶时间太长,过浓易堵塞管道。在同样水灰比条件下,水玻璃用量过多反而凝胶时间变长。一般水玻璃与水泥浆体积比以(0.3~0.5):1为好,水玻璃可以缩短凝胶时间。

2. 水泥-水玻璃浆材堵漏的室内模型试验

1)模型设计

如图 2-6 所示,用直径 100 mm、长 10 m 的有机玻璃管模拟漏洞,漏洞水深由水箱水位决定。如图 2-7 所示,注浆管与漏洞管垂直连接,直径 50 mm;注浆泵流量 50 L/min,压力 3 MPa。

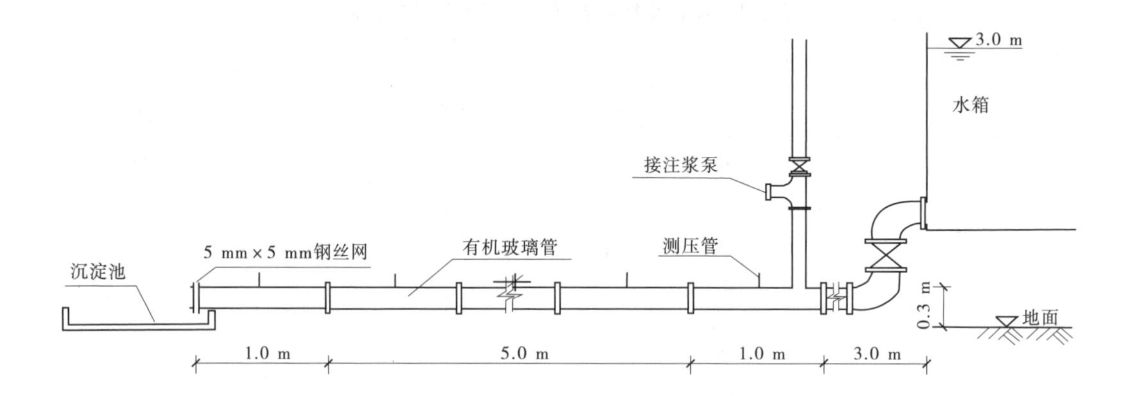

图 2-6　室内化学灌浆模型布置图

图 2-7　注浆管与漏洞管连接处结构

2）试验步骤

（1）测量不同水头时漏洞内的流速：水头为 2.0 m、2.5 m、2.8 m 情况下洞内流速分别为 2.97 m/s、3.20 m/s、3.47 m/s。

（2）测量出口加网后洞内流速：在管出口加一层钢丝网，网孔为 0.5 cm×0.5 cm，在水深 2 m 时测出洞内流速为 2.24 m/s，钢丝网削减流速达 25%。

（3）观测碎石流动：从注浆管中加入碎石子，石子直径 1～2 cm，共加入约 3 L，其中 1 L 左右入管后迅速被水冲向出口，在出口钢丝网前形成一个斜坡，把管口堵塞，见图 2-8。其后加入的石子，由于管内流速减小，石子在管底部沉积。

（4）化学灌浆。由于注浆泵是单向柱塞泵，浆料入管后可以明显观察到一股股地随水流至出口。开始时浆液在出口仍不断流出，注浆约 5 min 后发现管内出现一团团固结体，继续注浆，出口水量明显减小，再继续注浆 5 min 后漏洞被完全堵塞。试验停止后，打开漏洞管可以观察到整个管内充满了已初凝的水泥浆块，见图 2-9。

图2-8　加网后投入管道内的碎石形成滞浆层

图2-9　灌浆后漏洞(管道)中形成水泥浆块

3)结果分析

室内试验虽然取得成功,但与实际漏洞的条件不同,主要是漏洞边界不同。模拟的漏洞为有机玻璃管,而实际漏洞周壁是土体,它在水流冲刷下会坍塌。尽管如此,通过试验对使用水泥-水玻璃浆堵漏法可以得出以下结论:①在一定条件下用水泥-水玻璃浆进行抢险堵漏是可行的;②必须有充分有效的滞浆措施,使浆料能在漏洞中存留下来,其方法可以用漏洞出口加反滤,也可向漏洞中投入颗粒料物等;③化学浆液的凝固时间还应加快,一般应控制在30 s左右,并应加大注浆量及浆料浓度才可能堵塞漏洞;④灌浆压力不能过大以免造成漏洞破坏。浆料进入漏洞后,注浆泵压力应从注浆管和钻孔周围释放掉,因此不能过早封堵钻孔,只有到已开始堵塞漏洞时,再进行钻孔的封堵。

2.2.4.5　现场试验

2000年6月23日下午,在河南省中牟县杨桥黄河抢险试验场二号池9号洞进行了现场试验。灌浆材料是水泥-水玻璃浆。9号洞洞口水深3.5 m、洞径50 mm、洞口距堤顶4.5 m。

首先，在背河漏洞出口上游处打入钢板网桩，见图 2-10；同时在漏洞出口处堆土袋和石子，形成一个小的反滤围井。化学灌浆泵采用柱塞泵，流量 50 L/min、压力 3 MPa。采用人工钻孔，见图 2-11。钻孔位置在堤顶参照漏洞出口确定，钻孔直径 90 mm，一次成功钻入漏洞。下入的注浆管管径为 20 mm、长 4.5 m。准备就绪后，用推土机拉开镀锌管形成漏洞，漏洞开始流水后，注浆泵开始往漏洞内灌注水泥-水玻璃浆。整个过程用时 13 min，基本达到了试验目的。此次化学灌浆堵漏注意与其他临背河抢护措施配套使用，作业框图见图 2-12。

图 2-10　背河振动打入钢板网桩

图 2-11　人工钻孔注浆现场(汽车上是简易化学灌浆设备)

2.2.4.6　高聚物注浆堵漏技术

上述化学注浆堵漏试验，所用设备均是一般化学灌浆的通用设备，在材料、装备、工艺等方面还有很大的改进空间，以提高堵漏功效。例如，2015 年优化了堤坝除险加固高聚物注浆技术及装备，根据高聚物自膨胀、早强、高韧特性，通过现场试验完善施工工艺，改进了注浆压孔设备，初步实现了整套设备的小型化、集成化、智能化，提高了设备自动化水平和成孔效率，基本可满足堤坝快速维修和抢险的需要。所用高聚物为非水反应类、双组分发泡体、水不敏感型材料(见图 2-13)，并研发了适合不同场地的机动性强的一体化快速注浆设备(见图 2-14)。该设备有望实现查漏堵漏加固一体化作业方式，可分为两类：一类是漏洞进口位置明确的，可在进口处用膨胀袋等直接塞堵后再注浆加固；另一类是渗漏位置大致知道，发展初期可以采用做截渗墙方法或连续注浆孔方法形成一道墙封闭。

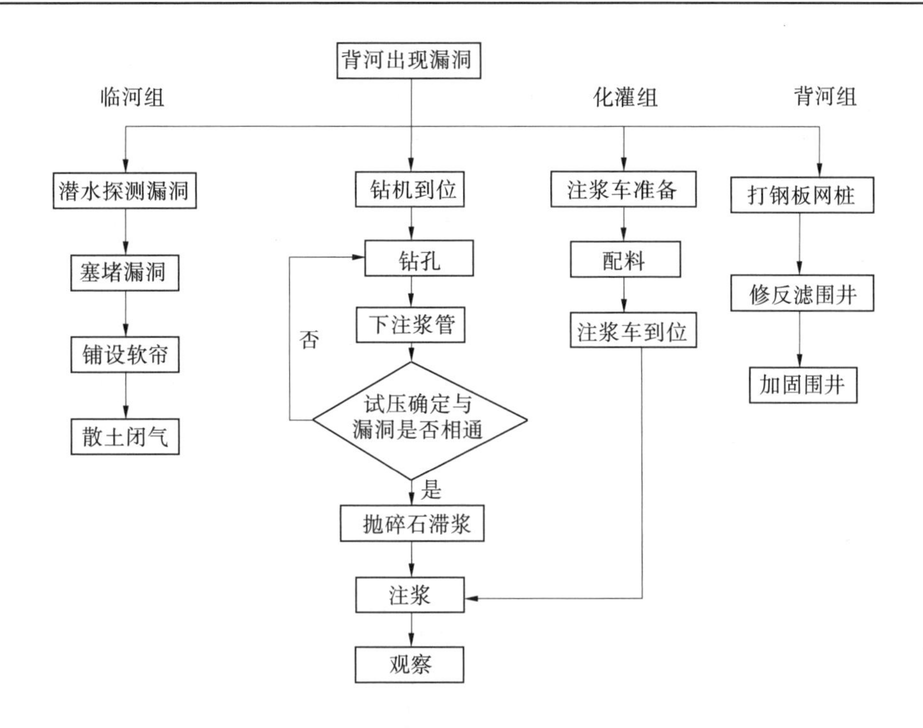

图 2-12　化学灌浆堵漏抢护作业框图

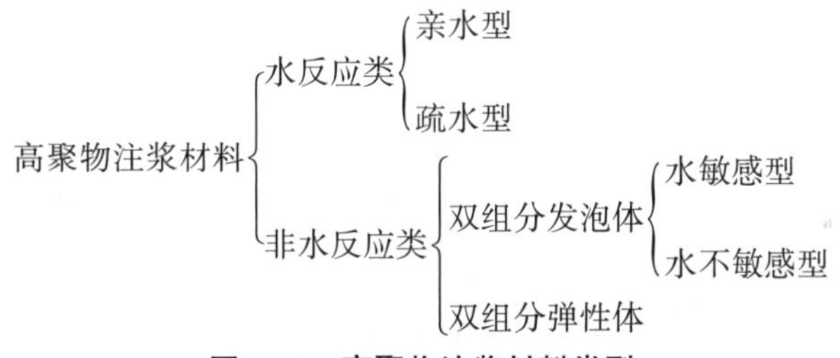

图 2-13　高聚物注浆材料类型

图 2-14　不同类型高聚物注浆设备

2.3　穿堤涵闸土石接合部险情抢护原则与方法

2.3.1　抢护原则和思路

由于穿堤涵闸的规模、闸前闸后地形及出险的部位、危害程度、发展速度等各不相同，因此其出险后的抢护方式和方法也有所区别。各个涵闸都应根据自身的具体情况，制订出一套适合自身特点、具有可操作性的抢护方案,以降低涵闸运行风险。抢护方案的制订仍应遵循预防为主、前堵后导中固及抢早抢小的原则,方案的制订可按以下的思路进行:

(1)汛前进行隐患探测,汛期进行渗漏监测,对发现隐患和渗漏的涵闸要及时加固和抢护,将险情控制在萌芽状态。

(2)根据防汛时间要求和闸前水流条件及周围地形,选择合适的方法,及时对涵闸进行闸前围堵和闸后修筑"养水盆";闸前围堰必须能起到阻止水流进入水闸侧墙、闸底板与土体接合部的作用,闸后围堰必须能起到疏导进入水闸侧墙、闸底板与土石接合部的水流并能蓄水反压的双重作用。

(3)对于土石接合部出现的管涌、漏洞,抢护措施应果断及时,在施工互不干扰的情况下,前堵、后导、中间加固的措施应同时采取,且越早越好。

2.3.2 抢护方法

2.3.2.1 闸前围堰及闸后"养水盆"修筑方法

1. 闸前、闸后围堰选择原则与修筑时机

修筑闸前围堰和闸后"养水盆"是目前防止黄河穿堤涵闸失事的重要、有效的措施之一,选择闸前或是闸后修围堰需要根据穿堤涵闸自身结构及所处的地形条件、水流条件等确定,对于临河侧滩地较高的涵闸可采用闸前围堰。围堰应尽可能根据洪水位预报,在洪水来临之前修筑完成并做好临河防冲措施。

除汛前对涵闸进行一次全面的安全检查外,黄河下游各个穿堤涵闸都根据各自的地形条件对闸前围堰或闸后"养水盆"的修筑做了准备,只留下一个缺口。一旦有下列情形之一时,对缺口进行围堵:①当花园口流量超过某一设计流量时,如1982年花园口流量达到15 300 m^3/s时,对花园口以下穿堤涵闸进行了围堵;②当涵闸自身存在重大安全隐患时,大水来临之前要进行封堵,如红旗闸因闸底板存在裂缝等重大安全隐患,1996年汛前进行了围堵;③当涵闸出现严重裂缝或土石接合部出现严重渗水、管涌或漏洞时需进行围堵。

2. 修筑预案

1)预案的必要性

闸前围堰封堵,在一定程度上相当于一次堵口工程,一定要有预案,以保证围堰修筑的时间和质量。围堰应尽可能在洪水来临之前完成以减小修筑难度。对围堵过程中可能出现的险情要有预估和对策,对围堵所需的材料要有储备,对围堵中涉及的围堰位置以及进占、合龙、防护技术等关键问题要预先确定,必要时进行演练。若无可操作的预案,临阵采取措施则难免手忙脚乱,同时也难以保证围堰的质量,可能造成二次出险。如1982年大洪水期间对王集闸的围堵,临时采用散土围堵,施工场地狭小,无法进行有效压实,只能采用虚土堆筑,新围堤修成后,由于质量差,在涨水过程中,新修围堤临河坡不断蛰裂下沉,当洪水达到最高水位时,围堤出现漏洞,且发展迅速,经奋力抢救才化险为夷。

2)围堰修筑的一般方法

闸前围堵与闸后"养水盆"围堰修筑可参考图2-15。

(1)闸前围堵:对于临河侧滩地高的穿堤涵闸,可采用闸前围堵方法,如图2-15(a)所示,围堤位于铺盖前,高度根据洪水位确定,顶宽不小于5 m,边坡为1:2.5~1:3.0,临水坡可用复合土工膜上压土袋防护,溜急时应抛枕护脚,并加强观测与防守。

(2)闸后养水盆:如图2-15(b)所示,汛前预修翼堤,洪水前抢修横围堤。横围堤位于消力泄出口附近,海漫外,高度根据洪水位等情况确定,顶宽4 m,边坡1∶2。抢修时先关闭闸门,再清理横围堤与已修翼堤的接合部,最后分层压实。洪水到来前可适当蓄水反压,洪水时应加强观测。

(a)闸前围堵

(b)闸后“养水盆”

图2-15　穿堤涵闸围堰修筑

3. 闸前围堰修筑注意事项

1)围堰位置确定

闸前围堰应尽量靠近铺盖前缘修筑(见图2-16)。从涵闸结构、闸前地形以及围堰在抢险中的作用来讲,围堰必须修筑在上游铺盖以外。这是因为,涵闸底板渗径的计算是从铺盖算起的,若围堰筑在铺盖上,围堰就无法防止闸底板的渗透破坏,另外还必然增加铺盖压重,从而造成不均匀沉陷甚至出现铺盖裂缝、漏水等新的险情;从抢险速度和工程量上讲,围堰越靠近铺盖,其工程量就越小,抢筑围堰所需时间就越短。由此得出,抢筑围堰的位置应尽量靠近铺盖前缘。

2)机械化抢筑围堰方法

利用大功率、大吨位的推土机、装载机、自卸汽车进行围堰施工,施工材料可采用大土

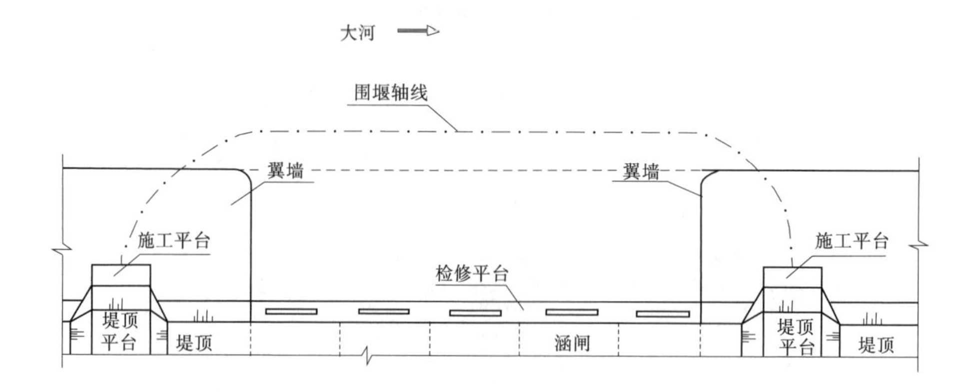

图 2-16　闸前围堰平面布置图

工包、大网笼以及土工合成材料等,具体可参考第 5 章 5.6 节,并特别注意:①流水作业面形成及连接部位处理:可对堤防进行适当削坡,拆除围堰两端相接的块石护坡,以使其与土体接合紧密,防止侧墙接合部位出现接触冲刷,并形成便于大型机械进出的作业平台。②临河防冲与闭气:可用一布一膜上压土袋做到防渗防冲体,必要时可在围堤两侧填筑散土加宽围堤闭气;也可采用铺设不透水软帘,但铺设的软帘一定要伸出堤脚一定距离,并在软帘上抛压土袋,同时软帘与软帘之间要有 2 m 以上的搭接宽度,以防止在软帘下形成渗流通道。

4. 闸后围堰修筑注意事项

(1)围堰与渠底的接合问题。由于原渠底均为淤泥,若处理不好,蓄水后极易形成新的险情而无法蓄水,使"养水盆"失去作用。可采用清基或软基处理方法,使新修围堤与基础接合好。

(2)围堰与两岸的接合问题。清除接合部位石头、杂草等,注意接合部夯实,必要时可用一布一膜土工布进行防渗处理。

(3)"养水盆"的快速蓄水问题。"养水盆"内的水位抬高仅靠漏洞中的出水是难以解决的,需根据"养水盆"的大小等设多台泥浆泵向内充水,每台泥浆泵的出水量应不小于 200 m^3/h。

2.3.2.2　接合部前堵后导中固措施

闸前闸后围堰是预防性措施,对于水闸侧墙或翼墙发现渗漏的更应高度重视,本着前堵后导中固的原则应尽早采取综合措施。

(1)前堵:对于进口较为明确的接合部渗漏通道,可在进口处进行塞堵或软帘盖堵,并注意做好软帘与大堤的接合部位的处理。

(2)后导:在渗漏通道出口根据出水量和位置可采取不同的反滤围井形式。

(3)中固:即中间加固,对于汛前发现的隐患和汛期渗漏不甚严重的接合部险情,可采用化学灌浆的方法予以加固处理,注浆加固范围如图 2-17 所示。注浆设计包括:注浆孔径大小、注浆孔布置、注浆压力选择、注浆有效范围、注浆顺序、注浆浆液总量和流量及浆液的选择、配方和凝胶时间等,可参考 2. 2. 4 节。如采取高聚物注浆成套技术和装备,

施工步骤可以简化,可望大大提高作业效率和堵漏效果。化学注浆抢险车到现场后一般可按下述步骤施工:

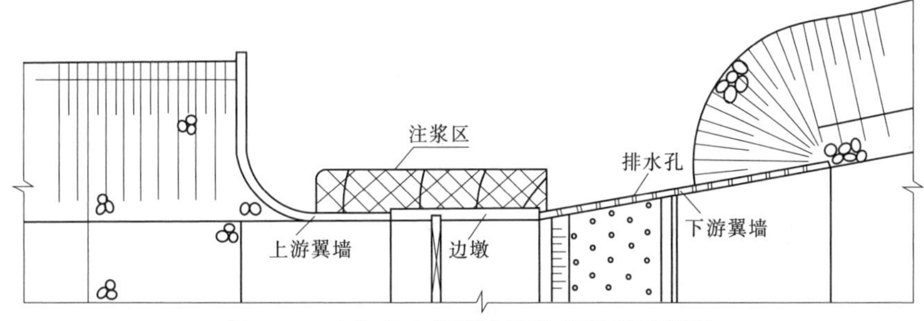

图 2-17　水闸与大堤接合部注浆位置示意图

①确定注浆范围和注浆孔位置:根据实际情况在堤顶上画定钻孔中心位置,并标出钻孔顺序,最好画一张草图,便于施工人员使用。

②钻机就位钻孔,钻孔时应按照规定的顺序钻孔,并保证钻孔孔径尺寸和钻孔深度。

③钻孔完毕后,插入注浆管到设计深度,试验注浆确定注浆孔与漏洞是否相通。

④钻孔的同时就位搅浆机和注浆泵,配注浆材料,浆料的配比应根据实际情况确定。

⑤首先用稠浆料,并且初凝时间尽量缩短,注入与漏洞相通的钻孔,堵塞漏洞。

⑥漏洞堵塞后再按序进行注浆,第一轮注浆要稀,压力要小。注满一个孔后换第二个孔,第二轮浆料适当加稠,压力增大。

⑦确定达到注浆要求后拔出注浆管,用稠浆封堵钻孔。

⑧做好施工记录,完成注浆综合图(可参考图 2-18)。

⑨留守观测加固效果。

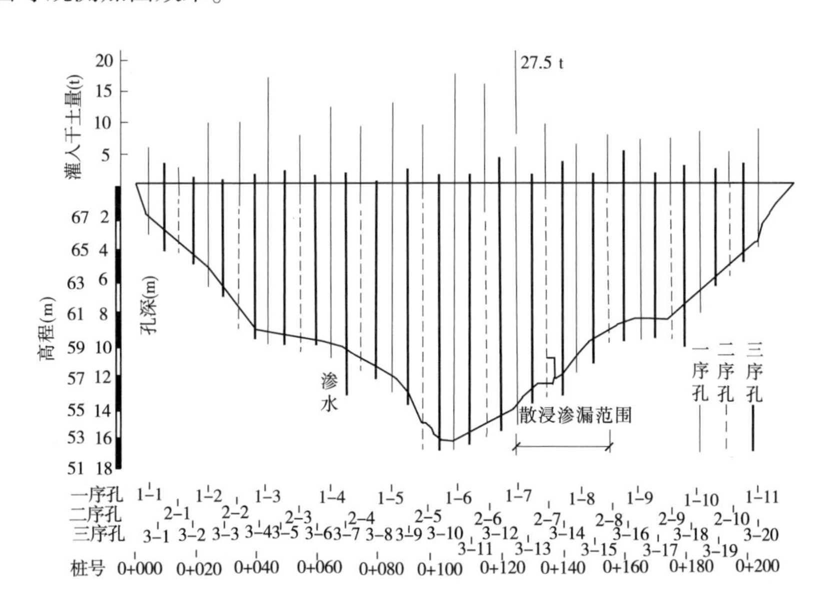

图 2-18　注浆综合图

参 考 文 献

[1] 余咸宁,兰华林,王卫红,等. 黄河下游防汛抢险新技术调研报告[R]. 2000.
[2] 许雨新,王卫红,兰华林,等. 减少或防止险情发生的河道整治工程新结构型式调查研究报告[R]. 2000.
[3] 庄景林,汪自力,余咸宁. 对“前堵后导”抢堵漏洞原则的再认识[J]. 人民黄河,2001(1):7-8.
[4] 王德智,汪自力,余咸宁. 大型机械推运散土堵漏技术试验结果分析[J]. 人民黄河,2002(7):9-10.
[5] 王卫红,余咸宁,汪自力. 软帘盖堵堤防深水漏洞效果分析[C]//第八届全国海事技术研讨会论文集. 北京:中国造船编辑部,2002.
[6] 李锐, 杜绍清. 透水性软帘材料在抢险堵漏中的应用[J]. 水利科技与经济,2005(11):5.
[7] 刘恒,王卫红,张春亮,等. 软体袋围井在管涌、漏洞抢护中的应用[J]. 人民黄河,2002(9):13-14.
[8] 余咸宁,王卫红,兰华林. 化学灌浆及软帘堵漏技术初步研究报告[R]. 2000.
[9] 汪自力,田治宗,兰华林, 等. 2000 年黄河防总堵漏演习技术总结报告[R]. 2000.
[10] 余咸宁,王卫红,田治宗. 化学灌浆法背河堵漏技术[C]//第十六届全国水动力学研讨会文集. 连云港:海洋出版社,2002.
[11] 王复明. 堤坝除险加固高聚物注浆成套技术及装备[R]. 2009.
[12] 赵圣立. 高聚物注浆技术在堤防堵漏修复中的应用研究[R]. 2012.
[13] 王锐,钟燕辉,周杨. 堤坝及其土石结合部除险加固高聚物注浆技术推广应用技术报告[R]. 2015.
[14] 田治宗,余咸宁,王卫红. 黄河穿堤涵闸土石结合部渗漏险情抢护方法研究报告[R]. 2002.
[15] 水利部黄河水利委员会,黄河防汛总指挥部办公室. 黄河防汛抢险技术画册[M]. 郑州:黄河水利出版社,2002.
[16] 张宝森,朱太顺,陈银太,著. 黄河治河工程现代抢险技术研究[M]. 郑州:黄河水利出版社,2004.
[17] 赵寿刚,宋力,等. 堤防土石结合部病险探测监测的理论与实践[M]. 郑州:黄河水利出版社,2016.
[18] 毛昶熙,等. 堤防工程手册[M]. 北京:中国水利水电出版社,2009.
[19] 李娜,陆俊,胡超,等. 水闸工程安全评价及除险加固关键技术研发[R]. 2018.
[20] 宋力,汪自力. 水闸安全评价及加固修复技术指南[M]. 郑州:黄河水利出版社,2018.

下篇　软体坝围堰汛期堵口技术

第3章　堤防堵口技术发展及汛期堵口条件分析

纵观历史,各朝各代的堵口方法和物料均有不同,随着生产力和技术水平的提高,堵口技术不断发展。通过大量的堵口实践,堵口方法也得到不断完善、提高,逐步发展形成立堵、平堵和混合堵三种方法。本章以黄河堵口为例,重点分析了埽工堵口技术的适用性及改进途径;提出了软体坝堵口技术,并初步分析用于汛期堵口时,适合的水流等条件以及需解决的关键技术。

3.1　黄河堤防决口及堵复概况

3.1.1　黄河堤防决口类型

黄河历史决口按其原因可分为四类,各类决口分述如下:

(1)漫决——堤岸低矮,水位过高,河水漫溢堤顶而决口,叫作漫决。这种决口如发生在平工高滩地段,水落归槽,即有断流的可能;如发生在险工段,也可夺溜。

(2)冲决——大溜顶冲,淘刷堤脚或者风起浪涌激荡堤岸,因抢护不及造成决口,叫作冲决。

(3)溃决——洪水偎堤持续一段时间后,因堤身、堤基或接合部渗透破坏引起的严重渗漏现象,而抢护又不及时形成漏洞,导致堤身塌陷造成的决口叫作溃决。

(4)盗决——人为决口谓之盗决。沿河居民,因对岸利益不同,或防守人员利用其他堤段的溃决以保自己工段的安全,或军事相争,以水代兵,均有盗决的可能。

3.1.2　历史决口及堵复情况

(1)决口记载情况:自周定王五年(公元前602年)至1938年花园口扒口的2 540年中,黄河决口泛滥的年份有543年,一年之中,甚至一场洪水之内决溢多次,所以共计决溢数多达1 590次。关于黄河决口的文字记载为传统堵口技术分析提供了翔实的历史资料。粟宗嵩、薛履坦、骆腾、恽新安等对清代100多次堤防决口及堵复的资料做了整理分析,有的还详列了决口经过、堵口计划、工程进展及善后处理等内容。中华民国时期,一些主持堵口的人士,如孔祥榕、徐世光、陶述曾等发表了堵口专著。这些专著内容丰富,以双合岭堵口工程督办徐世光著的《濮阳河上记》一书为例,该书共四编,记述双合岭堵口工程程序、图说、料物、器用、工匠、夫役、日记、职员录等,尤其对料物、器用记述详备。对于黄河传统堵口的施工步骤和工艺,也有专著系统阐述。随着生产力的发展和科学技术的进步,黄河堵口不仅在材料和工艺上不断演变和提高,还在科学性上有新的发展。比较明显的是花园口堵口,早在工程开工以前,从1942年至1945年10月先后在重庆磐溪、石门

(试验室)、长寿(试验场)进行了一系列模型试验,为堵口方案提供了科学依据。

(2)堵口之争:堤防决口,泛滥成灾。"堵塞决口,使复故道",应当是天经地义不成问题的,但在黄河并不如此简单。从历史上看,黄河在战乱年代决口,经过几年没有堵塞,乱平之后,常是任其改道,不加堵塞。第一是多年没堵的决口,工程困难,没有成功的把握,与其劳民伤财而不能成功,不如不堵;第二是旧道河床高出地面,全靠数千里堤防御水,修守极难。决口以后,由水自寻的出路,总比旧道低深,所以不如不堵。咸丰五年(1855 年)铜瓦厢决口,由徐海故道改走利津新道,八年没有堵,事后讨论治法,当代河臣、重臣和文臣都有奏议,形成激烈的论战,结果是主张不堵的胜了,这是较近的一个实例。古来治河名家对黄河决口的堵与不堵,各有主张。西汉贾让根本反对修堤,元代贾鲁、明代潘季驯则主张塞决和以堤束水。近代李仪祉先生在冯楼和贯台决口时,都主张不堵,董庄决口时主张不直接堵。可见,历史上黄河决口并非绝对要堵,这是与目前堵口要求完全不同的地方。现今黄河决口不仅一定要堵,而且要求快速堵复。

(3)典型决口与堵口:在历史堤防决口记载中,选择了决口口门发展和堵复经过有较详细记载或堵筑方法有特色的 12 处(见表 3-1)。这 12 处中有 3 处漫决、3 处溃决(其中 1 处凌汛溃决)、4 处冲决、2 处盗决。决口时间除 1 次在阴历五月和 1 次凌汛决口外,其他 10 次都在黄河主汛期的 7~9 月。口门发展速度与洪水特征、河势、临背高差、堤防土质等因素有关。从以下几处决口实例可见,一般情况下口门演变的速度和口门宽度有关:开封张家湾决口,从 6 月 16~22 日,口门扩宽至 267 m,至 7 月口门刷宽至 1 000 m;中牟九堡决口,从 6 月 27 日至 7 月 19 日,口门宽由 330 m 扩宽至 1 200 m,中泓水深 9~10 m;郑州石桥决口,8 月 14 日决口时口门宽 100~130 m,至 24 日口门刷宽至 1 000 m,深 5.7 m,至 9 月初口门已刷宽至 1 833 m;利津宫家 7 月 19 日决口后第 3 天口门宽 640 m,至 10 月下旬扩宽至 1 767 m。由上述 4 处口门发展过程可见:黄河堤防决口后在前 6 d 口门宽度可达 100~600 m,在 10 d 以后则可扩宽至 1 000 m 以上;口门处最大水深为 5.7~10 m。由表 3-1 可见,从堤防决口发展到全河夺流的时间约为 10 d(郑州石桥决口)到半月(决口)。而有的文字记载表明,从决口到全河夺流的发展速度是很快的,例如铜瓦厢决口,从 6 月 19 日漫溢过水至 20 日即全河夺流。口门宽度:表 3-1 所列 12 处决口中,最大宽度为 2 950 m(濮阳双合岭),最窄宽度为 385 m(利津五庄 2 个口,上口 305 m,下口 80 m)。

黄河下游历史上堵口的时间一般在当年汛后或次年汛前,如果次年汛前堵口没有成功,则在汛后继续施工,也有决口以后过几年才堵复的情况,如白茅堵口(7 年)、花园口堵口(7 年)。采用捆厢进占堵复过程中,因急溜淘刷,口门深度急剧增大,各处金门口水深为:中牟九堡 40 m,郑州石桥 30 m,封丘贯台 25 m,开封张家湾 23~27 m,长垣冯楼 25 m,濮阳双合岭 15 m,郑州花园口 9 m 以上。郑州花园口口门冲深小的原因有两个:一是采用了护底措施;二是平堵形成的拦河石坝已有根基,因而缺口经过 50 多 d 的急流冲刷,7 d 如瀑布的悬冲,河底没有淘深。

表 3-1　黄河下游堤防决口情况

决口地点	决口年代	决口原因	口门发展状况	堵复经过
中牟杨桥	乾隆二十六年(1761 年)七月	漫决	开始口门宽五十至六十丈(167~200 m),后扩至三百丈(1 000 m),全河夺溜	当年十一月一日合龙,历时四个月
兰阳仪封	乾隆四十三年(1778 年)六月	溃决	开始口门宽七十八丈 (260 m),后扩至二百二十丈(733 m)	乾隆四十五年二月堵合,历时两年,反复五次才堵合成功
开封张家湾	道光二十一年(1841 年)六月十六日	冲决	六月十六日至二十二日历时六天,口门扩宽至八十余丈(267 m),分流 70%,七月正河断流,口门冲宽至三百余丈(1 000 m)	当年九月十五日开工,至第二年二月八日合龙,历时近六个月,龙门口冲深七八丈(23~27 m)
中牟九堡	道光二十三年(1843 年)六月二十七日	漫决	当时"浪高堤顶数尺,堤身顿时过水",口门宽一百余丈(330 m),全溜南走,口门冲宽至三百六十丈(1 200 m)	从道光二十三年八月十八日开始堵口至次年十二月二十四日合龙,历时一年四个月,金门口水深十二丈(40 m)
郑州石桥	光绪十三年(1887 年)八月十四日	溃决	八月十四日漏洞过水发生决口,开始口门宽三四十丈,尚未夺溜,至二十四日,"口门已塌宽至三百余丈,深一丈七尺",全河夺流,至九月初,口门已冲至五百五十丈(1 833 m)	当年十一月开始堵口口门宽六百丈(2 000 m)第二年十二月合龙,历时一年两个月,合龙金门口水深 9 丈(30 m)
濮阳双合岭	中华民国 2 年(1913 年)	盗决	7 月土匪刘春明扒决,到 1915 年堵口时口门宽 885 丈(2 950 m)	1915 年初始堵口,6 月 29 日堵合,龙门口宽 7 丈(23 m)水深 4.5 丈(15 m)
利津宫家	中华民国 10 年(1921 年)7 月	冲决	当年 7 月决口,决口后第 3 天口门已冲宽 640 m,至 10 月下旬,口门冲宽至 1 767 m,全河夺流	由美商承包,用平堵方法堵筑,1922 年 12 月开始至 1923 年 10 月堵合
长垣冯楼	中华民国 22 年(1933 年)	漫决	堵口前测得口门跌塘水深 10 m,曾沉船一艘,仅露尾稍	1934 年 1 月 22 日开始堵口,3 月 17 日合龙,金门口水深 25 m
封丘贯台	中华民国 23 年(1934 年)	冲决	串沟过水,冲决太行堤口门宽 781 m,夺溜占全河的 80%	1934 年 11 月 12 日开始堵口,1935 年 4 月 11 日合龙,金门口水深 25 m
鄄城董庄	中华民国 24 年(1935 年)	冲决	当年 7 月 10 日决口,口宽 834 m,分大河流量 70%~80%	1936 年 3 月 27 日,采用柳石枕合龙
郑州花园口	中华民国 27 年(1938 年)6 月	盗决	初决口门宽 10 m,至 8 月已达 400 m,1945 年冬口门宽 1 460 m,最大水深 9 m	采用立堵平堵相结合,1946 年 3 月 1 日开工,1947 年 3 月 15 日合龙
利津五庄	1955 年 1 月 29 日	凌汛溃决	系两个口门,一个口门宽 305 m,另一口门宽 80 m,水深 6 m,分大河流量 70%	采用埽工堵口,由堵口到合龙历时 40 d

3.2　埽工堵口技术

3.2.1　埽工堵口技术的由来

堵口工程技术是在堤防诞生以后出现的，堤防决口，而后才有堵口。先秦时期已有“治水者茨防决塞”的记载，“茨”，积土填满之也。在《淮南子·泰族训》中则有“茨其所决而高之”的记载。《史记·河渠书》所记西汉武帝元封二年(公元前109年)的瓠子(今河南濮阳西南)堵口，是记载最早的一次著名的堵口工程。汉武帝亲临堵口现场，命令随从官员自将军以下都背薪柴参加堵口，终于把黄河改道达23年之久的口门堵复。根据史籍记载，到了汉代已开始使用埽工材料及类似埽工方法堵口。汉代以后直到唐代末年的800年中，黄河决溢年份仅有40年，堵口工程比较少见。

五代以后，河患又严重起来，到宋代更是决口频繁，埽工(其时为卷埽)成为堵口的主要方法，埽工和堵口技术的发展、成熟是这一时期黄河堤防决口堵复工程的基本特点。北宋庆历八年(1048年)六月，黄河在商胡(今河南濮阳县东)决口，堵口时合龙的难度很大，龙口屡合不上，有位叫高超的水工献上“三节下埽法”，决口很快堵塞。北宋科学家沈括在《梦溪笔谈》中介绍了“三节下埽法”，但文字过于简略，尤其对合龙时的下埽方法未明其详。后代治河者对这种方法做过种种猜测和附会，结果产生一种技术上的神秘感，使这次堵口成为历史上颇具神秘色彩的一次堵口。高超堵口的成功，反映了当时埽工堵口已有相当高的技术水平。

元代贾鲁主持的规模浩大的白茅(今山东曹县西白茅集一带)堵口工程，又有新的创造，进一步丰富了堵口经验。就其完成的工作量、堵口的难度和参加施工人数之众看，都是空前的。

明清时期的堵口工程更加频繁。至清代中期，埽工形式为卷埽，卷埽体积大，施工难，清乾隆年间逐步把卷埽改为沉厢式修埽方法。古时修埽有柳七草三之说，后来由于柳料不足，代之以秸料，清雍正年间秸料成为正式埽工材料，且堵口技术也日趋完善，有丁厢、顺厢等作埽方法。至清代后期，几乎年年都有决口，每年都有堵口，而且堵口规模越来越大，反复实践给后世积累了丰富的经验。清代根据工程的不同规模和难度，创造了单坝进堵、双坝进堵和三坝进堵三种堵口方法。

1933~1934年冯楼堵口时初次使用柳石捆厢进占法。柳石捆厢类似埽工进占，主要是材料不同，以柳枝石块铅丝代替秸土麻绳，施工方法也稍有出入。1935年4月贯台堵口时，一改过去合龙埽合龙为柳石枣核枕合龙，取得很大成功。自此，柳石搂厢进占，柳石枕合龙成为黄河堵口的主要形式。

黄河历史堵口除填土堵复和埽工外，还采用过多种堵口方法，如编竹装石堵口(贾鲁)、长绳结砖堵口(栗元敬)、栈桥平堵法(山东宫家堵口和郑州花园口堵口)等，由于埽工堵口发源于黄河，并且采用的最多，因而一般情况下，将埽工堵口理解为黄河堵口传统技术。

3.2.2　堵口方法及工程布局

3.2.2.1　堵口方法

通过大量的堵口实践,堵口方法得到不断改善、提高,逐步发展形成立堵、平堵和混合堵三种方法。

(1)立堵法:从口门的两端或一端,沿拟定的堵口坝基线向水中进占,逐渐缩窄口门,最后将所留的缺口(龙门口)抢堵合龙。立堵一般多用捆厢埽,如果口门较宽,浅水部分流速不大,在浅水部分可直接采用水中倒土填堵,当填土受到水流冲刷难以稳定时,采用埽工进占抢堵。捆厢埽堵口的优点是:便于就地取材,需用工具简单;便于快速施工,不论河底土质好坏和形状如何,都能自然入底吻合,易于闭气,在软基上堵口,有独特的适应性;在水深20 m上下施工具有沉厢的作用;堵口在坝面上或船上操作,施工方便。缺点是:口门缩窄后,水流集中,单宽流量加大,河底如果冲刷严重,埽占易于折裂塌陷,造成整个工程失败;技术操作较复杂,不易掌握。

(2)平堵法:沿口门选定堵口坝基线,利用架桥或船平抛料物,如柳石枕、散石、铅丝石笼或竹石笼、土袋等,自河底向上逐层填高,直至高出水面,以截堵水流。平堵法具有的优点:从口门底部逐渐平铺抬高,不产生水流集中的工况,利于施工;所抛成的坝体,比埽工坚实可靠;可用机械化操作,施工速度快。其缺点是:若河底土质松散,易冲垮桥桩;有时抛投料物不够均匀,也会形成局部冲刷,造成倒桩、断桩事故;抛石体透水性大,堵合后不易闭气;单宽流量过大时,堵合不易成功。花园口堵口的模型试验得出的结论为单宽流量小于10 $m^3/(s \cdot m)$可以成功,花园口堵口的实践验证了这一结论。

(3)混合堵法:即平堵与立堵结合进行的办法。在软基上用捆厢埽立堵,合龙前水深在20 m左右,仍可进行。用平堵法,如软基承载力不足,抛石过多或架桥打桩深度不够,均易冲垮。当水深超过20 m,流速超过5 m/s时,抛投柳石枕和石笼进占比较稳妥。较大的口门,可以正坝采用平堵法,边坝采用立堵法进行堵合。

3.2.2.2　堵口工程布局

用传统方法堵口,虽然工程难度大,但成功率较高。其中一个重要原因是工程布局所体现的科学性。在堵口时机的选择、口门堵复先后次序的确定、各项子工程的配合等方面与现代系统论的观点相吻合。比较完整的堵口工程,一般包括裹头、正坝、边坝、土坝、土柜、后戗、复堤、引河、挑水坝,有的还有二坝、月堤等工程。

(1)裹头:是将决口口门两端的堤头用抗冲材料进行裹护。其作用一是防水流冲刷扩大口门;二是为埽式进占生根创造条件。根据河水的深浅和土质情况,采用厢埽、柳石枕或打桩编柳等方法进行。

传统堵口,决口口门不患其宽,而患其深,但也不能任其无限制地扩宽。一般来说,在堵口前口门得到一定程度的发展,尤其是全河夺流的口门,扩宽至一定宽度后流势比较稳定,刷宽速度减缓,此时裹头,一方面限制口门继续扩宽,另一方面河底冲深也不致过大,有利于堵合。

黄河历史决口多发生在汛期,由于受多种因素制约,汛期决口一般不做裹头,汛末决口常赶做裹头。堵口在非汛期进行,口门流量较小,主流常偏向下游堤头,因此修单裹头情况较多。从历史资料看,裹头工程一般是防止口门扩大的临时措施,在进堵时则按已选定的坝基线,另行加固裹头。

(2)正坝:是堵口骨干工程,其坝基线(堵口位置)选择是整个堵口工程的关键。

堵口的位置根据决口位置、口门流势、口门附近地形地质、引河和挑水坝的位置等环境条件所确定。对于分流的口门,因主流仍走原河,坝基宜选在分流口附近。这样在进堵时,水位壅高,能将分流量趋入正河。对于全河夺溜的口门,因原河道下游阻塞,应先选好引河进口,为水流寻找出路,然后再选坝基线,要使坝基线、引河和挑水坝三者的位置有机配合,以达到缓和口门溜势,减少口门流量的目的,为顺利堵口创造条件。

堵口位置可分三种:①直线堵塞,用一直线,横过决口,可使堤线整齐,不出现犬牙交错的形状。但因决口的地方往往冲成深潭,不但堵复难度大而且工程量也大,所以很少采用。②由河滩绕过堵塞,临河一般都有一定宽度的滩地,坝基线选择余地大,河滩高于背河地面,由滩上绕过,工程量减少,且坝为拱形,水压力可使坝体承受压力,是有利的受力状况,施工场地接近河道,方便运输。只是堤背河侧留有深潭,堵塞之后,堤脚浸水,无法减缓河工出险,临时抢救又缺少土源。应于完工之后,围绕潭坑,修筑月堤,作为第二保障,抬高潭内水面,以减轻堤身渗透作用。③由堤后绕越堵塞,在河滩底下,背河地面较高的地方,将潭坑围于堤临河侧,利用洪水,可以淤垫。但堤线参差不齐,易于引溜,修守较难,拱形向着背河,水压力作用时的受力状况不利。堵口时,船舶运输难以接近施工场地。

上面三种坝基线形式中,用得最多的是第②种,因坝基线向临河凸出,故称为外堵。

对全河夺流的口门,坝基线与引河头的距离,既不能太远(远则不易起到配合作用),又不宜太近(近则对引河下唇的兜水吸流不利),一般以 300~500 m 为宜。如两岸均系新淤嫩滩,坝基线应选在口门跌塘上游(见图 3-1)。当河道滩面较宽时,若坝基线仍选在靠近原跌塘上游,距引河分流的进口太远,则水位必须抬高到一定程度,才能分流下泄,这会使坝基承受较大水头,易出现危险,这种情况宜在滩地上另筑围堤堵口(见图 3-2)。

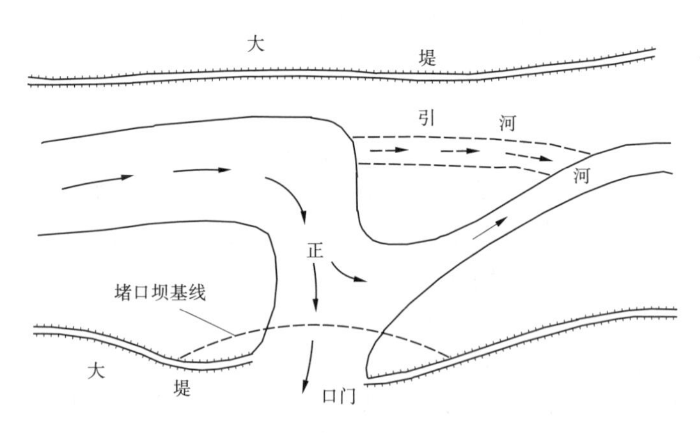

图 3-1　全河夺流口门堵口坝基线选定示意图

(3)边坝:在正坝上下游另做的坝,与正坝并进,以保护正坝,叫作边坝。在正坝上游的叫上边坝,在下游的叫下边坝。历史上的堵口工程,有的用单坝,有的用一正坝一边坝(见图 3-3),有的用一正坝二边坝。单坝进堵的叫独龙过江,既有单坝进堵成功的事例,

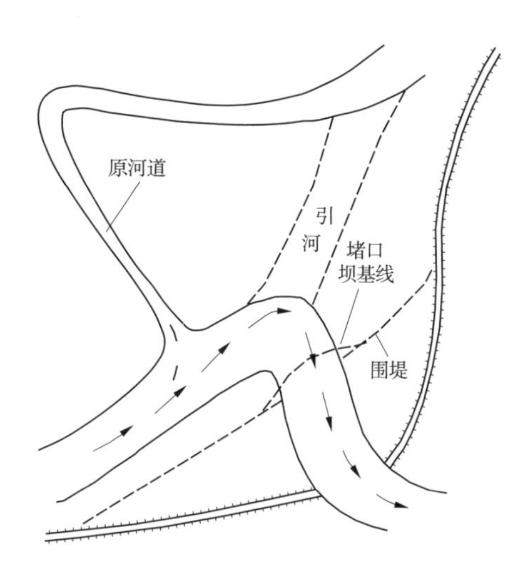

图 3-2　滩面堵口坝基线选定示意图

因无边坝而失败的也不胜枚举。用坝多少取决于堵口工程的难易程度,即由口门宽窄、水深大小、溜势稳定、临背高差等因素确定。

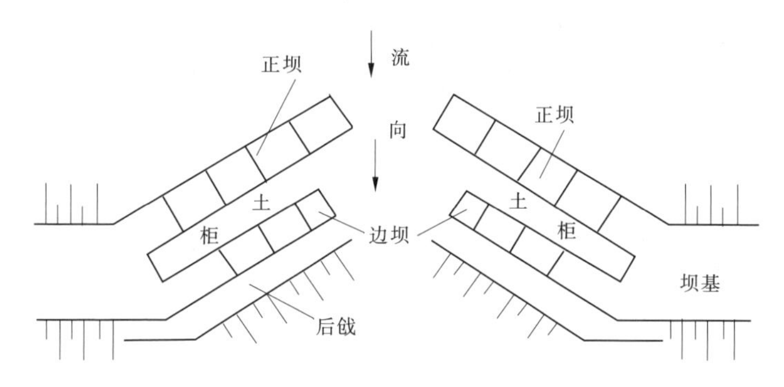

图 3-3　正坝、边坝进堵示意图

上下边坝的作用不尽相同。上边坝的作用是逼溜外移,降低正坝受溜强度;下边坝的作用是减轻回溜淘刷,维护正坝安全,降低正坝进堵难度。从施工难度来说,上边坝因紧逼大溜,修筑较难,中华民国以后就不再采用;下边坝有正坝掩护,修筑相对容易,土柜闭气效果较好,因此一般都予以采用。特别是传统的捆埽进占材料有透水性,尤其是柳石搂厢的透水性更大,所以下边坝就难以省却。

(4)土柜:将土坝筑于正坝和边坝之间称为筑土柜,土柜又称夹土坝。在正坝进至 2~3 占、边坝进 1~2 占后即行填土,随占前进,分层填筑密实,使得两坝连成整体。正坝和边坝所用材料透水性强、持久性差,所以用土柜连接最为合理。历史堵口工程中,在合龙之前因水深流急,填土极为困难。此时可暂缓进行,一旦两坝合龙,则从速接堵。需强调的是,土柜严禁采用秸料填塞。

(5)后戗:筑土于边坝之后称修后戗(单坝进堵时则筑土于正坝之后)。后戗的主要作用为加大堵筑断面,防止正边各坝滑动,并利于闭气。此外,后戗延长了水流渗径,有利于坝体的渗流安全。

(6)引河:引河用以分泄口门入正河的流量,为顺利堵口合龙创造条件。对于分流口门,正河仍然过流,由于口门吸溜,使口门处溜势较紧,为使溜势外移,可在口门对岸滩尖上挖引河,通过挑水坝使溜入引河。这种做法用得较少,一般只修挑水坝挑溜外移;在决口后全河夺流时,因正河淤高已不过流,均选择适当地点开挖引河。由于原河道是曲折的,引河是顺直的,比降比原河道大,引河过水能帮助主溜下泄,减轻溜势对口门的威胁,降低合龙时口门处的水位。

引河开放,一般掌握在口门即将合龙、引河水位已抬高、挑水坝已起到作用时,并要先开放引河口,等河水到达河尾并壅高到一定程度后,再开放河尾,以期抽动溜势,使水顺利下泄。

历史上,引河不仅用于堵口,还用作黄河防洪的工程措施。清雍正年间,嵇曾筠大力提倡并实施引河杀险之法,在理论和实践上都有丰硕的成果,而靳辅的《治河方略》与张鹏翮的《黄河志》则说明,引河在嵇曾筠之前已受到重视。许心武对引河技术问题曾做过系统总结。

(7)挑水坝:在堵口工程布置中,一般在口门上游适当地点修一组或两组挑水坝,其作用一是挑溜外移,减轻口门溜势,以利正坝进占和合龙。二是挑溜至引河口,使引河有一入袖溜势,便于引水下泄,以利合龙(见图3-4)。因作用不同,所以一般修两组挑水坝,如有适当位置也可以修一组坝,既能缓和口门溜势又能将溜挑至引河口,是非常理想的情况。

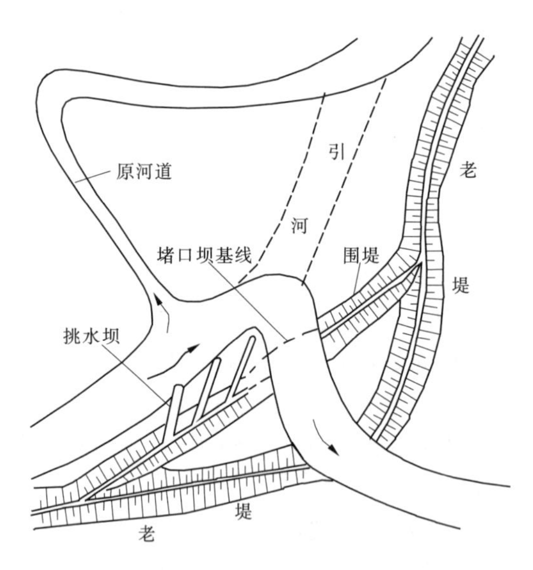

图3-4　引河、坝基线、挑水坝配合示意图

(8)二坝:堵筑口门,当口门收窄时,如临背水位差大,正坝有蛰塌生险可能,此时应在正坝的下游适当距离处,加修一道二坝(见图3-5),将水头分为两级,以降低正坝上下游的水位差。两坝之间的距离非常重要,如距离太近则直接受正坝口门跌水的冲刷,使坝不易稳定,太远则回水壅不到正坝下首,不但不能减缓水势,且有上下冲撞生险的可能。

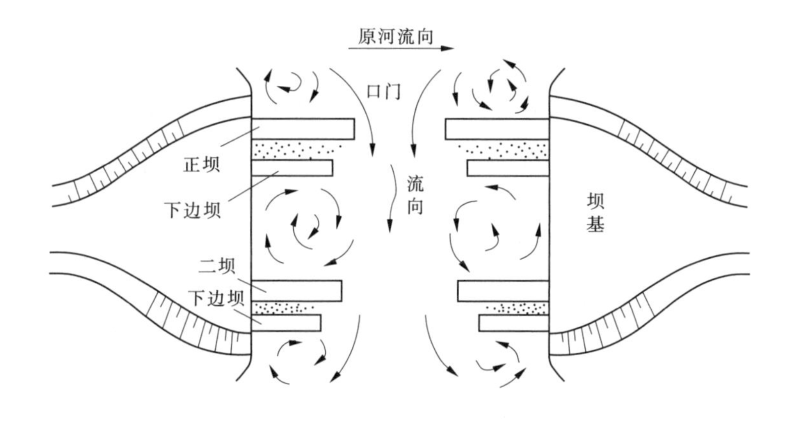

图 3-5　正坝、二坝进堵示意图

(9)月堤:在传统堵口方法中,月堤用于闭气。单坝堵合后,如背河地势不甚低下,可在坝后从龙门口两端适宜地点的正坝生根,用土填筑里月堤一道;如透水不算严重,且临河水浅溜缓,背河比较低洼,可在临河适宜地点修筑外月堤一段,包围龙门。

3.2.3　埽工堵口技术的特点

3.2.3.1　埽工堵口的主要优点

黄河埽工是劳动人民与黄河洪水长期斗争中创造的一种独特的河工技术,包括捆抛柳石枕、柳石搂厢等类型,用来堤防抢险、堵塞决口、施工截流等。黄河埽工技术博大精深,有许许多多值得继承和发扬的精华。其中,用于堵口的主要工艺——埽工厢修极具特色,其主要优点:

(1)埽工的整体性好,而且具有柔韧性,抗御水流性能优良。秸埽建成后,追压土石,透水性就逐渐减小,容重增加满足抗浮稳定要求。尤其黄河水流含沙多,秸体孔隙会逐渐淤塞,待完成后,基本上可达到不漏水。柳石捆厢不仅增加了坝体强度,而且有缓溜落淤的性能,有些情况下,洪水挟带的大量泥沙,沉于坝外,水落露滩,口门可与大河隔断,自动闭气,然后加做土工就可收到事半功倍的效果。

(2)埽工所用的主要材料——秸料、柳枝、土料,一般可因地制宜,就地取材,比较容易通过群众筹运料物,进行厢修。

(3)适应性强。埽工性柔,对各种不同的河底,如胶泥底、沙底、软底、硬底、不平底,甚至河底有些石头,经追压大土后,均可适应河底情况,与之密切结合。同时在厢埽堵口时,埽体能随河底淘刷而下沉,可以随淘随厢以达稳定。

(4)埽工系用柴土修成,如工料凑手,在短时间内可做成庞大的埽体,用以御水,极见成效。尤其做埽时,能在惊涛骇浪的情况下进行,亦不受风、雨、阴、晴等天气的限制。

(5)修筑埽工,所需工具及设备简单,除船只,运土工具外,就是河工所用的硪锤、小斧以及锯锛等常用工具。

3.2.3.2　埽工堵口的主要缺点

(1)厢埽向前进占,口门逐渐缩窄后,水愈深而溜愈急,一占比一占困难,因此常有在进占中失事的。

(2)厢埽是由水面到河底逐坯厢压,当埽体未到底前,因埽下过水断面减小,流速增大,常使河底因冲刷而发生激烈的变化,不但多费了工料,而且会增加险情。当遇水流顶托时,埽体难以稳定。

(3)工序复杂、技术性强。以人工操作为主,进占和合龙工序包含许多子工序。如在每坯料上要栓打不同组合形式的桩绳(黄河上叫作"家伙"),按性质来分,有硬"家伙"与软"家伙"两种,按桩的位置又分为明"家伙"与暗"家伙",顺厢埽有暗"家伙"17 种,明"家伙"4 种,程序复杂,但缺一不可。这套技术需要在实践中探索才能得到真谛。

(4)薪柴易腐烂,不能持久。虽然过后一部分进行了灌浆或截渗处理,但仍有一些老口门存在渗透性大等问题。

3.3　传统堵口技术对汛期堵口的适用性分析

3.3.1　堵口要求和条件的重大变化

3.3.1.1　堵口时机和口门流量

历史上,黄河决口大多发生在汛期,堵口则多在非汛期。堵口时间一般是几个月,表 3-1 中所列出的堵口实例中,有些是 1 年多,也有长达 2 年以上的。当今黄河汛期若决口,政治影响和经济损失巨大,洪水泛区大面积沙化对社会经济发展和环境还将造成长期不利影响,因此汛后堵复已不适应形势的要求,而汛期堵口即意味着口门有较大的流量。

历史堵口口门的流量,一直缺乏实测记录。有关研究成果认为:历史上黄河采用传统技术及埽工堵口,大河流量一般不超过 1 000 m^3/s,口门流量为 500~1 000 m^3/s 时,可以进占筑坝,但口门合龙时流量一般不超过 500 m^3/s。1942~1945 年,我国著名水工试验专家谭葆泰主持的黄河花园口堵口模型试验得出如下结论:①依据黄河水文报告春冬两季流量常在 2 000 m^3/s 以下,按 2 000 m^3/s 流量试验,两坝可用捆厢进占法把口门收到 200 m 宽,河底不至冲深;②最后 200 m 宽的口门改用抛石平堵法,用碎石铺河底改用大块片石或柳石枕逐层加高,筑成透水堤高出水面,可以截堵 6~7 m 高的水毫无危险;③在春季施工,为防止桃花汛异涨,平堵部分可留宽 400 m,使在 4 000 m^3/s 流量下不致发生危险。

3.3.1.2　防洪工程体系和洪水调度

黄河中游干支流的万家寨、三门峡、小浪底、陆浑、故县、河口村等水库具有较大的防洪库容,及时拦洪可以有效削减洪峰和大河流量,北金堤、东平湖等分滞洪区可以有计划地分滞洪水,引黄涵闸关键时刻开闸分流也可以进一步减小河道流量。运用防洪工程体系,合理进行洪水调度,可以为堵口创造有利条件。

3.3.1.3　决口成因和堵口工程总体布置

在表 3-1 所列的 12 次堤防决口中,漫决 3 次,冲决 4 次,溃决 3 次(其中 1 次为凌汛溃决),盗决 2 次。自 1949 年以来,黄河下游堤防,除四次大修堤外,还进行了大量的加固工程,堤防漫决的可能性减少。经过放淤固堤,险工段已淤宽 100 m,相对而言,平工出险的概率更大。在平工决口的情况下,河道滩面较宽时,宜在滩地上另筑坝。引河和挑水坝将不可缺少,要选好坝基线,使引河、坝基线和挑水坝相得益彰。

3.3.1.4　堵复速度和新材料、新技术

快速堵口不仅要求在汛期堵口,还要求堵复速度要快,传统堵口方法在堵口材料、机具及工艺方面均有不适应的地方。埽工材料由柳料变为秸料,其原因是材料需要量大,柳料供不应求。以花园口堵口为例,最初预算需用秸料和柳枝2 500万kg,小木桩40万根,数量之大不是三五天就能筹集,而捆厢进埽则要求在料物凑手时进行。埽工进占每道坝只有两个工作面,每个工作面的宽度不超过25 m,因此施工速度受到限制。当今生产力和科学技术的水平已经有了很大的提高,水陆空联合作业,新材料及各种机电设备、高效施工机具等为传统堵口技术的改进提供了强有力的物质基础和可供选择的广阔空间。

3.3.1.5　堵口实践和人才断层

在堵口技术的演变中可以看出,堵口技术的发展与堵口实践有密不可分的联系,在堵口越频繁的年代,技术的创新越多。从花园口堵口至今,只有1955年堵筑过黄河凌汛利津五庄决口。几十年来缺乏实践,造成了人才断层,传统堵口技术人才日趋减少,大有失传之势。

3.3.2　传统堵口技术的继承和发展

3.3.2.1　总体工程的合理布置

传统堵口工程中,将选好坝基线作为制订堵筑方案的关键,在确定坝基线时必须考虑口门流量、地形地质,还应注意引河、坝基线及挑水坝的相互关系,使其珠联璧合,相得益彰。在快速堵口的条件下,口门前的滩面呈低水或稀软状态,若用常规方法修挑水坝则又取土困难。而对较大口门的堵复,修建挑水坝势在必行,关系着堵口的成败,决不能图省事而贻大害。针对施工困难,可采用活动式挑水坝,传统堵口工程中所用的缓溜落淤方式投资少、易施工、收效还颇佳。

3.3.2.2　柔性材料具有独特的适应性

由于埽工所用的材料具有一定的柔性,所修成的整个埽体也具有一定程度的柔性,因而不仅比用刚性材料修筑的水工建筑物更能缓和水溜的冲击,还有对基础适应性强的优点。不论河底土质好坏和河底形状如何,埽工都能自然与河底吻合,特别是在软基上和抗冲性差的沙质河床上施工,它更是有独特的适应性。在考虑用新材料、新结构堵口时,应该首选柔性材料和结构。

3.3.2.3　因地制宜选用堵口方法

虽然将埽工堵口技术称为黄河传统堵口技术,但是历史上堵口对各种堵口方法采取包容态度,取长补短,因此使得堵口技术日趋成熟。如前所述,早在汉代就有了平堵和立堵的堵口方法,在宋代有混合堵法,在埽工堵法占主导地位的时期,有时还采用沉船法、浮坝落淤法、架桥平堵法等。即使是埽工进堵,也是依具体情况而定的,如在溜缓水浅的地方则直接用土堵筑。在贯台堵口后普遍采用的柳石捆厢进占和抛柳石枕合龙,实质上是混合堵法。这种具体情况具体分析,不拘泥于一种堵口方法的指导思想值得继承发扬。

3.3.2.4　发挥新材料新装备作用

土工合成材料等柔性材料与水、土结合运用,在护底防冲、裹头防护、水中进占等方面

均有优势。大型施工机械可以实现水陆空联合作业,能够大大提高作业效率,减少附属工程和整体工程量,但对道路等运输通道也有特殊要求。

3.3.3　传统堵口技术的完善和提高

传统堵口技术的完善和提高应体现在新材料的使用,在相关工序采用新工艺、现代化施工装备以提高施工速度和施工质量等方面。

3.3.3.1　使用新材料

土工合成材料可以广泛用于堵口工程。在传统堵口技术中存在的“闭气难”问题,可用在正坝迎水面覆盖土工膜或正坝与土柜之间铺土工膜来解决,而在边坝和后戗之间加一层反滤土工布,则可以增强后戗的导渗效果。在捆厢进占中,在临河埽脚抛长管袋护根可使出险概率降低,用充泥长管袋替代柳石枕,不仅可节省经费,还可提高施工速度。

3.3.3.2　改善护底工程

在堵口工程中修做护底工程始于宫家堵口,其是采用美国进口的钢丝网片护底,并用块石镇压,至花园口堵口工程,则用 450 m×40 m×0.5 m(宽×长×厚)的柴排护底,上压碎石。这两处护底工程都是在架桥平堵中修做的。在立堵中护底,有文字记载的是 1933 年冯楼堵口工程和 1935 年的董庄堵口工程。在冯楼工程中,护底“试以沉排法,用打桩结网紧压柳石”。在董庄堵口修筑正坝时,在秸料捆厢沉至河底挤出泥浆后,再于临河埽脚铺伸柳箔,上抛块石镇压。实际上,厢埽下沉时,因埽下过水断面变小,河底淘刷会加剧,所以主坝坝基应全线护底。护底工程应在捆厢进占前修做。在拟合龙处,护底范围应向上下游延伸,护底宽度,建议最少应为预留口门宽度的 1.5~2.0 倍,长度应为正坝坝宽的 3 倍以上。护底材料以柔性材料为宜,结构形式以沉排为佳。近年来,河道整治工程的新结构形式中,充沙长管袋褥垫式沉排坝受到重视,并积累了丰富的施工经验。一旦堵口需要,如长管袋褥垫式沉排护底,机械设备和施工人员很快就能集结到堵口现场。

3.3.3.3　放大正坝合龙口门的宽度

黄河上的正坝合龙口门,一般均在 23 m 以下,有所谓“合七不合八”的说法,即七丈能合龙八丈不能合。1959 年黄河位山工程截流时,进行了预留正坝口门宽 42.8 m 的抛枕堵合试验,结果证明比过去合龙时勉强缩窄口门稳妥得多。正坝合龙口门的宽度应根据口门的过流大小、溜势缓急、河床土质好坏和进占的顺利与否等情况来确定。一般可留口门宽 30~60 m,可通过 500~1 000 m^3/s 的流量。这时,必须有边坝相铺进行,待正坝一切就绪继续进行推枕合龙时,两边坝应跟随向前推进,正坝抛出水面后应继续加料压土,减少口门透水量,边坝口门缩窄至 10 m 左右时,即可进行合龙。然后在正边两坝以大土追压的同时填筑土柜、后戗,完成闭气工程。这种施工方法的优点是:正坝进占可适可而止,不与水争,以免发生意外和多费工料;在抛枕出水后,口门流量可大为减少(1959 年黄河位山工程截流,合龙后透水量约为原流量的 1/20),再以边坝来合龙就比较容易。应用这一方法,可以将抬高水头后的水压力,分由两坝来担负,能够减轻正坝所受的威胁。

3.3.3.4　使用大吨位装载机具

在传统堵口工程中,土工的工作量很大,正边坝进占中要不断加料压土,要填筑土柜和后戗,合龙后正、边坝两坝要以大土追压。在埽工进占中,秸料质轻,要使它沉蛰到河底,必须用土压,根据以往经验,秸料1斤(1斤=0.5 kg,全书同),约需压土10斤,位山截流工程中,秸料与土的质量比达到1∶14.7。如以体积计,则约为秸料1 m^3,压土0.5 m^3,这样才稳定。尤其在水深流急的情况下堵筑口门,必须尽可能多压土。所以压土至关重要,若土方跟不上,就不能继续进占。在填筑土柜和后戗时,为免除填土被水流冲走,除抛土袋抵御水流冲刷外,最根本的是加强填筑强度。在历史堵口时,虽然想加强土工的施工强度,以减少险情和加快堵口进度,但是由于生产力水平低,没法办到。现在有了大吨位装载机具,则为堵口成功提供有力的保障。

3.3.4　黄河大堤决口的总体对策

在研究基础上提出黄河堤防决口总体对策是：抢修裹头,控制口门;水库拦蓄,削减洪水；导流入槽，刹减水势;相机分水,服务堵口;堵口复堤,重归大河;排围结合,尽力减灾。可概括为"裹、拦、导、分、堵、排、围"七个方面的措施：

(1)"裹"。直接在口门残留堤头或预留合适口门宽度后修做裹护体,限制口门发展宽度,为减少堵口工程量创造条件。黄河下游是地上悬河,河床与背河地面高差大,且大堤堤基为复杂的多层结构,土质较差。堤防溃口后,口门将迅速向两侧展宽和向底部刷深。为防止水流冲刷口门和夺流,应及时在口门两端的堤头或后退适当距离挖断堤身修做裹头。在做好口门两端裹护的同时,也应对口门的底部进行适当的裹护,为下一步实施堵口创造条件 。

(2)"拦"。利用黄河中游干支流水库拦蓄洪水,尽可能减小下游河道流量,为堵口复堤创造小流量过程。按小浪底水库正常运用期考虑,三门峡、小浪底、陆浑、故县、河口村等水库有较大的防洪库容。因此,一旦黄河下游发生决口等重大险情,只要水库尚未达到设计防洪水位,便可关闸拦洪,削减洪水流量,以达到尽快堵复口门、减少洪泛区洪水淹没的目的。由于水库所处的地理位置、防洪能力大小、库区有无返迁移民等不同,因此在采取水库拦洪措施时,应根据下游决口口门的位置、口门处水流、口门发展和堵口准备情况等,酌情选择不同的拦蓄时机,以便取得最佳的防洪减灾效益。

(3)"导"。通过筑挑水坝和挖引河使其水流尽量走大河。为缓和口门的流势,根据口门河势情况,可在口门上游修筑挑水坝,挑流外移,以缓和口门过流形势,利于堵口。引河用以将口门部分水流导引入正河,为顺利堵口合龙创造条件。对决口分流的口门,不一定挖引河;对全河夺流的口门,必须利用引河导流入正河,以缓和口门流势。

(4)"分"。利用决口口门上游的分治洪区或引黄涵闸分滞黄河洪水，以减少洪泛区淹没面积和进一步减小河道流量,为堵口创造条件。黄河下游现有东平湖、北金堤等分滞洪区。正常情况下,各分滞洪区按既定的原则统一调度运用。当下游大堤发生决口险情时,为顾全大局,口门以上不该运用的滞洪区可突破常规调度原则提前分洪,正在分洪运用的蓄滞洪区也可进一步加大分洪流量。分洪时机以满足堵口合龙要求为前提,同时根据分滞洪区群众迁移、后继洪水大小等情况确定。黄河下游现有近百座引黄涵闸,当下游发生决口时,适时打开口门上游的引黄涵闸进行分洪,可适当减少河道流量。但开闸放水时要考虑到灌区渠系的承受能力,以不淹没乡镇为原则。

(5)"堵"。堤防一旦发生决口,应根据口门冲刷程度、口门分流比大小以及堵口准备情况,选择适当的时机全力抢堵,争取尽快堵复。若堤防发生多处溃口,应积极调集各方人力、物力进行堵口。一般顺序为先堵下游口门,再堵上游口门;先堵小口,后堵大口。传统的堵口方法主要有平堵、立堵、混合堵三种,这是治黄先辈在长期的抗洪实践中积累的宝贵经验,应继续采用。现代堵口新技术、新材料、新工艺主要有巨型土工包、铅丝石笼、牵拉长管袋、钢木土石组合坝等。

(6)“排”。利用洪泛区内现有河道、引水渠等泄水设施和公路、铁路等挡水设施,疏通溃水流路,加修临时堤防,使溃堤洪水尽量外排,以减少洪泛区淹没水深和淹没历时。应根据已观测好的地形资料,筹划洪泛区水流出路,留出水道。

(7)“围”。黄河堤防决口后,溃水居高临下很快向下游漫延。为尽量减少洪灾损失,除采取其他堵口措施外,应利用地形或将已有挡水建筑物加高成临时围堤,采取牺牲局部保护重点的对策,保护重点城市和重要工矿企业。非主流区县以上重要城市和地势较高的主要乡镇等均可修筑围堤,采取自保措施。也可利用洪泛区内的高地、公路、铁路、渠堤等建筑物抢修临时挡水工程,同时与“排”结合减少洪泛区淹没面积并利于排水。

3.4 软体坝围堰堵口技术

3.4.1 问题的提出

埽工进占堵口方法的最大风险是随着口门缩窄和单宽流量的增大,水流冲击强度愈来愈大,河底冲刷愈演愈烈。进入20世纪30年代,为降低风险,放宽了口门宽度,突破了“合七不合八”框架的束缚,并且取得了很好的效果。埽工材料的透水性也给堵口增加了难度,因此才有“堵口容易闭气难”的说法,为解决闭气,还需要修建土柜、月堤等工程,工程的难度和工程量相应增大。为了从根本上克服传统堵口所遇到的困难,充填式软体围堰堵口技术是一个可供比较的方案。充填式软体坝袋沿堵口坝基线布设,用泵充水或泥浆,软体坝袋从水下平行升起,直到露出水面,截断口门水流。从历史堵口的经验可知,黄河堵口以采用柔性材料为宜,因此制作软体围堰的材料应用橡胶或高强度高分子聚合物。采用机电设备作为施工工具,以大幅提高施工速度。

软体坝具有结构简单、坝高可变、充起速度快、坝袋可拆卸、分段运输的优点,在决口口门临河侧设置,即使围堰处龙门口的宽度达到最大值以最大限度地缓和龙门口的流速,又克服了抛投物不均匀、不易稳定及透水性大的弊端,使之在大河流量较大时也不至出险。软体坝围堰堵口将给复堤创造有利条件,可望达到汛期快速堵口、减少灾害的目的。

3.4.2 软体围堰堵口技术的难点

充填式软体围堰堵口技术虽然有明显的优点,但是难度也是相当大的。小河道修筑的橡胶坝是有基础的,而堵口用的软体坝袋则无基础,而且其整个施工过程是在动水中完成的,其定位是主要难题。需在进行理论分析计算和模型试验的基础上,针对动水定位等难题进行现场试验,以解决施工工艺等一系列问题。其关键技术问题如下所述。

3.4.2.1 设计标准的确定

工程设计的首要问题之一就是确定设计标准。例如:软体坝袋是事先制作好的,坝高已经确定,临时调整坝高的余地不大。同时坝袋张力和坝高成二次函数关系,随着坝高增大,坝袋张力也会迅速增大。受软体坝材料限制,坝高不可能太大,但坝高太小,挡水作用就受到限制。但在决口情况下,由于情况复杂,软体坝的设计标准,只有通过调研和水工模型试验确定。

3.4.2.2 软体坝袋的固定

通常,橡胶坝袋均是旱地施工,并将坝袋锚固于预先浇筑好的混凝土基础底板上,以满足坝袋稳定要求。但在决口情况下,根本不可能浇筑混凝土基础。实际上,堵口用软体坝成了直接搁置在河底的无基础坝。这就带来一系列新问题,使得原有的设计方法、施工技术大部分不再适用,必须研究提出一整套新的设计方法和施工技术。

3.4.2.3 河底防冲与冲沟处理

在水流作用下,河底将不可避免地受到冲刷形成冲沟。因而使软体坝放置在一个预先设定的基面上的问题必须解决,否则其稳定性将很难保证,挡水作用也无法发挥。这就需要解决河底防冲与冲沟处理问题。

3.4.2.4 水上作业量大,需要专用装备

在洪水中修建软体坝围堰,主要在水上作业,势必大量使用各种工程船舶。对于黄河来说,多年已不通航,可用船舶很少,工程船舶更少,只有挖泥船可以使用。因此,一方面要尽量少用船舶,另一方面必须研究出适应黄河现状的必要的堵口专用装备与器材。

3.4.2.5 软体坝的水上定位与下沉

由于水流流速大,软体坝围堰的定位较为困难,但是其下沉更为困难。因为若欲使软体坝围堰整体下沉,其长度太大(一般坝长可达400~500 m),难以控制。若分段下沉,坝段之间的接头处必须处理,坝袋的结构(如其侧面)也将改变。

参 考 文 献

[1] 粟宗嵩.清顺康雍三朝河决考[J].水利,1936,10(5).
[2] 薛履坦.清乾隆黄河决口考[J].水利,1936,10(5).
[3] 骆腾.清嘉道两朝河决考[J].水利,1936,10(5).
[4] 恽新安.咸丰五年至清末黄河决口考[J].水利,1936,10(2).
[5] 孔祥榕.山东董庄黄河堵口工程纪要[R].1936.
[6] 徐世光.濮阳河上记[R].1920.
[7] 陶述曾.一九四六年至一九四七年黄河花园口堵塞工程[M]//陶述曾治水言论集.武汉:湖北科学技术出版社,1983.
[8] 水利电力部黄河水利委员会.黄河埽工[M].北京:中国工业出版社,1963.
[9] 徐福龄,胡一三.黄河埽工与堵口[M].北京:水利电力出版社,1989.
[10] 许心武.引河杀险说[J].黄河水利,1935,2(7).
[11] 水利部黄河水利委员会,《黄河水利史述要》编写组.黄河水利史述要[M].北京:水利电力出版社,1982.

[12] 胡一三,朱太顺.长江抗洪抢险及对黄河防洪的思考[J].人民黄河.1998(12):8-10.
[13] 水利部黄河水利委员会河南河务局.黄河历史决口分析[R]. 2000.
[14] 许雨新,岳瑜素. 黄河传统堵口技术分析[R].2000.
[15] 潘恕,余咸宁,许雨新,等. 堤防堵口软体坝围堰技术研究[R].2000.
[16] 陈银太,周景芍,等.黄河堤防堵口技术研究报告[R].2001.
[17] 朱太顺.防汛抢险关键技术研究[J].人民黄河,2003(3):1-2.
[18] 耿明全,陈银太,朱太顺.黄河堤防堵口进占技术研究[J].人民黄河,2003,25(3):26-27.
[19] 黄淑阁,朱太顺,陈银太.黄河传统堵口技术分析研究[J].人民黄河,2003,25(3):24-25.
[20] 翟家瑞,张素平,丁大发.黄河堤防溃口对策研究[J].人民黄河,2003(3):3-4.
[21] 张素平,朱太顺,李永亮,等.黄河堤防溃口对策典型案例分析[J].人民黄河,2003(3):9-11.
[22] 陈银太,朱太顺,周景芍.黄河堤防汛期堵口总体方案和组织实施研究[J].人民黄河,2003(3):5-6.
[23] 张素平,翟家瑞,祝杰,等.黄河溃堤对策研究的内容及途径分析[J].人民黄河,2003(3):16-17.
[24] 耿明全,朱太顺,仵海英.黄河堤防堵口闭气技术研究[J].人民黄河,2003(9):8-9.
[25] 黄淑阁,王震宇,王英,等. 黄河堤防堵口技术研究[M].郑州:黄河水利出版社,2006.
[26] 水利部黄河水利委员会.民国黄河大事记[M].郑州:黄河水利出版社,2004.

第4章 软体坝围堰堵口总体布局与工程布置

堵口工程是系统工程,除运用防洪工程体系减少大河流量外,还应根据具体情况确定是否应该修筑挑水坝和开挖引河以减缓口门区的溜势和减少口门流量,为决口堵复创造有利条件。在此基础上根据现场条件,因地制宜布置具体工程,以达到降低堵口风险和费用的目的。本章主要介绍堵口工程总体布局,包括软体坝围堰坝基、挑水坝及引河的布置。明确了软体坝围堰的长度、坝高等基本尺寸,提出了围堰工程布置方案,主要包括软体坝段和相接的隔离墩、与两岸连接的土坝,以及坝基护底防冲褥垫和水上作业平台浮桥等。

4.1 堵口工程总体布局

4.1.1 软体坝围堰坝基

软体坝围堰是堵口骨干工程,围堰坝基是整个堵口工程的关键。坝基的位置由决口情况(决口位置、口门流势、口门区冲刷地形)、引河和挑水坝的位置等确定。

根据堤防加固情况的分析,黄河在平工段决口的可能性比较大。在平工段,临河一般都有一定宽度的滩地。在滩地上建围堰有以下好处:坝基线选择的余地大;河滩高于背河地面,工程量减少;施工场地接近河道,方便运输。因此,将软体坝围堰建在滩地上是比较适宜的。

4.1.1.1 分流口门

对于分流的口门,因主流仍走原河,坝基宜选取在分流口附近。这样在充胀坝袋时,水位壅高,能将分流量逼入正河。

4.1.1.2 全河夺溜

对于全河夺溜的口门,因原河道下游阻塞,应先选好引河进口,为水流寻找出路,然后再选坝基,要使坝基、引河和挑水坝三者的位置有机配合,达到缓和口门溜势、减少口门流量的目的。坝基与引河头的距离,既不能太远而起不到配合作用,又不宜太近而对引河下唇的兜水吸流不利,一般以300~500 m为宜。如口门两岸均系新淤嫩滩,坝基应选在口门冲坑上游(见图3-1)。当河道滩面较宽时,若坝基仍选在原冲坑上游,距引河分流的进口太远,则水位必须抬高到一定程度,才能分流下泄。由口门区水力特性及冲淤特性模型试验结果可知,靠近原冲坑上游的冲沟一般较深。以上这两个因素都会使软体坝承受较大的水头,易出现危险。此时宜在滩地上或滩沿附近另筑围堰堵口(见图3-2)。

4.1.2　挑水坝

在软体坝围堰堵口工程中,一般在口门上游适当地点修一组或两组挑水坝,其作用有二:一是挑溜外移,减轻口门溜势,以利于水上施工作业(见图 3-4);二是挑溜至引河口,使引河有一入袖溜势,便于引水下泄,降低软体坝承受的水头。因作用不同,所以一般修两组挑水坝,如有适当位置也可以修一组坝,既能缓和口门溜势又能将溜挑至引河口,是非常理想的情况,此外,挑水坝下游将形成回流,有利于淤滩围堤。

4.1.3　引河

引河用以分泄口门入正河的流量。引河口应选取在口门对岸大河弯顶附近,一般为迎溜的凹岸。引河的线路要因势利导,如滩面上有老河流路,应尽量利用,以节省土方,加快施工进度。

4.2　软体坝围堰基本尺寸与工程布置

4.2.1　围堰的基本尺寸

软体坝围堰的基本尺寸(长度和高度)参照《黄河下游典型河段堤防溃口对策预案》的要求和《口门区水力特性及冲淤特性模型试验报告》的结论来确定。模型试验结果显示:在冲坑上游 200 m 左右的断面上,最大冲深为 8 m、水深 5 m、水面宽度为 450 m 左右。往上游方向,最大冲深和水深逐渐降低,水面宽度基本不变。据此,软体坝围堰的长度、坝前水深和高度分别按 400 m、5 m 和 7 m 考虑。

4.2.2　围堰的工程布置

如图 4-1 所示,软体坝围堰主要由软体坝段和隔离墩构成,隔离墩分为中墩和边墩两种,边墩一侧与软体坝段相接,另一侧与土坝相接。

4.2.2.1　软体坝段和隔离墩

软体坝围堰的坝轴线为直线,沿坝轴线布设 3 段软体坝段,坝段之间所设隔离墩为中墩,坝段与两侧土坝之间所设的隔离墩称边墩。软体坝段宽度为 96 m,隔离墩之间的净宽为 100 m,坝段两端与隔离墩留有 2 m 间隙,其间在充胀坝袋时抛投土袋堵塞。隔离墩顺口门流向方向宽度为 16.8 m。

4.2.2.2　土坝

组成软体坝围堰的 3 段软体坝段和 4 个隔离墩的总宽度计 372 m,小于预估的水面宽度 450 m。由模型试验资料分析得知,断面的两侧(有时则为一侧)流缓水浅,水深小于 2 m,因此可用土石进占方法修筑土坝,并与边墩相接。土坝的长度及布置形式应根据口门位置和口门区的地形确定。图 4-1(a)、(b)分别为坝基线位于滩沿附近和口门附近的软体坝围堰平面布置示意图。

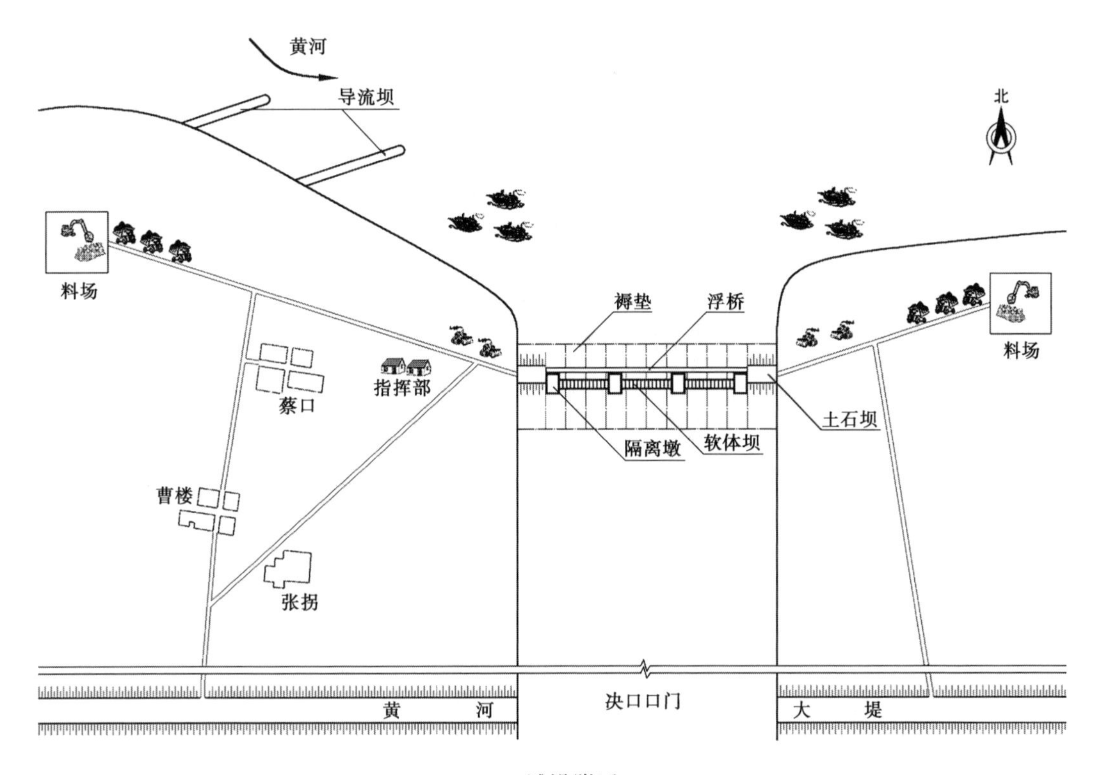

(a)滩沿附近

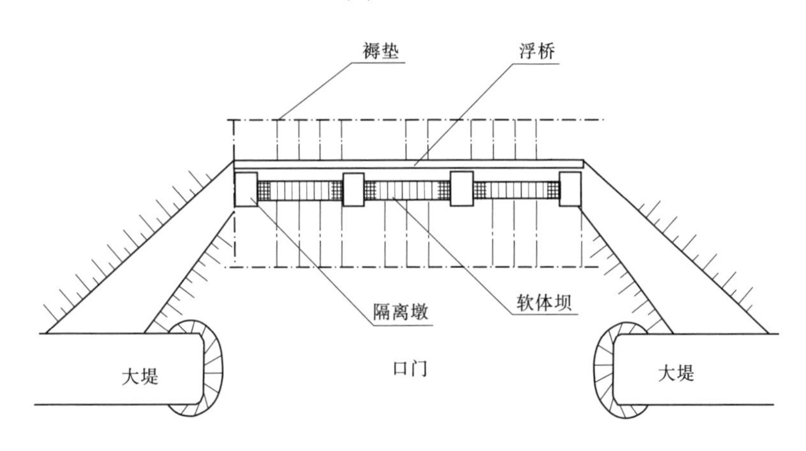

(b)口门附近

图 4-1　软体坝围堰平面布置示意图

4.2.2.3　防冲褥垫和浮桥

单块防冲褥垫的宽度和长度分别为 30 m 和 70 m,顺着软体坝围堰轴线,共铺设 16 块褥垫,搭接宽度 5 m,护底宽度计 405 m。软体坝的钢浮箱和软体坝袋以及隔离墩均置于防冲褥垫之上,褥垫的上游端线距隔离墩 15 m,下游端线距隔离墩约 28.2 m。如果软体坝围堰的坝基有深沟,可在局部增铺褥垫,以调整坝基地形。

用于施工的浮桥宽 7.2 m,位于隔离墩的临河侧,浮桥两端与土坝相接。

参考文献

[1] 潘恕,余咸宁,许雨新,等. 堤防堵口软体坝围堰技术研究[R]. 2000.
[2] 黄河防汛总指挥部办公室. 黄河下游典型河段堤防溃口对策预案[R]. 2000.
[3] 余咸宁,谢志刚. 软体坝围堰装备与施工技术[R]. 2000.
[4] 梁跃平,乔永安. 口门区水力特性及冲淤特性模型试验报告[R]. 2000.
[5] 许雨新,岳瑜素. 黄河传统堵口技术分析[R]. 2000.
[6] 黄淑阁,王震宇,王英,等. 黄河堤防堵口技术研究[M]. 郑州:黄河水利出版社,2006.

第 5 章　软体坝围堰堵口关键技术

软体坝堵口技术是一个全新的理念,涉及软体坝动水条件下定位下沉等一系列技术难题。需要在理论分析计算基础上,进行大量室内试验和现场试验,以提高软体坝堵口设计的科学性、操作的可靠性。本章所述技术有些是软体坝堵口特需的,还有一些是堵口或机械化抢险共性问题。有些是黄河上特殊情况,在其他河流上不适用或可以适当简化。

5.1　堵口工程设计参数的确定

5.1.1　问题的提出

软体坝袋是事先制作好的,坝高已经确定,临时调整坝高的余地不大。为确定堵口工程设计参数,必须首先了解堤防决口后口门的水力特性和冲淤特性。由于 60 年来黄河伏秋大汛无决口,没有实测资料,因此专门开展了河工动床模型试验,以确定口门宽度、深度、流速等参数,为坝高、坝长的确定提供依据。主要研究内容包括:①研究不同口门宽度下,口门区流速分布、流态及地形冲刷形态,观察其堤脚冲刷特性及流速变化,为裹头制作提供依据;②水流流向与大堤成正交和斜交两种情况下,口门区流速分布、流态及地形冲刷形态;③研究不同口门过流量下,口门区流速分布、流态。

5.1.2　模型设计

5.1.2.1　模型设计相似准则

本试验主要研究口门区局部冲刷变形问题,模型设计应满足几何形态、水流运动等相似条件。根据本模型试验的研究任务和要求,按变态模型设计,由场地和供水条件,选定平面几何比尺 $\lambda_L=240$,垂直比尺 $\lambda_H=80$,变率 $Dt=3$。由水流运动相似准则得出以下比尺:

流速比尺 $\lambda_V=\lambda_H^{1/2}=8.94$;

流量比尺 $\lambda_Q=\lambda_V\lambda_L\lambda_H=\lambda_L\lambda_H^{3/2}=171\ 730$。

由于本试验是研究恒定入流条件下清水冲刷问题,因而,可不考虑含沙量比尺及相应的河床冲淤变形时间比尺。试验中放水时间的控制以口门区冲刷达到稳定状态为准。这种局部冲刷模型设计方法在类似试验研究中已得到过验证与应用。

5.1.2.2　模型沙

对于局部冲刷试验,模型沙的起动相似条件非常重要。根据黄河水利科学研究院多年黄河冲刷试验的经验和有关文献的研究结果,不同种类的模型沙,由于其容重、颗粒形状等方面存在较大差异,尚不能直接用现有的泥沙起动流速公式计算模型沙的起动流速,因此对于黄河沙质河床的模型设计,不能直接由泥沙起动流速公式推求模型床沙的粒径比尺,而要分别确定原型泥沙的起动流速和不同粒径模型沙的起动流速,然后视两者的比值 λ_{V_C} 是否满足重力相似条件,来确定模型床沙的粒径。文献[5]通过大量分析指出,当黄河下游原型水深为4~16 m时,原型沙起动流速 V_{CP}=1.06~1.50 m/s。根据文献[2]的水槽试验结果,可得到中值粒径为0.04 mm的郑州热电厂粉煤灰在水深为5~20 cm时的起动流速 V_{cm}=11.6~20 cm/s,与相应黄河原型水深时的泥沙起动流速比较后可得 λ_{V_C}=7.5~9.0,与流速比尺 λ_V 接近。因此,本模型选 $D_{50}\approx$ 0.04 mm的郑州热电厂粉煤灰做模型沙可以满足泥沙起动相似要求。

5.1.2.3　模型制作及测量设备

根据试验场地、来流流量及供水设备等条件,本模型修建了长30 m、宽12 m(模拟大堤长近3 km)、深0.6 m的砖砌水槽模型。概化的黄河大堤断面顶宽10 m,上下边坡均为1:3,临河堤高7 m,背河堤高11 m,临背差4 m。大堤用砖砌而成,固定口门两侧裹头概化为直径 D=60 m的直立半圆柱形。口门范围内堤防用粉煤灰按概化黄河大堤断面形状拍制而成。本试验设定大堤顶部高程为63.0 m,相应的口门上、下游地形高程分别为56.0 m和52.0 m,溃堤水位60.0 m。试验场地模型布置如图5-1所示。

黄河下游河道多年实测资料表明,河道滩面纵比降为1.5‱,横比降为3‱~5‱,本模型按纵比降1.5‱、横比降4‱制作地形,用粉煤灰铺垫至相应高程。

模型进口流量用矩形薄壁堰控制;流速采用电阻式浑水流速仪测量;水位用精度为0.1 mm测针控制,模型分别在进口、堤前、堤后各设一水位测针;冲淤后地形采用水准仪测量。

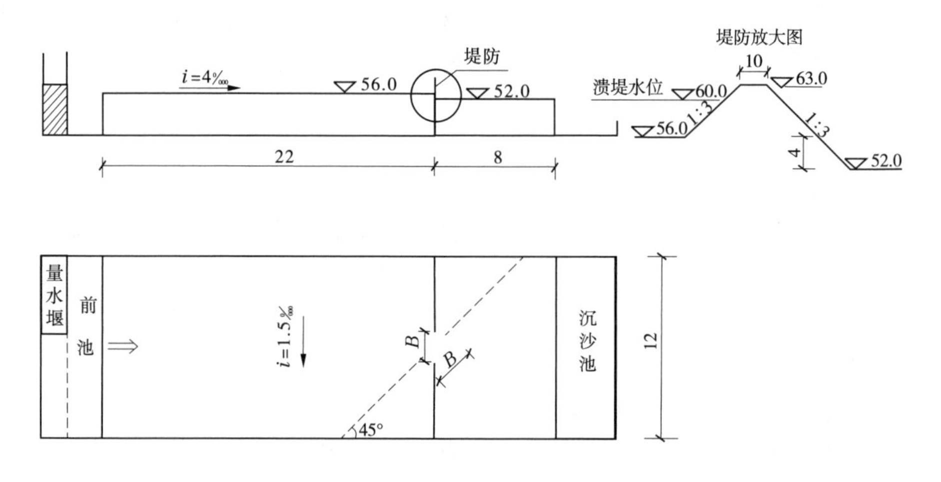

注:图中尺寸均为原型值。

图5-1　试验场地模型布置图　(单位:m)

5.1.3　试验组次

根据研究任务和要求,本模型共进行了四个组次的试验,每一组次试验的流量组合见表5-1。

表5-1　试验组次

来流方向	口门宽度	流量(m^3/s)			
	B(m)	10 000	8 000	5 000	2 000
正交	300	√	√	√	√
	200	√	√	√	√
	100		√	√	√
斜交(45°)	200	√	√	√	√

5.1.4　试验过程

在大堤处水深为4 m时开始溃堤(此时堤前水位60.0 m),以来流方向与大堤成正交情况、口门固定宽度$B=300$ m为例对模型试验过程予以简单介绍:

(1)首先,小流量蓄水至溃堤水位60.0 m(相当于堤前水深4 m),然后在堤防上开一小口溃堤,同时调整进口流量至10 000 m^3/s,随着口门宽度的不断扩展,上游水位下降,至口门全开至固定宽度(300 m),水位稳定后,量测口门区流速分布。

(2)调整进口流量为8 000 m^3/s,稳定后,量测口门区流速分布。

(3)同样,进行5 000 m^3/s和2 000 m^3/s流量下的测量。

(4)停水,量测最终冲刷地形。

5.1.5　试验成果

5.1.5.1　水流流向与大堤正交情况

1.流势及流态

口门破口之初,上下游(临背河)水位差达8 m,口门区水流呈急流状态,堤防迅速溃决,出口门水流向下游急剧扩散;随着口门宽度的扩展及水下地形冲刷的加剧和延伸,上游水位逐渐回落,水头差逐渐减小,流态趋缓,口门宽度稳定后水流呈缓流状态。

由于10 000 m^3/s流量的冲刷作用,在口门上下游形成主槽,在5 000 m^3/s和2 000 m^3/s流量时,水流顺主槽而下,流态平缓;由于地形存在1.5‱的横比降(相当于黄河河道纵比降),因此主槽略偏离模型中轴线,在口门附近水流略偏向下裹头;口门上游两侧靠近大堤附近有强度较大的回流,对堤脚产生冲刷。不同固定口门宽度时,各级流量下口门区水流形态较为相似。

2.流速

破口之初,口门水头达8 m,口门断面最大流速近10 m/s;随着口门宽度的扩展,水流由急变缓,上下水位差减小,流速有所减缓。不同固定口门宽度时,口门断面最大流速和断面平均流速见表5-2。从测量的各断面流速分布看,下坝头流速均大于上坝头流速。

表 5-2 流向与大堤正交时口门断面流速

口门宽度(m)	项目	流量(m^3/s)			
		10 000	8 000	5 000	2 000
300	最大流速(m/s)	4.65	4.48	3.46	1.72
	断面平均流速(m/s)	3.80	3.52	1.90	0.98
200	最大流速(m/s)	5.31	4.73	3.68	1.78
	断面平均流速(m/s)	4.66	4.20	2.91	1.46
100	最大流速(m/s)		5.85	3.89	1.97
	断面平均流速(m/s)		5.40	3.27	1.92

3. 冲刷情况

堤防决口初期,水流以跌水状冲出大堤,堤内滩地受到强烈的溯源冲刷,并迅速在滩内拉出一条深槽。2 000 m^3/s 下不同口门宽度的冲刷地形中线纵剖面见图 5-2,该图为冲刷稳定后所测得。由图 5-2 知,口门宽度在 300 m 和 200 m、流量为 2 000 m^3/s 情况下,冲刷坑的位置基本在口门以下,且冲刷坑的上边缘距口门一般不超过 100 m;而口门宽度为 100 m、相同流量条件下,冲刷坑位置明显上移,冲刷坑的上边缘距口门距离不少于 250 m。

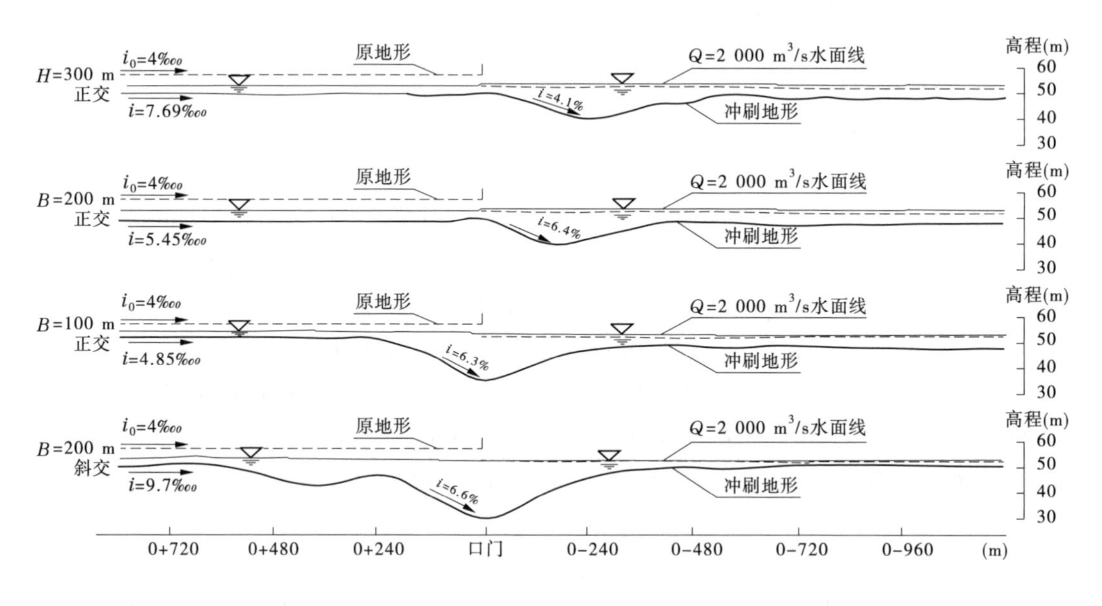

图 5-2 2 000 m^3/s 不同口门宽度口门区冲刷地形纵剖面图

图 5-3 为口门宽度 300 m、流量为 2 000 m^3/s 时冲刷稳定后的堤前横断面冲刷形态。由图 5-3 知,冲刷坑以外最大水深不超过 8 m,且冲坑底部有相当宽的平坦河底。

图 5-4 为口门宽度 200 m 试验结束后测得的口门区冲刷地形。

表 5-3 为各口门宽度下的最大冲刷深度,最大冲刷深度都在 20 m 以上。

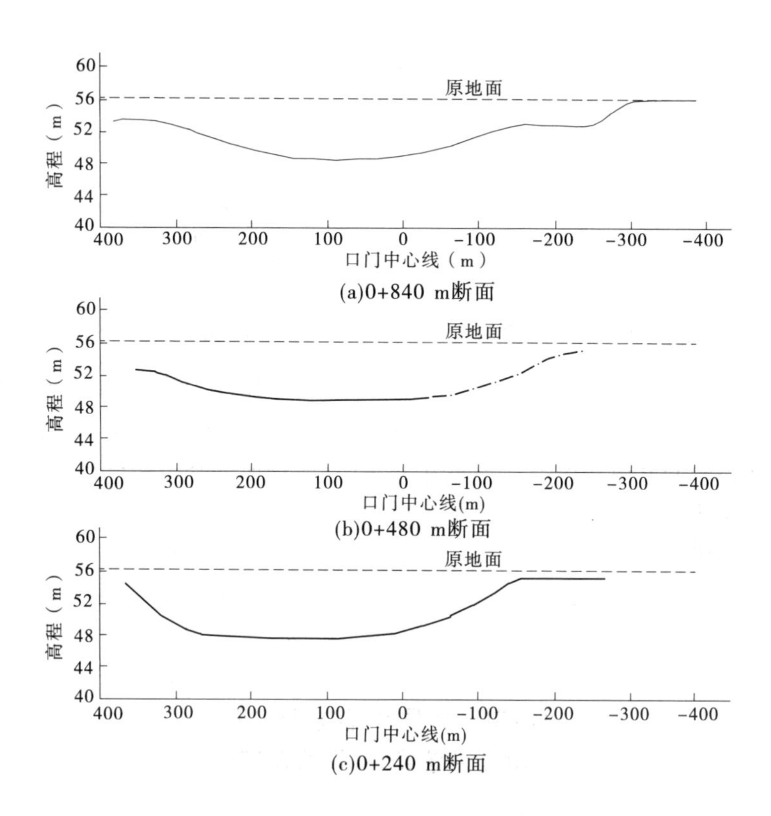

图 5-3　流量为 2 000 m^3/s、口门宽度 300 m 下口门区横断面冲刷形态

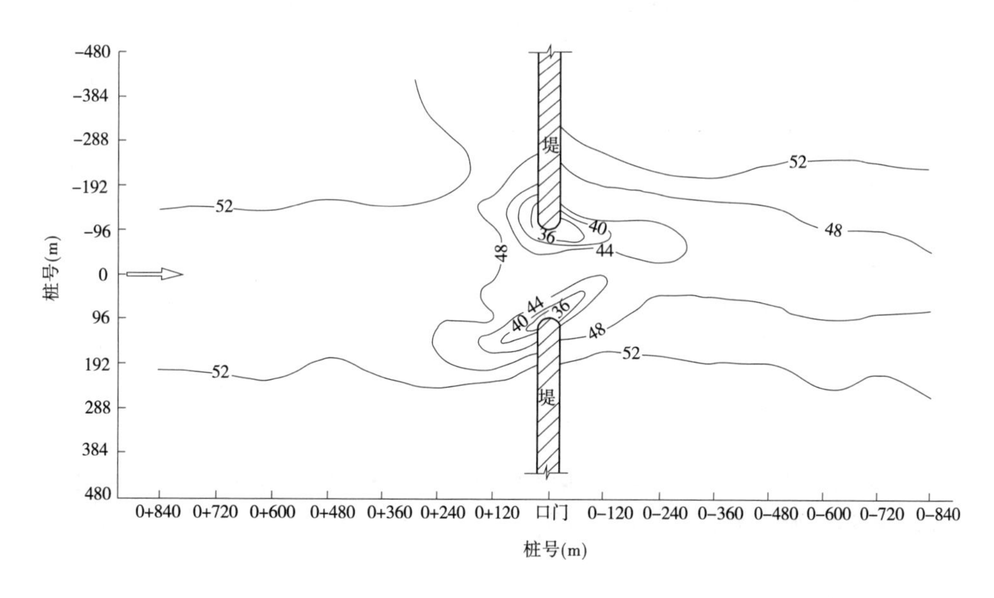

图 5-4　正交布置口门区冲刷地形(B=200 m)

表 5-3 最大冲刷深度及部位

口门宽度（m）	最大冲刷深度（m）	位置	
		断面	部位
300	21.76	口门	两侧裹头
200	23.44	口门	两侧裹头
100	22.88	口门	两侧裹头
200（45°）	28.32	0+120	0-240 m(左侧)

5.1.5.2 来流与大堤斜交 45°情况

在斜交情况下,只对固定口门宽度 $B=200$ m 情况进行了试验观测。

1. 流势与流态

由于来流与大堤呈 45°斜交,口门区水流流态与正交布置相比有明显不同。10 000 m^3/s 流量下,主流明显偏向下裹头,在堤前调整后,以与堤防接近正交入口门,只是主流偏向口门下裹头;由于主流弯曲调整,在堤前口门左右两侧均出现回流;水流出口门后以与堤防呈近 45°角度向下游侧扩散;上裹头上下游侧,出现大面积干滩。小流量时,主流顺着 10 000 m^3/s 流量拉出的主河槽下行,水流顺畅,流态平缓。

2. 流速

斜交布置的流速分布与正交布置明显不同:10 000 m^3/s 流量下,由于主流偏向下游,断面流速相差较大,呈直角三角形分布,最大流速位于下游侧,堤前 0+360 断面最大流速达 5.31 m/s,堤后 0-240 断面最大流速达 3.86 m/s。各级流量下 45°斜交布置口门断面最大流速和断面平均流速见表 5-4。

表 5-4 45°斜交布置口门断面流速

流量(m^3/s)	10 000	8 000	5 000	2 000
最大流速(m/s)	4.82	4.27	2.59	0.85
断面平均流速(m/s)	3.03	2.33	1.87	0.68

3. 冲刷情况

试验测得冲刷地形主槽纵比降达 9.7‱,表明河床冲刷较为严重;最大冲刷深度达 28.32 m,发生在下游侧堤前 0+120 断面,距口门中线 240 m;口门断面最大冲刷深度 25.68 m,发生在下裹头处。

斜交布置冲刷地形纵剖面见图 5-2。与正交相比,在相同口门宽和过流情况下,冲坑深度及范围均大于正交情况,作为围堰堵口法的围堰平面布置要充分考虑这一点。图 5-5 为流速分布及流势图。

5.1.6 主要结论

(1)决口之初,口门区流速近 10 m/s,跌水会使堤后形成很深的冲刷坑,此时堵口或

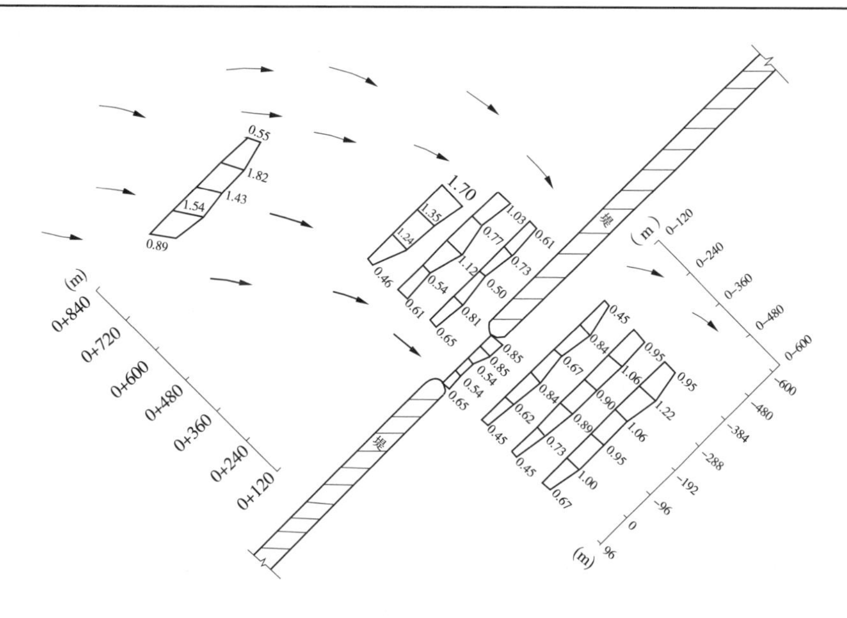

图 5-5　斜交布置流速分布及流势图($B=200$ m, $Q=2\ 000$ m^3/s)　(流速单位:m/s)

裹头非常困难。

(2)相同的来流流量,固定口门宽度越小、口门断面流速越大。

(3)来流与堤防正交情况下,口门断面两侧裹头部位局部冲刷最为严重,最大冲刷深度达 23.44 m。来流与堤防 45°斜交情况下,最大冲刷深度达 28.32 m,发生在堤防前 120 m 断面下游;口门断面最大冲刷深度达 25.68 m,发生在下裹头处。口门上游冲刷形态为缓坡形冲沟。

(4)2 000 m^3/s 流量下,口门宽度为 300 m 时,口门区流速小于 2 m/s,距口门上游 840 m、480 m、240 m 处的最大水深分别为 4.2 m、4.6 m、4.9 m。其主槽宽度均在 400~500 m。

(5)此试验只是概化试验,而黄河下游河道又千变万化,因此模型对原型河势的模拟有一定的局限性。

5.1.7　堵口工程设计参数

对于国内其他大江、大河来说,溃口后水流冲刷程度和水位变幅不会比黄河同流量条件下大,堵口工程施工条件要好得多。鉴于黄河的特殊情况,根据上述试验结论,结合黄河防汛预案要求,确定堵口工程的设计参数如下。

5.1.7.1　口门流量流速与坝高

(1)设计堵口工程施工期流量为 4 000 m^3/s,此时最大流速约 3.0 m/s, 此流量下大河水位将降至滩面以下。

(2)根据 2 000 m^3/s 流量下水深和软体坝结构强度及稳定性分析结果确定堵口坝最大挡水高度为 5.0 m,挡水高度超过 5.0 m 时,其底部应作为冲沟处理。

(3)坝轴线宜选择在口门上游适当位置以避开冲刷坑、减少工程量。

(4)根据中国人民解放军工程兵专业技术教材《GZQ230 型(79 式)舟桥分队》,舟桥分队配备的汽艇可在 3.0 m/s 流速下工作,因此确定堵口工程可在流量为 4 000 m^3/s 时进行(不包括充起坝袋)。

5.1.7.2　流量过程与口门宽度

鉴于上述试验不反映流量减小过程的情况,为捕捉采取工程措施的有利时机,又根据《黄河下游典型河段堤防溃口对策预案》(简称《预案》)所提供的溃口后流量过程绘制了河南中牟、原阳无分洪条件和山东齐河有分洪条件的流量过程曲线,如图 5-6 所示,口门扩展过程也绘于同一图内。

《预案》规定,决口口门宽度应控制在 400 m 以内,由图 5-6 可知,溃口后 24 h 两处溃口展宽均达到 400 m,而此时流量均在 10 000 m^3/s 以上。结合口门宽度 $B=300$ m、流量为 10 000 m^3/s 的模型试验结果可知,断堤的裹护工程将在水流流速大于 5.0 m/s 的条件下进行,难度很大,需专门研究。

在溃口 24 h 后,拦洪分洪措施开始发挥作用,流量过程线呈陡降形态,但流量降至 4 000 m^3/s 以下,还需一段时间,中牟、原阳段为 40 h,齐河段为 24 h。此段时间内水位变幅很大,4 000 m^3/s 时大河水位将降至滩面以下。如何利用此段时间采取工程措施值得研究。

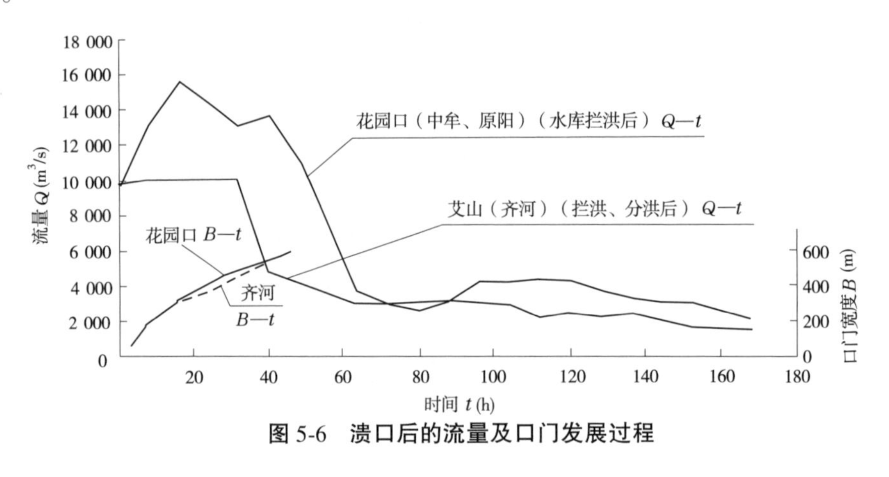

图 5-6　溃口后的流量及口门发展过程

5.2　软体坝结构设计方案

5.2.1　问题的提出

堵口软体坝围堰的设计,除要遵守一般橡胶坝设计的技术条件外,还必须努力实现作为堵口装备时的特殊要求,因此有必要专题研究适合堵口工况的软体坝结构方案。

5.2.1.1　软体坝的历史和现状

用柔性材料制成袋状,向袋里面充水或充气,形成的挡水建筑物称为软体坝。国外有称作尼龙坝、织物坝、可充胀坝、软壳式水工结构等,这是因为制造坝袋的材料不同而名称不同。我国习惯上称之为橡胶坝,因为我国的软体坝袋材料多是橡胶制品。随着材料科学的发展,今后会有强度更高、重量更轻的材料代替现在的胶布材料制作坝袋是完全可能的。

软体坝具有造价低、结构简单、高度可调、施工期短、跨度大、自重轻、维修少、管理方便,以及抗震性好、止水效果好、充胀速度快等优点。20 世纪 50 年代末出现的这种新型水工建筑物发展迅速,现在已广泛应用于农田水利、城市园林景观工程、小型船闸、海岸防浪挡潮保护和施工临时围堰等工程中。我国自 1965 年开始试制橡胶坝,现在不仅建成有数百座橡胶坝,而且在结构和类型上也有许多改进和发展,整体已达世界先进水平。已建成并运行良好的橡胶坝最长达 1 247.4 m,最大高度达 5.5 m,分层式橡胶坝也有了实际应用。随着合成高分子材料的发展、工厂制造工艺和技术水平的成熟和完善,高度 6~8 m 坝袋的设计和制造都成为可能。这些成功的经验和生产工艺技术水平都为江河汛期抢险采用软体坝堵口方法提供了技术支持,但仍需对软体坝袋本身进行特殊处理方可。

5.2.1.2　堵塞决口软体坝围堰的特殊要求

历史上几乎没有汛期堵复黄河决口的先例。在现代技术条件下采取传统的堵口方法,完成汛期快速堵复黄河决口,也绝不是件容易的事,主要困难就是大量的物料准备和特殊的施工环境的制约。采用软体坝围堰完成汛期快速堵口抢险工作,根据堵口这种特殊的使用环境和条件,不仅要解决一系列施工方法上的技术难题,而且对软体坝围堰本身,还必须具备下列特殊的要求:

(1)解决软体坝自身稳定问题。一般橡胶坝是在河床上预先浇筑好混凝土基础并将坝袋锚固于基础之上。而堵口用软体坝围堰,不可能预先在河床上做好基础。实际上坝袋是搁置在软质河底上,从这个角度讲它是无基础的。由于软体坝袋自身不稳定,因此必须解决坝袋的固定问题和稳定问题。

(2)尽量减轻本身重量。与一般水工建筑物相比较,橡胶坝自身重量轻已是一种优点,但是,在防汛抢险时,这样的重量和尺寸仍觉笨重,不便于施工。因此,要求堵口用软体坝在重量上尽量轻,包括使用材料要轻,也包括每一零部件都要轻,便于施工作业。

(3)应具有高度的机动性。决口出现的地点、时间不确定,要求尽可能短的时间把装备通过汽车运输到施工现场。运输中尽量用一般载重汽车就能完成运输任务,对道路桥梁等都应无特殊要求。这就要求将软体坝分解成小块,方便运输。

(4)施工方法简单、可靠、迅速。汛期堵口就是抢时间比速度的一场战斗,施工方法要简单、可靠,迅速完成。把软体坝围堰分解成小块,方便运输和施工,但必须将分解的单元标准化、系列化、模块化拼装,操作简单,一看就会,不易出错,结构合理,坚固可靠。不仅可以机械化施工,非常条件时仅靠人力仍然可以施工。

(5)装备的抗老化性和经济性。抢险装备一般是需要长期储存的,应考虑其能长期储存而不变质和老化。或者是平时和抢险时相结合,平时也可以使用,有利于解决储备问题。施工机具应尽量采用现有设备,临时调用即可解决问题。

5.2.1.3　软体坝围堰的适用条件

任何一种装备都有一个适用的范围,超过这种范围,或者达不到预期的效果,或者根本就不能使用。受材料强度、加工设备和工艺、施工机具和施工条件的限制，综合各种因素提出软体坝围堰的适用条件是：软体坝坝高 7 m 以下（包含 7 m），设计挡水深度 5 m，水流速度不大于 3 m/s。

5.2.2　软体坝围堰结构设计方案

根据前述特殊要求，提出了 4 种类型的堵口软体坝围堰设计方案，每种类型均有其自身的优缺点，有些实施起来目前甚至是困难的，但今后经过改进和提高，也许会有实用的可能性，故简单叙述其形式和基本优缺点。

5.2.2.1　方案 1：钢浮箱组合底板式软体坝

如图 5-7 所示，该方案基本组成包括标准钢浮箱、坝袋单元、定位桩等零部件。其结构形式是用多个钢浮箱拼装组合成一组浮箱底板，拼合后的一组钢浮箱底板有止水作用。以底板为基础，在其上面锚固坝袋，形成一组软体坝。用船把一组软体坝拖到坝轴线位置，在水面一组一组按先后顺序连接成一排，向浮箱内灌水使软体坝沉到河底，再用泵充胀坝袋，即可建成一道软体坝围堰。此方案的缺点是底板浮箱用量多，底板浮箱间需止漏处理；优点是坝袋为片式，每个单元体积较大。整个软体坝自身稳定性好，减少沉桩的工作量。

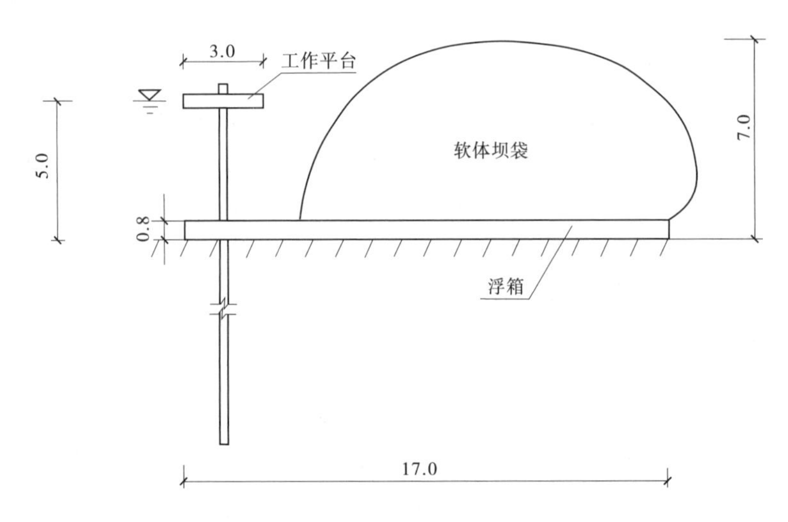

图 5-7　钢浮箱组合底板式软体坝方案示意图　（单位：m）

5.2.2.2　方案 2：桩固定钢浮箱式软体坝

如图 5-8 所示，该方案基本组成包括钢浮箱、钢管桩、坝袋单元等零部件。其结构形式是每个坝袋单元为枕头式坝袋，坝袋通过锚固夹板总成固定于钢浮箱一侧的插槽上，钢浮箱用钢管桩固定于河底。坝袋充胀后相互挤紧形成一道软体坝围堰，施工方法与前述方案相似，包括组合、定位、下沉充起等步骤。此方案坝袋直接放于河底上，通过浮箱锚固，整个软体坝靠钢管桩固定于河底，结构较简单，施工方便，性能可靠。但对钢管桩要求较高，沉桩工作量较大。

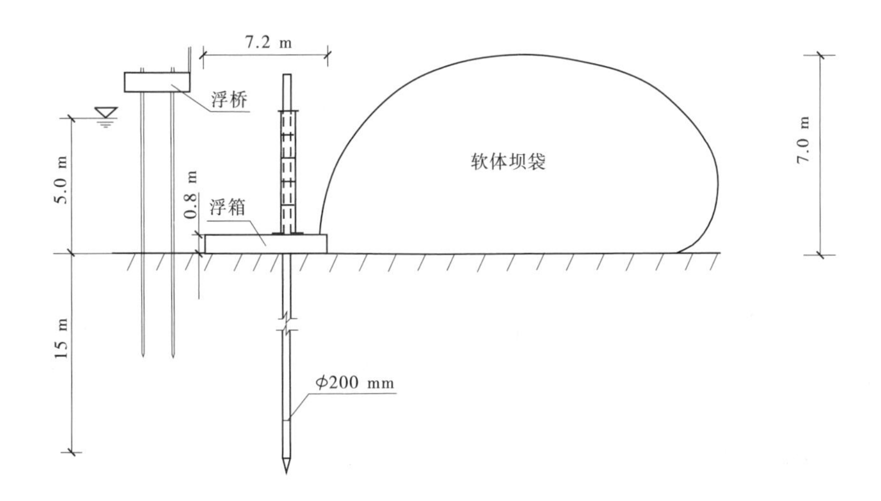

图 5-8　桩固定钢浮箱式软体坝方案示意图

5.2.2.3　方案 3:前坦压重式软体坝

如图 5-9 所示,该方案基本组成是坝袋和前坦胶布。现场将坝袋与前坦胶布锚固一体,向坝袋内充气使其浮起,拖运到位后再放气下沉,并在前坦上抛压重物,使软体坝稳定,再向坝袋内充水胀起形成软体坝围堰。此方案结构简单但施工困难,而且抛投压重工作量大,用材料多,水中抛投困难。

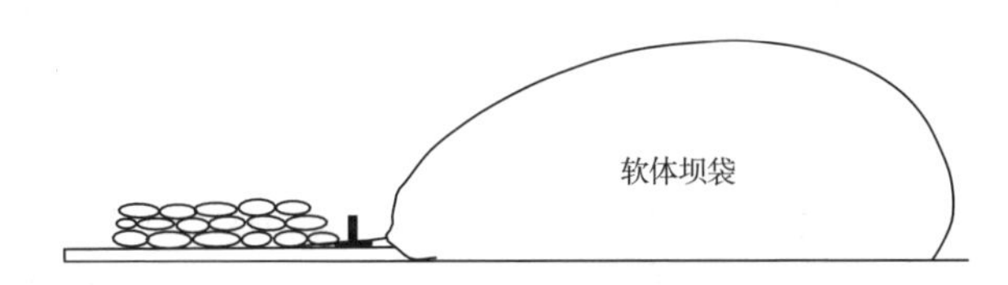

图 5-9　前坦压重式软体坝方案示意图

5.2.2.4　方案 4:系缆式软体坝

如图 5-10 所示,该方案基本组成是固定桩或固定锚、坝袋。坝袋定位后固定好,将坝袋充起形成软体坝围堰。此方案用材最少,初看起来比较简单。但从受力分析看,缆绳长度会造成坝袋上游系缆处受扬压力和水平推力作用下上抬,减少了坝袋接地长度可能使河底受水流淘刷,形成深坑,最后使坝袋失稳。若完全没有缆绳而使用桩和坝袋上的套环固定,则施工方法困难,桩受力也很大,很难实现。

5.2.3　推荐方案及其总体布置

5.2.3.1　推荐方案

在对制造工艺水平、现场施工方法、施工条件以及现有软体坝材料的承载能力和使用可靠性等几个方面综合比较分析后,从以上 4 种类型的软体坝方案中,推荐桩固定钢浮箱

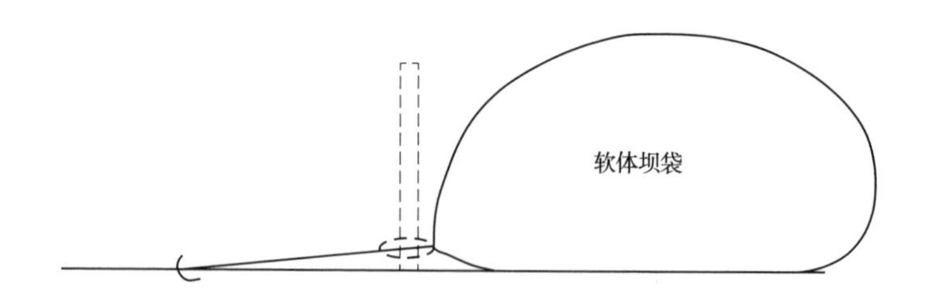

图 5-10 系缆式软体坝方案示意图

式软体坝方案为这次堵口方案。桩固定钢浮箱式软体坝主体包括 5 大部分:①枕头式软体坝袋;②标准钢浮箱;③坝袋锚固夹板总成;④控制及充胀系统;⑤钢管桩,桩套及锁紧夹等零部件。

5.2.3.2 软体坝总体布置

1. 坝袋单元

每 1 只坝袋单元,采用锚固夹板总成中的螺栓压板密封起来,锚固夹板总成与钢浮箱用插块连接在一起。

2. 钢浮箱

每个钢浮箱平面尺寸为 4.8 m×1.2 m,钢浮箱上有桩孔,钢管桩通过桩孔沉入河床,钢浮箱沉到河底后,套上桩套及锁紧夹压紧浮箱,把钢浮箱固定于河床上。

3. 充水管道

充水管道一端与坝袋相通,另一端经过钢浮箱内的预置管道及浮桥上铺设的输水管道与充水泵相通。

4. 一组坝段

如图 5-11 所示,12 只浮箱、12 只钢管桩和 1 只坝袋形成一组坝段。每组坝段沿坝轴线长度为 9.6 m,其平面布置形式从上游边向下游边依次排列为:水平排 2 个钢浮箱,中间垂直排 8 个钢浮箱,接下来水平排 2 个钢浮箱,然后是锚固夹板总成软体坝袋。施工时不需要每个桩孔都打桩,只在图 5-11 中涂黑桩孔位置打桩即可。

5. 全套装备

全套装备有 50 组,总共由 50 只坝袋、600 只钢浮箱、600 根钢管桩组成。可以组成长 500 m 的软体坝围堰,使用时不一定全用。

6. 总体布置

总体布置方案如图 4-1 所示。大堤口门宽度按 400 m 计算。软体坝堵口围堰的轴线位置在滩唇分水处。布置有 4 个隔离墩,隔离墩之间净宽度 100 m,排 10 组软体坝成为一段软体坝。一般情况下,一段软体坝在轴线上连接后同时下沉河底。两边隔离墩与滩地之间水深不超过 2 m,用土填筑成堤。软体坝上游 7.2 m 位置有浮桥,软体坝下面有防冲褥垫。在平面上排列成软体坝后,临河侧一排钢浮箱留在河面上,作为浮桥使用。浮桥的宽度根据需要可再接宽。其余钢浮箱和坝袋沉到河底,然后用泵将坝袋充起,形成挡水软体坝围堰堵塞决口。

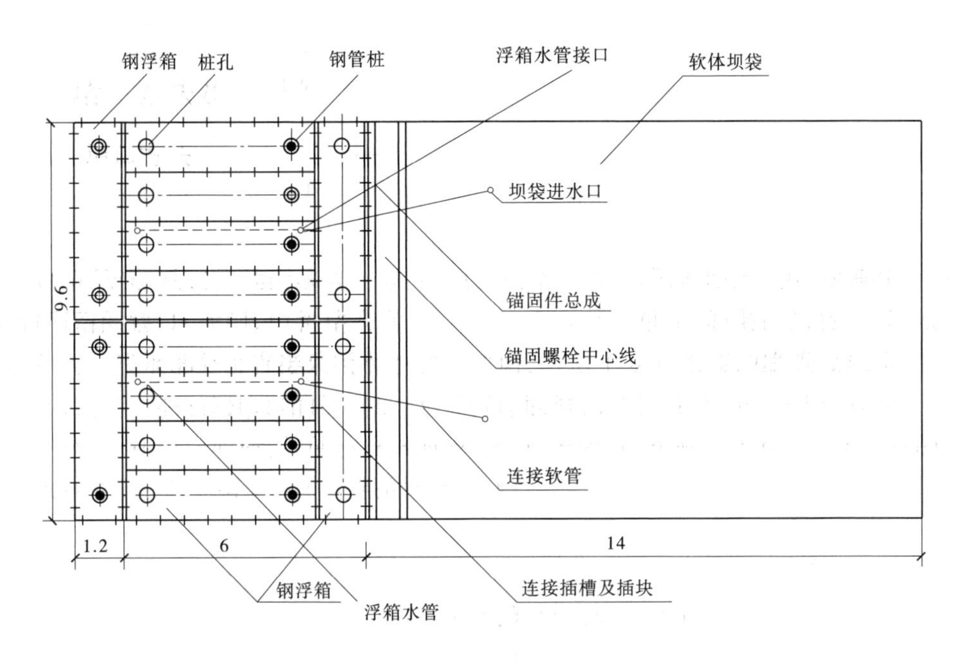

图 5-11　一组软体坝平面布置示意图　（单位:m）

上述布置是黄河堵口的一种特殊方案。对于部分分流的口门,因主流仍走原河道,软体坝可在两股流分叉附近将水位抬高后,能将水流逼入原河道。

一般多数情况,坝轴线靠近决口口门,由河滩绕过堵塞即常说的坝轴线向临河凸出的“外堵”形式。由于受软体坝高度所限,选择坝轴线位置时应考虑水深,可以适当加长软体坝。其平面布置如图 4-1 所示。软体坝排成一直线,仍由两边的边墩和中间的中墩组成。大堤到边墩之间一般无水或水深不超过 2 m,采用土石进占方法修筑。土石进占从大堤适当位置生根,斜向与边墩连成一体。两墩之间净宽为 100 m,排 10 组软体坝,称为一段。根据口门情况,一般排 3~5 段软体坝,边墩与大堤之间修筑土坝,形成一个折线形的外堵围堰。大堤决口口门的两断头按常规方式做裹头,在围堰充起后,开始复堤,将口门合龙。

5.3　软体坝袋受力分析

5.3.1　问题的提出

对无基础软体坝新型结构,其坝袋受力计算尚无先例,因此有必要专题研究,通过对不同工况下坝袋的受力分析,优化软体坝整体结构连接方案。根据软体坝总体设计方案,工况一为有钢浮箱托底,工况二为无钢浮箱托底。计算工况及初始条件见表 5-5。

表 5-5 计算工况及初始条件

初始条件	工况一	工况二
上游水深 H_1(m)	5	5
下游水深 H_2(m)	0	0
坝顶压力 p_0(t/m²)	1.5	1.5
总坝高(m)	7	7
软体坝袋高度 H(m)	6.2	7

5.3.2 软体坝袋的张力与几何特性分析

5.3.2.1 基本假定

根据软体坝袋的受力特点,计算采用以下基本假定:

(1)平面问题考虑:软体坝在垂直于水流方向上的轴线较长,袋壁在跨中部分受力条件相同,基本上不受端部约束的影响,沿轴线方向变形很小,可以忽略,变形仅发生在垂直于坝轴线的平面内,故可按平面问题考虑,即可取出一单位长度(1 m)的环作为计算单元。

(2)袋壁厚度比起坝袋的其他尺寸来讲相对很小,且软体袋由柔性材料制成,故可按薄膜理论计算坝袋的内力,即只考虑坝袋承受拉力作用,而不承受剪切力和弯矩。

(3)坝袋张力作用于袋壁厚度的中心。

(4)不考虑坝袋的自重和受力后的伸长影响。

(5)忽略摩擦力对底部坝袋张力分布的影响。

5.3.2.2 软体坝袋的张力 T

软体坝袋的张力 T 计算如下:

$$T = \frac{1}{2}\int_0^H \Delta p_0(y)\,\mathrm{d}y \tag{5-1}$$

式中:T 为坝袋张力;p_0 为坝袋顶内水压力;H 为坝高;y 为高度坐标;$\Delta p_0(y)$ 为坝袋内水压力和下游外水压力之差。对于下游无水情况,坝袋张力可由式(5-1)或简化算法推出:

$$T = \frac{1}{2}\left(p_0 H + \frac{1}{2}\gamma H^2\right) \tag{5-2}$$

式中:γ 为水的容重。已有的研究表明,坝袋顶的内水压力 $p_0=(0.2\sim0.5)\gamma H$ 较为经济,取 $p_0=1.5\ \mathrm{t/m^2}$。

若 T_f 为坝袋材料强度,则强度安全系数可由下式计算:

$$K = T_f/T \tag{5-3}$$

由式(5-3)可知,随着软体坝坝高的增大,坝袋的张力就迅速增大,因此强度安全系数就会随坝高增大而迅速减小。目前,国内对于软体坝的安全系数均取 4~5,所以坝高受到限制,国内目前软体坝最大坝高已达到 5 m。

软体坝用作堵口用临时围堰,可适当降低其安全系数,因此坝高增大到 7 m 是可能的,但如果再增大坝高,则需要进一步深入研究,安全系数的取值是关键。有关工况下的坝袋张力及强度安全系数见表 5-6。

表 5-6　计算工况坝袋张力及强度安全系数

几何特性	工况一	工况二
坝袋材料强度(t/m)	48	48
坝袋顶口的内水压力 p_0(t/m^2)	1.5	1.5
坝袋张力(t/m)	14.26	17.50
坝袋强度安全系数 K	3.37	2.72

5.3.2.3　软体坝袋的几何特性

软体坝袋横剖面曲线(见图 5-12)的切线正方向与 x 轴夹角 φ 的余弦按下式计算。

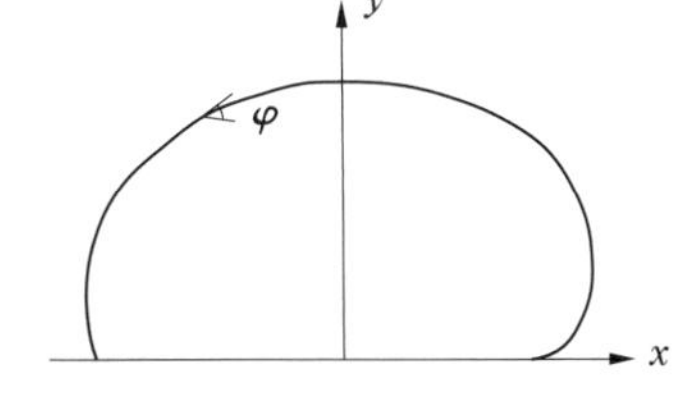

图 5-12　坝袋横剖面曲线示意图

$$\cos\varphi_1(y) = 1 - \frac{\int_0^y \Delta p_1(y)\,\mathrm{d}y}{T} \tag{5-4}$$

$$\cos\varphi_2(y) = 1 - \frac{\int_0^y \Delta p_2(y)\,\mathrm{d}y}{T} \tag{5-5}$$

其中下标 1、2 分别表示上、下游各量。

软体坝袋曲线方程:

$$x = \int_0^y \frac{\cos\varphi}{\sin\varphi}\mathrm{d}y \tag{5-6}$$

当给定坝高,上、下游水位及坝顶内水压力 p_0 之后,坝袋的接地长度、单宽容量均可求出,具体数值参见表 5-7。

表 5-7　计算工况的几何特性

几何特性	工况一	工况二
接地长度(m)	9.774	11.842
单宽容积(m^3/m)	62.354	83.076
$\sin\theta_1$(θ_1 为上游角)	0.925	0.958
$\cos\theta_1$(θ_1 为上游角)	0.381	0.286
$\sin\theta_2$(θ_2 为下游角)	0	0

工况一、工况二的坝袋计算断面形状见图 5-13、图 5-14,软体坝各参数如图 5-15、图 5-16 所示。

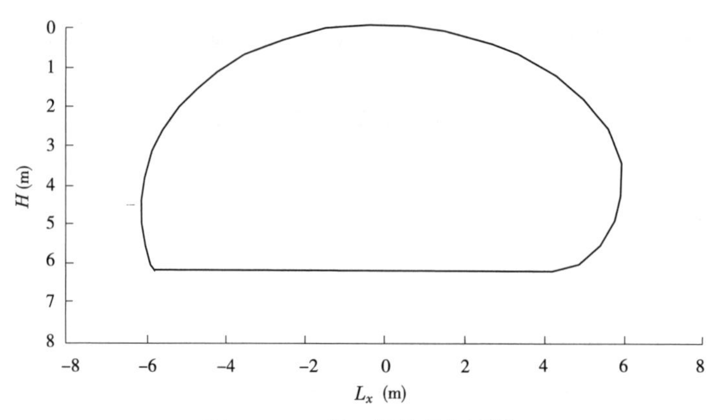

图 5-13　工况一坝袋几何形状

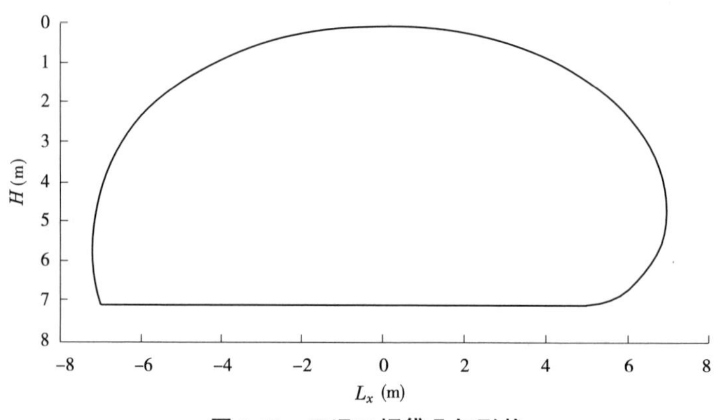

图 5-14　工况二坝袋几何形状

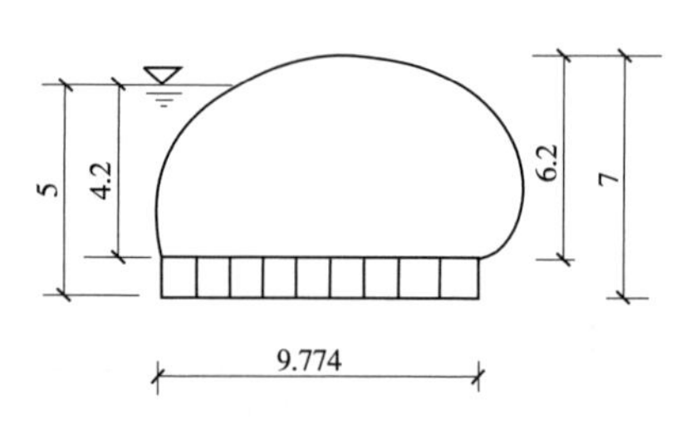

图 5-15　工况一软体坝参数示意图　(单位:m)

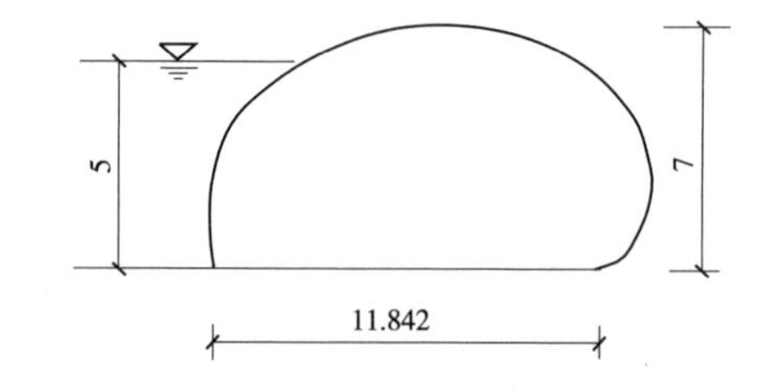

图 5-16　工况二软体坝参数示意图　(单位:m)

5.3.3　软体坝自身抗滑稳定性分析

5.3.3.1　计算方法

软体坝自身抗滑稳定性是指在不计定位桩或锚固点对坝体结构的作用力时,坝体自身抗滑稳定能力。首先针对不同的计算方法进行分析。

(1)方法一:如图 5-17 所示,以钢浮箱及与其相连的底部坝袋为研究对象,则有:

①软体坝对地基的压力

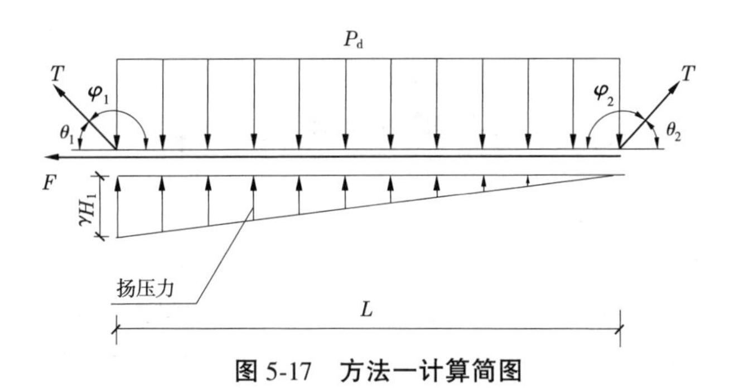

图 5-17　方法一计算简图

$$W = P(H)L - T(\sin\theta_1 + \sin\theta_2) + W_{浮} - \frac{1}{2}\gamma H_1 L \tag{5-7}$$

式中:W 为软体坝对地基的压力,t/m;L 为软体坝的接地长度,m;$P(H)$ 为坝袋底内水压力,t/m^2,$P(H)=\gamma H+p_0$;θ_1、θ_2 分别为上、下游接点处坝袋与地面的夹角;$W_{浮}$ 为钢浮箱浮重,t/m;H_1 为上游水深,m。

可以证明:

$$T(\cos\theta_2 - \cos\theta_1) = \frac{1}{2}\gamma H_1^2 \tag{5-8}$$

②安全系数

$$K = \frac{Wf}{\frac{1}{2}\gamma H_1^2} \tag{5-9}$$

式中:对于工况一,f 为钢浮箱与河床之间的摩擦系数;对于工况二,f 则为坝袋与河床之间的摩擦系数。

(2)方法二:如图 5-18 所示,以整个坝袋为研究对象,则有:

①软体坝对地基的压力

$$W = \gamma V + W_1 + W_2 - \frac{1}{2}\gamma H_1 L - \gamma L_1 H_1 \tag{5-10}$$

式中:V 为软体坝的体积;W_1、W_2 为图 5-18 中所示的水体体积;L_1 为图 5-18 所示的长度。

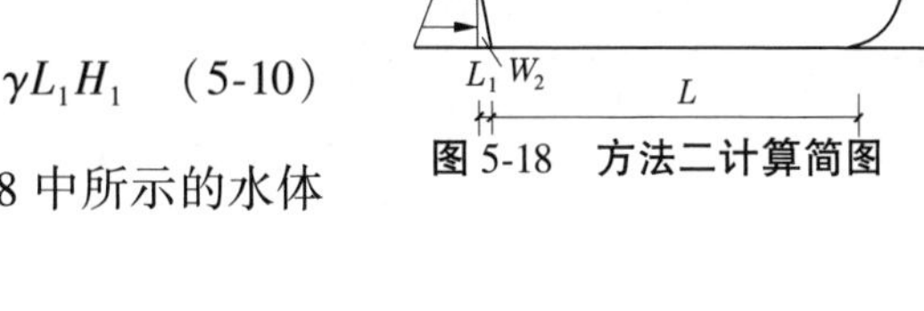

图 5-18　方法二计算简图

②抗滑稳定安全系数

$$K = \frac{Wf}{\frac{1}{2}\gamma H_1^2} \tag{5-11}$$

(3)方法比较:可证明两种方法的计算结果是一致的,但方法一简单易算,故下面采用方法一计算。

5.3.3.2　不同工况抗滑稳定系数计算

工况一、工况二结构形式和计算参数分别如图 5-15、图 5-16 所示。由式(5-7)求得钢浮箱或坝袋对河床地基的压力 W，取 f=0.3，由式(5-9)即可求出抗滑稳定系数 K。计算结果见表 5-8，两种工况下坝袋均能满足抗滑稳定要求。

表 5-8　不同工况的抗滑稳定系数

项目	工况一	工况二
$W_{浮}$(t/m)	0.25	0
接地长度 L(m)	9.774	11.842
坝袋张力 T(t/m)	14.26	17.5
摩擦系数 f	0.3	0.3
抗滑安全系数 K	2.08	2.72
抗滑稳定状况	稳定	稳定

5.3.4　钢浮箱-软体坝体系自身抗倾覆稳定性

(1)工况一：以钢浮箱与地面接触的前点为基点求各力的力矩，则倾覆力矩：

$$M_1 = [\frac{1}{6}\gamma H_{钢}^3 + \frac{1}{2}\gamma(H_1 - H_{钢})H_{钢}^2] + \frac{1}{6}\gamma H_1^2 L + T\sin\theta_1 L + T\cos\theta_2 H_{钢} \tag{5-12}$$

抗倾覆力矩：

$$M_2 = \frac{1}{2}[p(H) + W_{浮}]L^2 + T\cos\theta_1 H_{钢} \tag{5-13}$$

式中：$H_{钢}$为钢浮箱高度；其余符号含义同前。该结构的抗倾覆安全系数为：

$$K = \frac{M_2}{M_1} \tag{5-14}$$

(2)工况二：对于钢浮箱不托底方案，由于软体坝袋是柔性体，在受力后，软体坝袋在上游接地点将会抬起，产生类似滚动一样的运动，不可能稳定，因此必须在上游接地点采取固定措施，以满足稳定要求。

不同工况下抗倾覆稳定性计算结果见表 5-9。

表 5-9　计算工况的抗倾覆状况

项目	工况一	工况二
抗倾覆安全系数	2.10	
抗倾覆状况	稳定	不稳定
是否需要外力抗倾覆	否	是

5.3.5　软体坝固定点受力分析

无论钢浮箱是否托底，软体坝最后的受力都将传到其上游端的固定点处，此点的受力状态是相同的,所不同的是该力是传到钢浮箱上或其他固定位置上。

5.3.5.1　水平力

以固定点为对象取脱离体如图 5-19(仅画水平方向受力)所示,则由力的平衡条件知:

$$P_x = T_x - T\cos\theta_1 \tag{5-15}$$

式中:P_x 为软体坝所受固定点的水平力;T 为上坝袋作用在固定点上的力;T_x 为下坝袋作用在固定点上的力。

如图 5-20 所示,由于地基摩擦力 F 的存在,下坝袋的张力向上游逐渐减小,从前述抗滑稳定分析可知,摩擦力有较大的安全余度,因而在固定点处,坝袋的张力即下坝袋作用在固定点上的力 T_x 可达到 0。于是有:

$$P_x = - T\cos\theta_1 \tag{5-16}$$

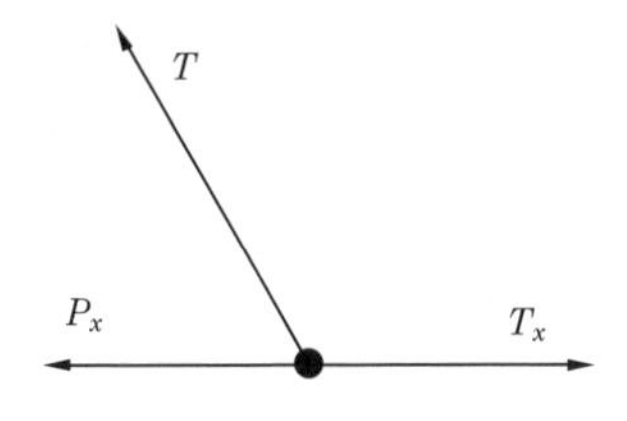

图 5-19　坝袋固定点水平力示意图

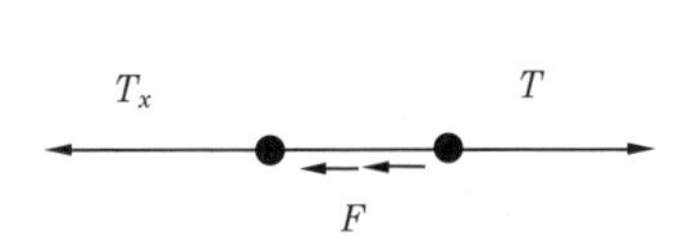

图 5-20　下坝袋受力示意图(水平向)

5.3.5.2　竖向力

取软体坝固定点如图 5-21(仅标与竖向力有关的力)所示,则:

$$P_y = T\sin\theta_1 \tag{5-17}$$

不同工况固定点受力计算结果:根据式(5-16)、式(5-17)计算成果见表 5-10。

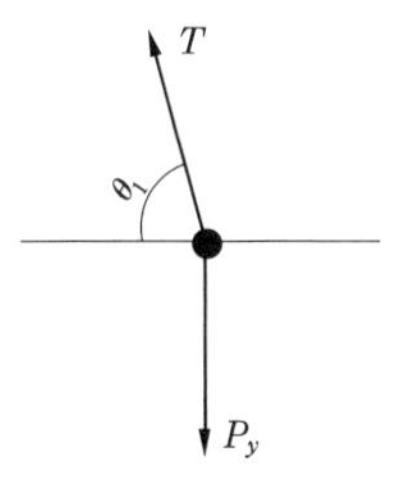

图 5-21　坝袋固定点竖向力示意图

5.3.6　软体坝袋受力分析结论

(1)在假定计算工况情况下,工况一、工况二的坝袋强度安全系数分别为 3.37、2.72,因此现有坝袋可承受该工况下的内水压力。

表 5-10　计算工况的受力状况

项目	工况一	工况二
水平力 P_x(t/m)	-2.60	-5.02
竖向力 P_y(t/m)	15.22	16.77

(2)抗滑稳定:软体坝与地面的摩擦系数 f 采用 0.3 时,工况一、工况二的抗滑安全系数分别为 2.08、2.72,均满足抗滑稳定要求。

(3)抗倾覆稳定:工况一方案的抗倾覆安全系数为 2.10,满足抗倾覆稳定要求;工况二方案(无基础软体坝方案)坝袋是柔性体,因此必须在上游接地点采取固定措施,才能满足自身稳定要求。

(4)工况一方案软体坝上游接地点所受的水平、竖直方向受力分别为 2. 60 t/m、15. 22 t/m;工况二方案软体坝上游接地点所受的水平、竖直方向的力分别为 5. 02 t/m、16. 77 t/m。

5.4 定位桩承载力与变形

5.4.1 问题的提出

由 5. 3 节对软体坝自身抗倾覆稳定性计算结果可知,当采用钢浮箱托底坝型时,坝体自身稳定性很好,不需要其他外力即可稳定,但从结构和施工方面考虑,建议适当布置一些定位桩。对于无钢浮箱托底坝型,由于自身不能稳定,必须布置定位桩以保证其稳定性。这类定位桩如果受力较大,可能会引起桩身和桩周土的破坏,必须对最不利工况下作用力进行计算分析。定位桩通过钢浮箱上预留桩孔以振动方式打入河床,起到固定软体坝袋的作用。定位桩同时受到水平拉力和上拔力作用。其承载力主要取决于河床土质和桩径,为验证桩的尺寸、数量的合理性,对其承载力和变形进行了专项试验研究。

5.4.2 单桩横向承载力静载试验

5.4.2.1 试验概况

为确定在黄河河床上打下的钢管桩在做水平计算时所需的 m 值,以便为后续软体坝定位桩的计算提供依据,1999 年进行了一次水平推桩试验。试验地点在郑州市中牟县赵口渠首闸闸后约 300 m 处的渠道内,共打下两根钢管桩,并以试验结果为依据求出了 m 值。

该试验场地的地质情况与郑州段黄河河床情况基本相同。试桩两根,均为钢管桩,桩长 6. 5 m,分为两节(4. 5+2. 0)m,入土深度 4. 5 m,桩外径 152 mm,内径 140 mm。

5.4.2.2 试验仪器设备

JCQ-502 静载荷试验仪 1 台;容栅式数显百分表 4 只;30 t 油压千斤顶 1 台;50 t 压力传感器 1 台;长 1. 3 m 传力柱 1 根。

5.4.2.3 加荷及反力系统

本试验由横置的 30 t 油压千斤顶施加水平力,通过传力柱、测力传感器、球铰传递给试桩,两根试桩相互提供反力。试验布置如图 5-22 所示。

5.4.2.4 力及位移的量测

试验过程中荷载和位移通过 50 t 压力传感器和数显式百分表测量,并由与之相连的 JCQ-502 静载荷试验仪读出。每根试桩安放两只百分表,一只安放在地表附近,用于观测桩在地面的位移,另一只安装在与之相距 500 mm 的上部。根据上下表的读数差和间距,可得到桩在地面的转角。

5.4.2.5 加载方法

本试验采用单向快速加载法,该方法按如下规定进行加卸载和位移观测:

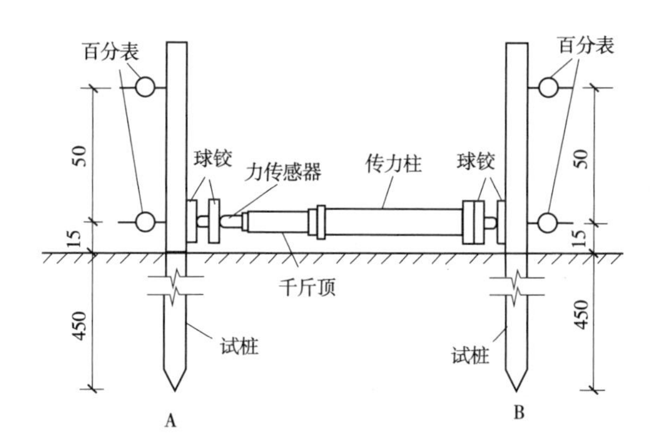

图 5-22　钢管桩水平承载力试验布置图　（单位:cm）

(1)荷载分级:取预估横向极限承载力的 1/10 作为每级荷载增量。

(2)荷载维持:每级加荷后,维持荷载 3 min 测读横向位移,然后施加下一级荷载。

(3)终止条件:当桩身折断或横向位移超过 75 mm 时,终止加荷。

5.4.2.6　试验结果

钢桩水平承载力试验结果见表 5-11、表 5-12,对应的 $H—Y$(桩水平向荷载与桩水平向位移)曲线见图 5-23、图 5-24,Y 值取上表读数。从试验曲线可以发现,在 9 kN 左右曲线出现明显拐点,此后桩顶变形和转角随荷载的增大而显著增大。

表 5-11　A 桩单桩水平承载力试验结果

序号	荷载 H(kN)	上表(mm)	下表(mm)	转角 φ(°)
0	0	0	0	0
1	5	9.74	6.39	0.38
2	10	28.19	20.58	0.87
3	15	66.90	51.56	1.56
4	20	102.66	79.73	2.63

表 5-12　B 桩单桩水平承载力试验结果

序号	荷载 H(kN)	上表(mm)	下表(mm)	转角 φ(°)
0	0	0	0	0
1	5	13.44	8.21	0.6
2	10	32.25	23.05	1.05
3	15	79.77	61.48	2.09
4	20	117.3	92.33	2.86

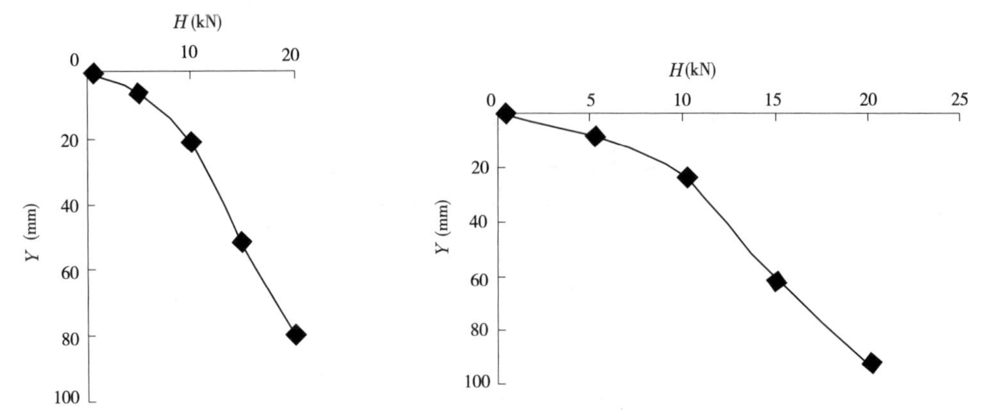

图 5-23　水平承载力试验 A 桩 H—Y 曲线　　**图 5-24　水平承载力试验 B 桩 H—Y 曲线**

5.4.3　由试验结果推求 m 值

5.4.3.1　m 法的基本原理

1. *m* 法简介

以弹性地基上梁挠曲方程 $EI\dfrac{d^4y}{dz^4}+bP=0$ 为依据,求解水平承载力的弹性长桩的地基反力系数,此法所用的地基反力由地基反力系数同桩位移的乘积来确定。在此方法中常限定桩位移并假定地基反力系数不随位移而变化,按地基反力系数沿深度的分布图式不同而形成几种不同的计算方法,都可应用于 $\alpha L>2.6$ 的弹性长桩。

地基反力系数 C_Z 一般有 4 种分布形式(见图 5-25),并可表示成通式:

$$C_Z = KZ^n \quad (n = 0、0.5、1、2) \tag{5-18}$$

式中:Z 为深度; K 为比例系数; n 为指数。当 $n=1$ 时,常用 m 来表示比例系数,即 $C_Z=mZ$,通称为 m 法。但 m 法的关键是选取合适的 m 值。下面将就 m 值如何根据试验结果进行反求做一些探讨。

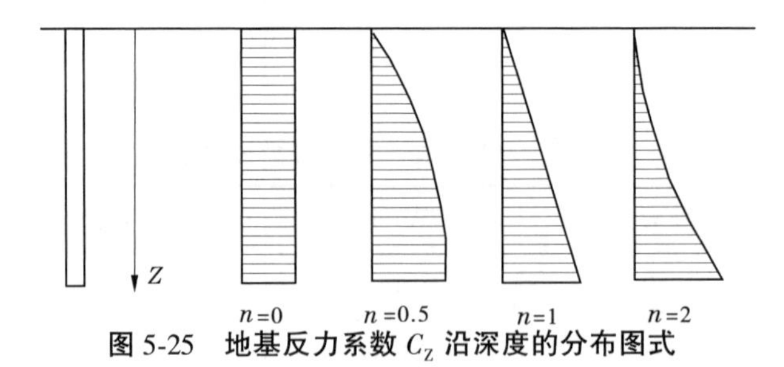

图 5-25　地基反力系数 C_Z 沿深度的分布图式

2. *m* 法的求解过程

按此法计算分析时,地基反力系数随深度按线性增大。弹性地基上梁挠曲方程为

$$EI\frac{d^4y}{dz^4} + b_pP_z = EI\frac{d^4y}{dz^4} + b_pmzy_z = 0 \tag{5-19}$$

式中:b_pP_z 为全桩宽的土压力;z 为桩入土深度;y 为桩身水平位移;b_p 为计算桩宽;P_z 为

作用在桩身的水平力。式(5-19)可写为

$$\frac{d^4y}{dz^4}+\frac{b_pm}{EI}Zy_z=\frac{d^4y}{dz^4}+\alpha^5Zy_z=0 \tag{5-20}$$

式中：α 为表示桩土变形性状的系数，量纲为长度的倒数，其值为

$$\alpha=\sqrt[5]{\frac{mb_p}{EI}} \tag{5-21}$$

对于桩头有水平力 H_0 和力矩 M_0 共同作用的完全埋置弹性长桩，可由式(5-20)推求并解得变位及受力分布。

位移：

$$y_z=y_0A_1+\frac{\varphi_0}{\alpha}B_1+\frac{M_0}{\alpha^2EI}C_1+\frac{H_0}{\alpha^3EI}D_1 \tag{5-22}$$

转角：

$$\varphi_z=\alpha y_0A_2+\varphi_0B_2+\frac{M_0}{\alpha EI}C_2+\frac{H_0}{\alpha^2EI}D_2 \tag{5-23}$$

弯矩：

$$M_z=\alpha^2EI(y_0A_3-\frac{\varphi_0}{\alpha}B_3+\frac{M_0}{\alpha^2EI}C_3+\frac{H_0}{\alpha^3EI}D_3) \tag{5-24}$$

剪力：

$$Q_z=\alpha^3EI(y_0A_4-\frac{\varphi_0}{\alpha}B_4+\frac{M_0}{\alpha^2EI}C_4+\frac{H_0}{\alpha^3EI}D_4) \tag{5-25}$$

土压力：

$$\sigma_z=\frac{m}{\alpha}\bar{Z}(y_0A_1-\frac{\varphi_0}{\alpha}B_1+\frac{M_0}{\alpha^2EI}C_1+\frac{H_0}{\alpha^3EI}D_1) \tag{5-26}$$

式中：y_0、φ_0 分别为桩在地面处的水平位移和转角；A、B、C、D 各值为弹性长桩按 m 法计算所用的无量纲系数(可从有关文献查得)。

式(5-22)~式(5-26)中的地面处水平位移 y_0 和转角 φ_0 可分别由式(5-27)、式(5-28)求得：

$$y_0=H_0\delta_{HH}+M_0\delta_{HM} \tag{5-27}$$

$$\varphi_0=H_0\delta_{MH}+M_0\delta_{MM} \tag{5-28}$$

式中：δ_{HH} 为由 $H_0=1$ 所引起的桩截面水平位移，m/t 或 m/kN；δ_{HM} 为由 $M_0=1$ 所引起的桩截面水平位移，1/t 或 1/kN；δ_{MH} 为由 $H_0=1$ 所引起的桩截面转角，1/t 或 1/kN；δ_{MM} 为由 $M_0=1$ 所引起的桩截面转角，1/(t · m)或 1/(kN · m)；参见图 5-26。

顶端自由的桩，当桩底支承于非岩石类土上，且 $\alpha\geqslant2.5$ 时可得到：

$$\delta_{HH}=\frac{1}{\alpha^3EI}\left[\frac{(B_3D_4-B_4D_3)+k_h(B_2D_4-B_4D_2)}{(A_3B_4-A_4B_3)+k_h(A_2B_4-A_4B_2)}\right]=\frac{1}{\alpha^3EI}A_0$$

$$\delta_{HM}=\delta_{MH}=\frac{1}{\alpha^2EI}\left[\frac{(A_3D_4-A_4D_3)+k_h(A_2C_4-A_4C_2)}{(A_3B_4-A_4B_3)+k_h(A_2B_4-A_4B_2)}\right]=\frac{1}{\alpha^2EI}B_0$$

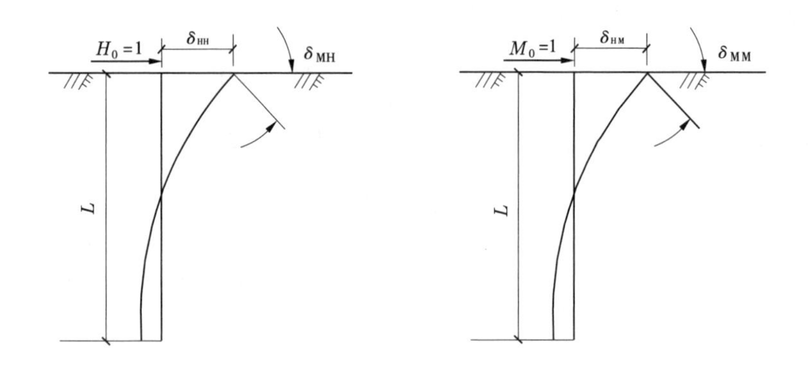

图 5-26 单位力和单位弯矩作用时的桩截面变位

$$\delta_{MM}=\frac{1}{\alpha EI}\left[\frac{(A_3C_4-A_4C_3)+k_h(A_2C_4-A_4C_2)}{(A_3B_4-A_4B_3)+k_h(A_2B_4-A_4B_2)}\right]=\frac{1}{\alpha EI}C_0$$

式中：$A_0=\dfrac{B_3D_4-B_4D_3}{A_3B_4-A_4B_3}$，$B_0=\dfrac{A_3D_4-A_4D_3}{A_3B_4-A_4B_3}$，$C_0=\dfrac{A_3C_4-A_4C_3}{A_3B_4-A_4B_3}$，$A_0$、$B_0$、$C_0$ 值可查阅相关资料获得；k_h 为地基系数。

5.4.3.2 **利用试验结果反推 m 值**

当桩身尺寸及 b_p、E、I 和入土深度已知时，对于给定的 m 值，由式(5-21)可求得 α，进而求得换算深度 $\overline{Z}=\alpha Z$，由 $\overline{Z}$ 和查相关资料所得 A_0、B_0、C_0 可求出 δ_{HH}、δ_{HM}、δ_{MH}、δ_{MM}，进而求得 y_0、φ_0。在求 m 值时，可先假定一系列的 m 值，得到一系列的 y_0，当求得的 y_0 和试验得到的 y_0 相符时，对应的 m 值即可认为是实际 m 值。由于工作量较大，整个过程可编制程序求解。求解 m 流程图见图 5-27。

试验结果显示，在 9 kN 以下时，荷载—变位曲线基本为直线，可以认为桩土体系未发生破坏，因此求 m 时，以 5 kN 时对应的试验位移值反求 m，得到 $m=5.67\times10^{-4}\ kg/cm^4=56.7\ t/m^4$。

5.4.4 单桩抗拔试验

5.4.4.1 **试验概况**

在软体坝的下沉和挡水过程中，定位桩不但承受着坝体传递的水平力，还要承受坝袋产生的上拔力。而定位桩所能承受的极限抗拔力与桩侧极限摩阻力值和入土深度等因素有关。为了得到抗拔力计算所需的桩侧摩阻力值，对钢管定位桩进行抗拔力静载试验。

试验地点同样在郑州市中牟县赵口渠首闸闸后约 300 m 的渠道内，抗拔力试桩两根。试验过程为了模拟实战演习时的实际情况，采用快速加荷方案。

5.4.4.2 **试验仪器及设备**

本次试验所用主要仪器设备如下：

JCQ-502 静力载荷试验仪 1 台；容栅式数显百分表 4 只；30 t 油压千斤顶 2 台；2.4 m 工字梁 2 根；50 t 压力传感器；3 t 拉压传感器。

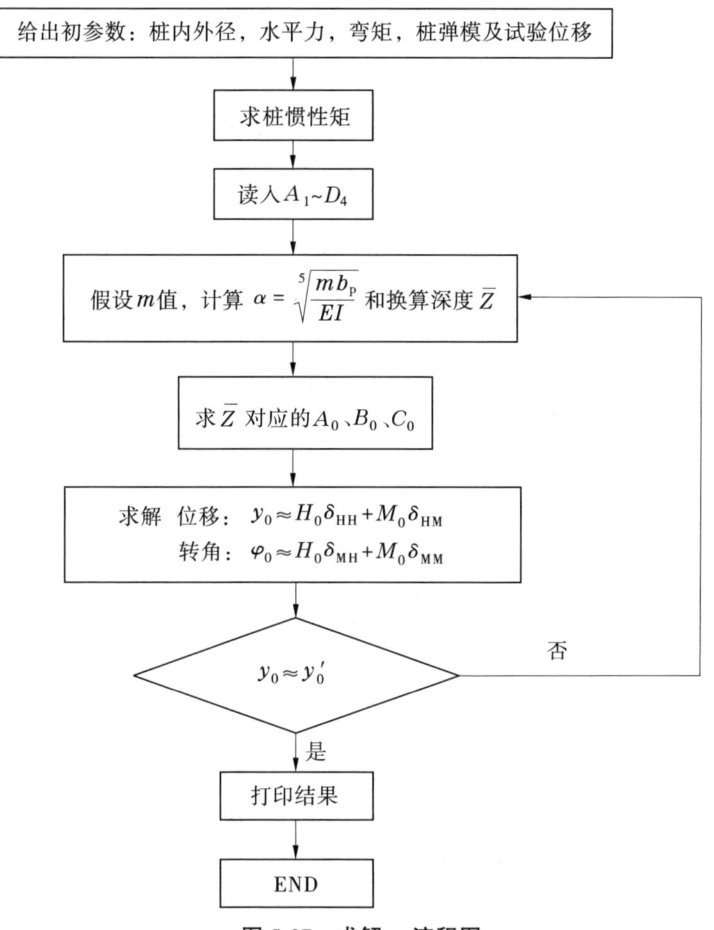

图 5-27　**求解 m 流程图**

5.4.4.3　钢管桩抗拔力试验步骤

1. 钢管桩形式和尺寸

本次试验的钢管桩为摩擦桩，外径 $D=152$ mm，入土深度 4.5 m，有效长度 4.0 m，用打桩机械打入土中。为模拟实际演习时钢管桩受力情况，在桩打入 1 h 左右开始试验，1# 桩间歇 1.5 h、2# 桩间歇 1 h。

2. 试验加荷装置

加荷系统由两台 30 t 千斤顶组成。反力系统由两根工字钢组成的反力梁和两个底面积为 0.5 m×0.5 m 的砖砌支墩构成。两支墩中心间距 2.1 m，高 1.0 m，支墩布置见图 5-28。

3. 试验加荷方式及变形观测

本次试验加荷采用快速加荷试验法。荷载共分 10 级，每级为预估极限荷载的 1/10。根据近似地质资料预估破坏荷载为 15 kN，每级加荷 1.5 kN。试桩上拔变形在每级加荷完毕并持荷 3 min 后测读一次，然后进行下一级加荷：

4. 终止加载条件

当出现下列情况之一时，可终止加荷：

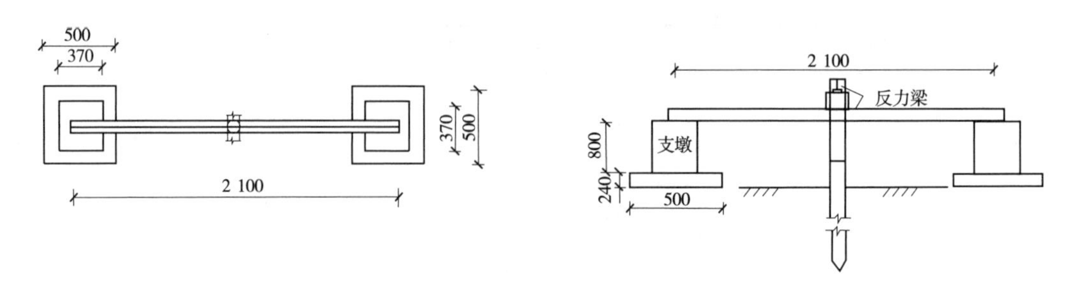

图 5-28　钢管桩抗拔力检测试验布置图　（单位：mm）

(1)某级荷载作用下，桩顶变形量为前一级荷载作用下的 5 倍；

(2)累计上拔量超过 200 mm；

(3)桩周土出现明显的隆起或裂缝；

(4)加压荷载明显降低。

5. 试验结果处理

本次试验结果表明，在当时试验条件下，抗拔力试验 1#桩、2#桩极限承载力均为 15 kN。抗拔桩极限承载力公式如下：

$$F_v = \zeta \pi D \sum f_i l_i \tag{5-29}$$

式中：F_v 为抗拔桩极限承载力；ζ 为折减系数，取 0. 8；D 为桩径；f_i 为第 i 层土的桩侧极限摩阻力；l_i 为桩身穿过第 i 层土的长度，本次试验地点表层土质条件差别不大，近似视为一层。

求得桩侧极限摩阻力 f=9. 82 kPa。对于 f 值的选取，规范规定在淤泥中混凝土打入桩的桩侧极限摩阻力取值范围为 5～15 kPa。考虑到土质和桩材的不同，这里以试验结果为准，下面计算中的 f 值均取 9. 82 kPa。

5. 4. 5　定位桩受力变形分析

5. 4. 5. 1　定位桩的受力变形分析

如图 5-29 所示，浮箱坝袋的挡水过程及桩受力变化大体可分为：

(1)水上定位。浮箱、坝袋入水，定位桩将浮箱固定在预定坝轴线上。此时定位桩仅受动水压力，但力作用点较高、弯矩较大。浮箱下沉，桩受动水压力，力作用点下降。

(2)浮箱沉至河床，坝袋充水。力作用点已降至最低，当坝完全充起时作用力达到最大。

5. 4. 5. 2　水平向受力计算

根据上述分析，对各阶段定位桩所受外力计算如下。

1. 动水压力

坝体在充水过程中的动水压力可由下式计算得到：

$$P_d = \gamma B \frac{v^2}{2g} \tag{5-30}$$

式中：B 为水流对挡水物的作用面积，取 0. 8 m^2；v 为水流流速，m/s，流速分布图式近似取图 5-30 模式；γ 为水的容重，取 9. 8 kN/m^3；g 为重力加速度，取 9. 8 m/s^2。

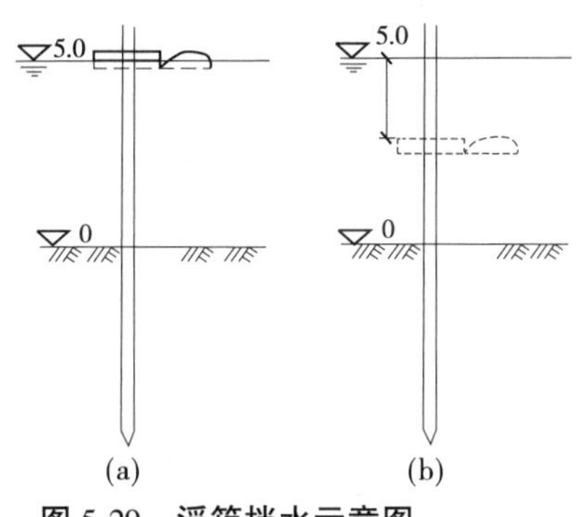

图 5-29　浮箱挡水示意图

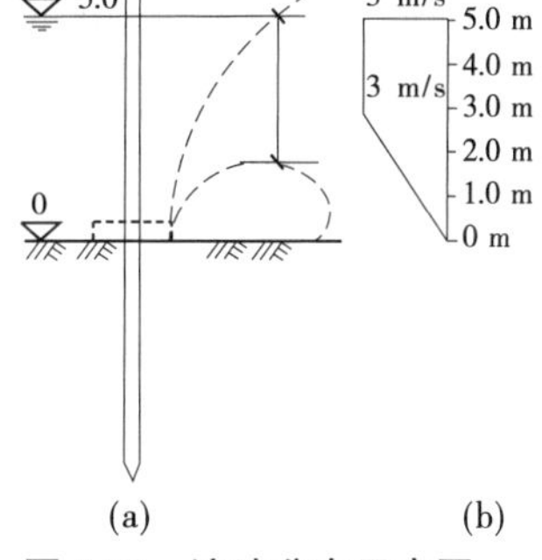

图 5-30　流速分布示意图

2. 静水压力

坝体静水压力由下式计算：

$$P_{\mathrm{j}}=\frac{1}{2}\gamma H^{2}b \tag{5-31}$$

式中：H 为挡水高度，m；b 为计算宽度，取 1 m。

3. 摩擦力

在软体坝完全充起后，软体坝围堰有向下滑动趋势而产生摩擦力。摩擦力计算根据 $F=Wf$ 来求（W 为坝袋与浮箱总重量；f 为摩擦系数，取 0.3）。

当坝完全充起时，坝袋重 86.76 t/m，浮箱取 0.22 t/m（扣除浮力作用），则最大能够提供的摩擦力为 $F=26.09$ t/m。

5.4.5.3　工况选择

在坝体入水、充水、挡水的过程中，选取几个典型工况得到定位桩可能的受力参数如表 5-13 所示。

从工况组合情况可以发现工况二为最不利工况，在此工况下求得不同桩型在地面位置的水平位移和转角如表 5-14 所示。

表 5-13　定位桩在不同工况下受力参数

工况	浮箱入水深度 l_1(m)	坝袋有效挡水高度 l_2(m)	动水压力 P_{d}(N)	静水压力 P_{j}(N)	摩擦力 F(N)	$P=P_{\mathrm{d}}+P_{\mathrm{j}}-F$
工况一	0	0	788			788
工况二	1	0	3 600			3 600
工况三	2	0	2 725			2 725
工况四	3	0	1 045			1 045
工况五	4	0	165			165
工况六	4.2	4.2	0	122 500	122 500	0

表 5-14　工况二下不同桩型在水平力作用下的变形计算结果

外径(mm)	内径(mm)	有效截面面积(mm^2)	桩入土深度(m)	桩在地面位置的位移(cm)	桩在地面位置的转角(rad)
152	143	2 085.23	4.35	11.5	0.057 856
			4.69	10.5	0.053 812
			5.02	9.8	0.051 289
			5.86	9.2	0.049 173
			6.70	9.0	0.048 864
	142	2 309.07	4.44	10.9	0.053 936
			4.78	10.0	0.050 160
			5.12	9.4	0.047 804
			5.97	8.7	0.045 825
			6.83	8.6	0.045 536
168	158	2 560.4	4.63	8.9	0.041 839
			4.98	8.1	0.038 900
			5.34	7.6	0.037 065
			6.23	7.1	0.035 519
			7.12	7.0	0.035 293
	156	3 053.63	4.78	8.2	0.037 096
			5.15	7.5	0.034 484
			5.52	7.0	0.032 850
			6.44	6.5	0.031 473
			7.36	6.4	0.031 271
194	184	2 968.8	4.91	6.6	0.029 094
			5.29	6.0	0.027 040
			5.67	5.7	0.025 756
			6.62	5.3	0.024 671
			7.56	5.2	0.024 511
	182	3 543.7	5.08	6.1	0.025 762
			5.47	5.6	0.023 938
			5.86	5.2	0.022 797
			6.84	4.8	0.021 831
			7.82	4.7	0.021 688

续表 5-14

外径(mm)	内径(mm)	有效截面面积(mm^2)	桩入土深度(m)	桩在地面位置的位移(cm)	桩在地面位置的转角(rad)
200	190	3 063.05	4.98	6.2	0.026 948
			5.36	5.7	0.025 043
			5.74	5.3	0.023 852
			6.70	4.9	0.022 845
			7.66	4.9	0.022 697
203	191	3 713.36	5.18	5.5	0.022 976
			5.58	5.1	0.021 347
			5.97	4.7	0.020 327
			6.97	4.4	0.019 464
			7.97	4.3	0.019 335
219	207	4 014.96	5.34	4.7	0.018 982
			5.76	4.3	0.017 633
			6.17	4.0	0.016 787
			7.19	3.8	0.016 070
			8.22	3.7	0.015 963
	206	4 339.32	5.42	4.6	0.018 000
			5.84	4.2	0.016 719
			6.26	3.9	0.015 916
			7.3	3.6	0.015 234
			8.34	3.6	0.015 133
245	232	4 870.25	5.68	3.6	0.013 581
			6.12	3.3	0.012 611
			6.56	3.1	0.012 002
			7.65	2.9	0.011 484
			8.74	2.8	0.011 406
	231	5 233.89	5.76	3.5	0.012 930
			6.2	3.2	0.012 005
			6.65	3.0	0.011 424
			7.75	2.8	0.010 930
			8.86	2.7	0.010 856

续表 5-14

外径(mm)	内径(mm)	有效截面面积(mm^2)	桩入土深度(m)	桩在地面位置的位移(cm)	桩在地面位置的转角(rad)
273	260	5 442.02	5.94	2.9	0.010 362
			6.4	2.7	0.009 619
			6.86	2.5	0.009 152
			8.0	2.3	0.008 754
			9.14	2.3	0.008 694
	259	5 849.65	6.03	2.8	0.009 862
			6.49	2.6	0.009 154
			6.95	2.4	0.008 709
			8.11	2.2	0.008 329
			9.27	2.2	0.008 272
299	284	6 868.31	6.34	2.3	0.007 508
			6.83	2.1	0.006 966
			7.31	1.9	0.006 625
			8.53	1.8	0.006 334
			9.75	1.8	0.006 290
	283	7 313.63	6.41	2.2	0.007 194
			6.91	2.0	0.006 667
			7.4	1.9	0.006 347
			8.63	1.7	0.006 068
			9.87	1.7	0.006 025
325	310	7 480.92	6.56	1.9	0.006 101
			7.07	1.7	0.005 660
			7.57	1.6	0.005 382
			8.83	1.5	0.005 144
			10.09	1.5	0.005 108
	309	7 967.08	6.64	1.8	0.005 845
			7.15	1.7	0.005 422
			7.66	1.6	0.005 155
			8.94	1.5	0.004 927
			10.22	1.4	0.004 892

续表 5-14

外径(mm)	内径(mm)	有效截面面积(mm^2)	桩入土深度(m)	桩在地面位置的位移(cm)	桩在地面位置的转角(rad)
351	335	8 620.53	6.86	1.6	0.004 829
			7.38	1.4	0.004 448
			7.91	1.4	0.004 426
			9.23	1.3	0.004 067
			10.55	1.2	0.004 038
	334	9 145.96	6.93	1.5	0.004 638
			7.47	1.4	0.004 301
			8.00	1.3	0.004 089
			9.33	1.2	0.003 906
			10.67	1.2	0.003 878
377	359	10 404.95	7.22	1.3	0.003 742
			7.77	1.2	0.003 469
			8.33	1.1	0.003 296
			9.72	1.0	0.003 148
			11.1	1.0	0.003 125
	358	10 968.08	7.29	1.3	0.003 611
			7.85	1.2	0.003 347
			8.41	1.1	0.003 181
			9.81	1.0	0.003 037
			11.22	1.0	0.003 015
402	384	11 111.81	7.41	1.1	0.003 192
			7.98	1.0	0.002 959
			8.55	1.0	0.002 812
			9.98	0.9	0.002 685
			11.4	0.9	0.002 665
	383	11 714.21	7.49	1.1	0.003 080
			8.06	1.0	0.002 855
			8.64	1.0	0.002 712
			10.08	0.9	0.002 590
			11.52	0.9	0.002 571

续表 5-14

外径（mm）	内径（mm）	有效截面面积（mm^2）	桩入土深度（m）	桩在地面位置的位移(cm)	桩在地面位置的转角(rad)
450	432	12 468.98	7.77	0.9	0.024 180
			8.36	0.8	0.002 240
			8.96	0.8	0.002 128
			10.45	0.7	0.002 031
			11.95	0.7	0.002 016
	461	13 146.78	7.84	0.9	0.002 332
			8.45	0.8	0.002 161
			9.05	0.8	0.002 053
			10.56	0.7	0.001 959
			12.07	0.7	0.001 944

从上述计算结果看，在浮箱和坝袋下沉的过程中由于动水压力的作用，桩在地面处水平向有一定位移，但坝袋下沉为一动态过程，本计算按静力状态进行处理，结果偏于保守，可选择 ϕ219×6 钢管桩作为钢浮箱-坝袋定位之用。

5.4.5.4　竖向力计算

根据 5.3.6 中计算结果知道当坝袋完全充起后定位桩受到的竖向力最大 $P_y=16.77$ t/m=164.3 kN/m，为了满足抗拔要求，需要对不同的桩型和入土深度进行比较，所以竖向力是控制桩型的主要因素。

计算时桩的竖向抗拔极限承载力由式(5-29)求得：

$$F_V=\zeta\pi D\sum f_i l_i$$

式中：F_V 为抗拔桩竖向抗拔极限承载力；ζ 为折减系数，取 0.8；D 为桩径；f_i 为第 i 层土的桩侧极限摩阻力，根据试验结果，按均质土层考虑，求得 f=9.82 kPa；l_i 为桩身穿过第 i 层土的长度。

由所需提供的竖向力和式(5-29)得到不同桩径所需的入土深度见表 5-15。从表 5-15 的结果来看，要想满足坝袋的上拔力，所需桩的入土深度较大，所以必须采取措施，如在坝袋和浮箱内充泥浆及在浮箱上抛土袋来增加软体坝自身的有效重量，或者使用锚桩等各种方法来抵消坝袋引起的部分上拔力，从而减小定位桩的入土深度。这里以桩径为 200 mm 的桩为例，求得其不同入土深度所能提供的极限承载力如表 5-16 所示，这也从一个侧面反映了入土深度对桩极限承载力的影响。由于坝体对桩的上拔力影响较大，所以桩身抗拔强度也需进行校核。对于普通钢管取其抗拉强度为 210 MPa，根据 164.3 kN 的竖向抗拔力（以 1 m 单宽计算）可反求得定位桩所需最小有效截面面积为 782.4 mm^2。从表 5-15 可知，备选桩型有效截面均满足要求。

表 5-15　各类桩型最小入土深度计算表

桩径(mm)	入土深度(m)	桩径(mm)	入土深度(m)
152	43.80	273	24.38
168	39.62	299	22.26
194	34.31	325	20.48
200	33.28	351	18.97
203	32.79	377	17.66
219	30.40	402	19.56
245	27.17	450	14.79

表 5-16　桩径为 200 mm 的桩不同入土深度所能提供的极限承载力

入土深度(m)	承载力(kN)	入土深度(m)	承载力(kN)	入土深度(m)	承载力(kN)
1	4.94	13	64.16	25	123.40
2	9.87	14	69.10	26	128.34
3	14.81	15	74.04	27	133.27
4	19.74	16	78.98	28	138.21
5	24.68	17	83.91	29	143.15
6	29.62	18	88.85	30	148.08
7	34.55	19	93.79	31	153.02
8	39.49	20	98.72	32	157.95
9	44.42	21	103.66	33	162.89
10	49.36	22	108.59	34	167.83
11	54.3	23	113.53	35	172.76
12	59.23	24	118.47	36	177.70

5.4.6　关于定位桩结论

(1)根据单桩横向承载力静载试验的结果,以 5 kN 时对应的试验位移值求得 m 值为 56.7 t/m^4。

(2)根据单桩竖向抗拔力静载试验的结果,得到钢管桩侧极限侧摩阻力为 9.82 kPa,因桩入土深度仅 4.5 m,所得结果偏小。

(3)在定位桩受力变形分析中,根据不同工况对桩所受的水平力(动水压力、静水压力、摩擦力)、竖向力进行了计算,分析不同桩型及入土深度间的关系。从分析结果来看,选用ϕ 219×7 桩可满足下沉要求。由于桩侧极限摩阻力较低,为满足软体坝所需的抗拔力,如果不采取其他措施,则需增加桩的入土深度或者增大桩径,这对于堵口现场的要求来说是不现实的,因此建议增加配重或采取其他措施增加桩的极限抗拔力以减小桩的入土深度。

(4)关于定位桩的选型,建议在综合考虑浮箱尺寸、桩头形式、是否增加配重及其他优化措施后再作决定。

5.5 充气式软体排护底防冲技术

5.5.1 问题的提出

总结历代堵口成功的经验和失败的教训,无论用平堵、立堵或混合堵的方法堵口,失败原因归结起来均与河床过度冲刷直接相关。因此,现代堵口无论采用何种方法堵口,只要是易冲的土质河底均应采取护底防冲措施。特别是用软体坝围堰堵口,由于其坝高有限,现场又无法加高,更应做好护底防冲工程,此为软体坝堵口成败的关键。本节着重介绍充气式软体排护底防冲方案结构设计及其水工模型试验情况。

5.5.2 充气式软体排护底防冲方案

用土工合成材料软体排护底防冲在长江口深水航道整治和钱塘江堤防防冲工程中得到应用,但是上述工程施工条件较好,如施工水域宽阔,水流流速小于 1.2 m/s,施工船舶吨位较大,并配备了大型滚筒(土工布缠绕其上)。显然堵口时由于水流湍急,无法利用这种方法,特别是黄河,水浅流急,更是无法采用。为解决河底防冲问题,经多种方案比较,提出了充气式土工合成材料软体排方案。

如图 5-31 所示,软体排由上、下两层管袋构成,上层管袋作填充压重材料之用,下层管袋充气。其产生的浮力,能承受填充压重材料后软体排全部重量和少量施工人员及所携带小工具的重量。上、下层管袋轴线相互垂直布置,在充气和填充压重材料之后,可使软体排有一定刚度,状如筏子。使用时,在水浅流缓处先将下管袋充气,使整个软体排展开并飘浮于水面,土工布充气后挺直,阻水面小,因此受水流作用力也小。然后向上层管袋填充压重材料,待压重材料充够后,整个浮式的软体排形成。

考虑到软体排浮运和在水流中固定位置的需要,用夹板夹持软体排周边,这样可使土工布充分发挥自身强度避免拉坏软体排。此法与固定橡胶坝的原理相同,技术上是成熟的。当软体排固定好位置后,可有控制地排放下管袋中的空气,使排体平稳下沉,起到护底防冲的作用。

土工布软体排具有重量轻、强度高、便于运输,并可以就地取泥沙灌入排体内作为压重,施工方便快捷等优点。可望在堵口坝底设置软体排,作为防止河底冲刷的措施。为实现上述构想,还需考虑下列问题:

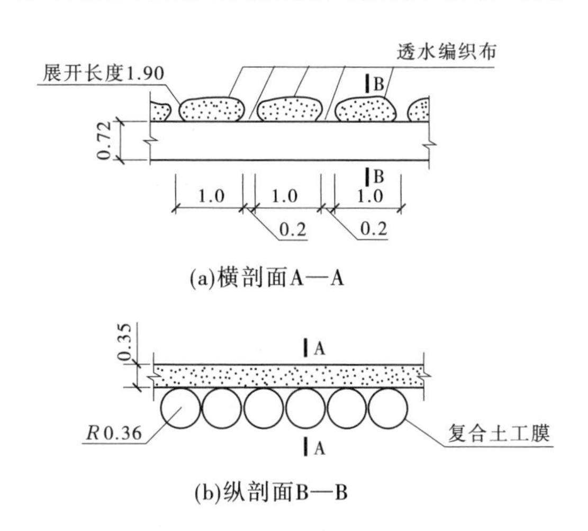

图5-31　充气式土工布软体排断面图　(单位:m)

(1)软体排的材料,上管袋可由普通土工织物制成,需要满足不冒砂而透水;下管袋由不透气的土工膜制成;中间层材料同上管袋材料。

(2)为方便充排气,可在下管袋适当位置安装气门,为方便放气,并避免憋气,可在一个管袋上设多个放气口。

(3)为方便向上管袋填充压重材料,可在管袋上设多个进料口。

(4)固定软体排所用夹板,用钢木组合材料为宜。安装夹板多系水上作业,若选用合适材料制作夹板,使之能在水上浮起,则可方便安装;以木料接触土工布还可增大摩阻力。同时夹板上应设环扣,方便拖船拖运,在锚固定位时也便于系缆绳。

(5)软体排的尺度,以拖船的能力为限度,尽量做大。质量大时,浮运和定位时稳定性好。

(6)对软体排进行受力分析,如果布料强度不足,可在软体排上设置筋绳,以加强之。

5.5.3　充气式软体排受力分析计算

5.5.3.1　沉排承载力及抗浮稳定计算

1. 工况

流速 $v=3.0$ m/s,水深 $H=5.0$ m,充填泥浆的含沙量 $S=1\ 300$ kg/m^3(泥浆容重 $\gamma_s=18.13$ kN/m^3),河水容重 $\gamma_w=9.80$ kN/m^3。

2. 沉排承载力

在沉排长度方向布设了 n 个充气管,沉排长度则为 nd。单位宽度沉排的压重 $W=nd\delta\gamma_s$。如果沉排的设计标准为充沙管袋浮在水面上,充气管袋淹没水中,土工合成材料的重量不考虑,此时,沉排所受的浮力为 $n\pi\left(\frac{d}{2}\right)^2\gamma_w$,且有关系式:

$$n\pi\left(\frac{d}{2}\right)^2\gamma_w = nd\delta\gamma_s \tag{5-32}$$

即

$$d = \frac{4}{\pi}\delta\left(\frac{\gamma_s}{\gamma_w}\right)$$

$$= \frac{4}{\pi} \times 0.30 \times \left(\frac{18.13}{9.80}\right) = 0.71(\mathrm{m})$$

在设计中取 $d=0.72$ m,可以使沉排浮于水面。同理,通过计算得知,下层也可以布设充气的 Ω 形长管袋,底部长度 1 m,上部的展开长度 2.20 m,管间不留间隙,等效充气厚度为 0.56 m,即可满足承载要求。

3. 抗浮稳定计算

沉排的浮压重(有效压重):

$$G = \delta(\gamma_s - \gamma_w) = 0.30 \times (18.13 - 9.80) = 2.50(\mathrm{kN/m^2})$$

根据南京水利科学研究院、河海大学等单位水工模型试验结果,水流流速 1.5~2.0 m/s,有效稳定压重不小于 0.5 kN/m²;水流流速 2.0~2.5 m/s,有效稳定压重不小于 1 kN/m²;当流速大于 3.0 m/s,有效稳定压重应大于 1 kN/m²。《水利水电工程土工合成材料应用技术规范》(SL/T 225—1998)还给出了流态、流速与稳定压重的关系曲线,在流速 $v=3.0$ m/s 时,压重 0.5 kN/m² 即可。因此,设计的沉排已满足抗浮稳定要求。

5.5.3.2　护底沉排下沉时受力分析计算

(1)沉排平面平行于水面下沉。

此时沉排在水平方向受动水压力作用,下沉伊始,在垂直方向主要是重力作用。沉排质量 M 和浮重 W_f 可分别表示成

$$M = \delta BL\gamma_s/g \tag{5-33}$$

$$W_f = \delta BL(\gamma_s - \gamma_w) \tag{5-34}$$

式中:B 为沉排宽度; L 为沉排长度;g 为重力加速度;其余符号意义同前。由此得下沉瞬时垂向加速度 a_y:

$$a_y = \frac{W_f}{M} = \frac{\gamma_s - \gamma_w}{\gamma_s}g = \frac{18.13 - 9.80}{18.13} \times 9.80 = 4.50(\mathrm{m/s^2})$$

在水平方向,沉排所受的动水压力即推力 F:

$$F = \frac{c}{2g}\gamma_w\delta Bv^2 \quad (\mathrm{kN})$$

式中:v 为水流速度; c 为动水压力系数;其余符号意义同上。

沉排开始下沉瞬时,垂直方向加速度 a_y 与水平方向加速度 a_x 的比值等于沉排在这两个方向受力的比值,即:

$$\frac{a_y}{a_x} = \frac{W_f}{F} = \frac{2g\delta BL(\gamma_s - \gamma_w)}{c\gamma_w\delta Bv^2} = \frac{2gL(\gamma_s - \gamma_w)}{c\gamma_w v^2}$$

若取 $L=70$ m,$c=1.0$,$v=3.0$ m/s,比值为

$$\frac{a_y}{a_x} = \frac{2 \times 9.80 \times 70 \times (18.13 - 9.807)}{9.80 \times 3^2} = 130$$

上面的分析计算中未考虑排体下沉时所受的阻力,因此只是下沉初始情况,随着排体下沉,阻力将会增大,下沉加速度减少。

(2)沉排与水平面呈倾角铺放时受力分析。

①为计算沉排铺放时的受力大小,比较合理的做法是将其概化为理想不可压缩流体

动力学的平面无旋运动——有环量的平板绕流，流场如图5-32所示。

根据茹可夫斯基-恰布雷金合力定理和恰布雷金力矩定理，压力合力为升力 P：

$$P = \pi\rho_w |v|^2 L\sin\theta \tag{5-35}$$

式中：ρ_w 为水流密度；$|v|$ 为水流速度绝对值；L 为平板长度；θ 为水流方向与平板的交角，称为攻角。

压力中心定义为压力合力作用线与平板的交点。平板绕流的压力中心位置在离前缘1/4板长处，其位置与来流速度无关，也与攻角无关。

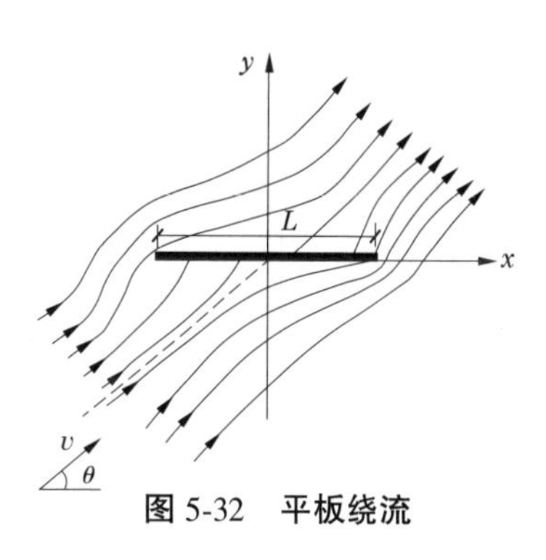

图5-32　平板绕流

②下倾沉排受力状况（排长 L=70 m）。

下倾沉排主要受压重和升力作用（见图5-33），压重合力的作用线通过平板中心，其值为

$$G = \delta L(\gamma_s - \gamma_w) = 0.30 \times 70 \times (18.13 - 9.80) = 174.93(\text{kN/m})$$

升力 P 方向朝下，大小为

$$P = \pi\rho_w |v|^2 L\sin\theta = \pi \times 1\,000 \times 3^2 \times 70 \times \sin\theta = 1\,979 \times 10^3 \sin\theta(\text{N/m})$$

升力在水平方向分力 P_1 和垂直方向分力 P_2 分别为

$$P_1 = P\sin\theta$$
$$P_2 = P\cos\theta$$

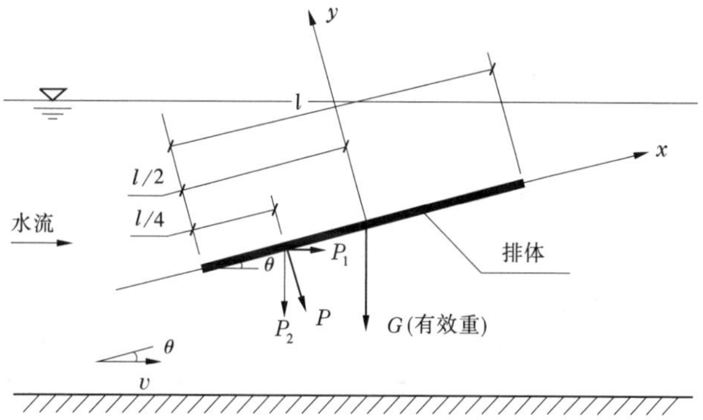

图5-33　下倾沉排受力图

将排体后缘上表面沉入水中的时刻定为初始时刻，若此时前缘入水深度为 D，不同值的受力计算结果如表5-17所示。

从表5-17可见，按平板绕流计算时，水平方向与垂直方向分力之比，即两个方向加速度比值很小。与沉排水平下沉时的 a_x/a_y 相比可知，下倾沉排下沉时水平方向与垂直方向加速度比值远小于沉排水平下沉时的比值。

③上倾沉排受力状况（排长 L=70 m）。

表 5-17　初始时刻前缘不同入水深度时下倾沉排受力计算结果

D(m)	0.2	0.5	1.0	5.0
$\sin\theta$	0.005 0	0.012 5	0.025 0	0.125 0
P(kN/m)	9.91	24.74	49.49	247.42
P_1(kN/m)	0.05	0.31	1.24	30.93
P_2(kN/m)	9.91	24.75	49.47	245.48
G(kN/m)	174.93	174.93	174.93	174.93
$P_1/(P_2+G)$	2.7×10^{-4}	1.6×10^{-3}	5.5×10^{-3}	0.07

此时压重的合力 G 仍为 174.93 kN/m，升力方向朝上（见图 5-34），大小仍为

$$P=1\ 979\times10^{3}\sin\theta \quad (\text{N/m})$$

升力在两个方向上的分力 P_1、P_2 分别为

$$P_1=P\sin\theta$$

$$P_2=P\cos\theta$$

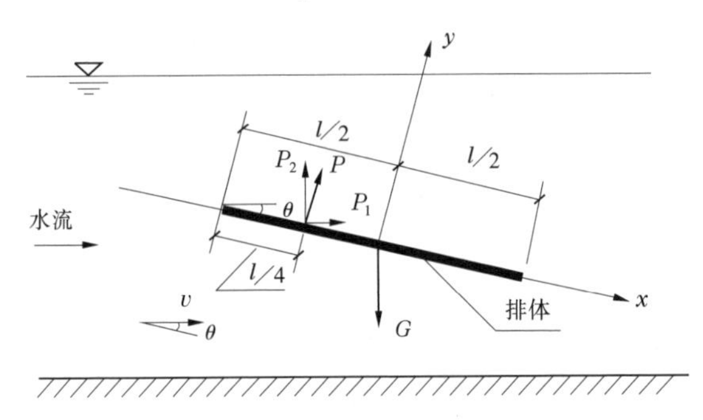

图 5-34　上倾沉排受力图

同前述，将排体前缘上表面沉入水中的时刻定为初始时刻，若此时后缘入水深度为 D，不同 D 值的受力计算结果如表 5-18 所示。

表 5-18　初始时刻后缘不同入水深度时上倾沉排受力计算结果

D (m)	0.2	0.5	1.0	5.0
$\sin\theta$	0.005 0	0.012 5	0.025 0	0.125 0
P(kN/m)	9.91	24.74	49.49	247.42
P_1(kN/m)	0.05	0.31	1.24	30.93
P_2(kN/m)	9.91	24.74	49.47	245.48
G (kN/m)	174.93	174.93	174.93	174.93
$P_1/(G-P_2)$	3.0×10^{-4}	2.1×10^{-3}	9.9×10^{-3}	-0.43

从表 5-17、表 5-18 可见，按平板绕流计算水平方向与垂直方向的加速度之比一般很

小。当 $D=5$ m 时，即为初始时刻沉排的后缘已沉到河底，这是不可能发生的情况。当 $P_2=G$ 时，$D=1.76$ m，也即若后缘的入水深度大于 1.76 m，垂直方向上的压力分量大于排体的重力，排体难以下沉。

（3）通过分析计算得知，无论是平行于水面下沉还是与水平面成倾角下沉，所设计的沉排下沉时有以下特征：

①沉排在垂直方向所受的力远大于水平方向所受的力，即垂直方向运动的加速度远大于水平方向运动的加速度。

②在水平、下倾和上倾三种沉放方式中，以下倾方式沉放为佳，即沉排上游端先入水为好。

5.5.3.3　小结

上述分析计算是在施工过程理想化及计算条件概化的基础上进行的，尤其是简化为平板定常绕流后，没有考虑动水压力造成的沉排下沉阻力，误差是显而易见的，因此结果尚需通过物理模型试验加以验证。

5.5.4　充气式软体排模型试验

5.5.4.1　试验研究内容

利用充气式软体排进行河底的防冲护底未曾有人尝试过，拟通过试验研究主要解决四个方面的关键技术问题：①确定满足抗冲稳定要求的排体浮压重与水流流速关系，以确定在堵口护底水流条件下所需的排体浮压重；②确定不同流速条件下，牵引软体排所需的拖曳力；③确定不同流速条件下，排体下沉的最佳初始姿态及沉放时间和位移量；④确定软体排充气管袋的放气方式，使其达到较佳的沉放定位效果。

5.5.4.2　试验条件及比尺确定

试验在 6 m×0.6 m×0.4 m（长×宽×高）玻璃水槽中进行。根据试验目的及要求，模型以正态模拟，并主要保证重力相似和动力相似。各比尺见表 5-19。

表 5-19　水槽试验比尺汇总

比尺名称	比尺数值	依据
几何比尺	30	$\lambda_L=\lambda_H=30$
流速比尺 λ_v	5.48	$\lambda_v=\sqrt{\lambda_L}$
流量比尺 λ_Q	4 930	$\lambda_Q=\lambda_L^2\lambda_v$
动力比尺 λ_F	27 000	$\lambda_F=\lambda_L^3$
水流运动时间比尺 λ_t	5.48	$\lambda_t=\dfrac{\lambda_L}{\lambda_v}$

5.5.4.3　研究方法及成果分析

1. 压重试验

考虑到水槽大小、边壁影响等因素，确定排体平面尺寸为 9 m×9 m（这里的尺寸均已换算成原型尺寸，下同）。为了模拟不同的排体压重，按浮压重 1.4 kN/m^2、2.80 kN/m^2

和 4.2 kN/m² 制作排体。试验实物如图 5-35 所示。

图 5-35　排体垂直水流铺放试验

为得到排体铺放形式(指充泥浆管袋的长度方向与流向成平行或垂直)与流向的位置关系,进行了管袋长度方向顺水流铺放和管袋长度方向垂直水流铺放两种形式的试验。试验中通过测量断面流速并结合观察排体的起动情况,最终得到排体浮压重与流速的关系。主要结论为:软体排的管袋垂直水流铺放所能抵御的流速远大于顺水流铺放的形式,也就是说,排体护底的沉放形式应使管袋长度方向与水流流向垂直。具体试验结果见表 5-20,内插后可得到,当失稳流速为 3 m/s 时,对应的浮压重为 2.4 kN/m²。

表 5-20　排体浮压重与失稳流速关系

浮压重(kN/m²)	管袋长度方向顺水流铺放		管袋长度方向垂直水流铺放	
	失稳流速(m/s)	说明	最大流速(m/s)	说明
1.4	2.2	卷起冲走	4	局部掀起
2.8	3.3	卷起冲走	4	稳定
4.2	3.7	卷起冲走	4	稳定

2. 软体排搭接试验

上述完成的都是单个排体的压重试验,实际护底是由若干个排体搭接而成的。设计的搭接宽度为 5 m,这一搭接宽度是否安全,还需通过模型试验来检验。为此做了软体排搭接试验,如图 5-36 所示。

试验用沉排尺寸为 6 m×9 m,搭接宽度 3 m,管袋长度方向垂直水流铺放。试验的水流条件同单个沉排。排体浮压重为 2.0 kN/m²。

在流速达到约 2 m/s 时,其中搭接的上层软体排第一条管袋受水流冲击而掀起,推测与第一条管袋充填压重无关。这时仍然是排体上游角河床发生冲刷。但随着流量增大,流速增加,排体没有再发生其他变化,最后在沙波到来时将整个排体掩盖,排体不可能再

注：排体长×宽为 30 cm×20 cm、浮压重 2.0 kN/m²、搭接宽度 3 m。

图 5-36　搭接试验最终情况

被掀起。试验表明，搭接宽度设计为 5 m 是安全的。

3. 软体排拖曳力试验

为确定将冲有泥浆的排体拖运至沉放位置所需的拖曳力 F，可近似用平板理论计算公式：

$$F = \frac{1}{2}C_2\delta B\rho_w v^2 \tag{5-36}$$

式中：C_2 为动水压力系数；δ 为排体吃水深度；B 为排体宽度；ρ_w 为水体密度；v 为流速。

由此可见，式(5-36)中唯一不确定的因素就是动水压力系数 C_2。为此，拟通过模型试验反推该系数。

试验目的是为得到不同流速条件下对排体的拖曳力，因此模拟主要保证吃水深度相似即可。排体采用泡沫塑料盒内装沙子来模拟，装沙的多少主要满足吃水深度，牵引力由精密拉力计测定，如图 5-37 所示。为得到不同长宽比排体在动水中牵引的稳定性及对动水压力系数的影响，排体长宽比分别按 1∶1、1.5∶1、2∶1和 2.5∶1四种比例制作，由此得排体平面尺寸(长×宽)分别为 6 m×6 m、9 m×6 m、12 m×6 m 和 15 m×6 m。

试验中观察到，排体的长宽比要保持 2∶1～2.5∶1并使其前端稍微抬起，使排体顶面略高于水面才能拖得稳、拖得轻，这主要是受力易达平衡和受阻力较小的缘故。否则，排体长宽比若小于 2∶1，在流速较大情况下，排体上游端就会向下倾斜，使得水压力和动水阻力显著增大，相应的拖曳力也会大大增加，若堵口出现这种情况是非常危险的，也是必须避免的。因此，仅对 15 m×6 m 的排体进行了拖曳力试验，试验结果见表 5-21。

由表 5-21 知，动水压力系数平均为 1.10，为安全计，取 1.20。则由式(5-36)可计算得 70 m×30 m 排体在不同流速下所需的拖曳力见表 5-22。由表 5-22 知，在流速为 3.0 m/s 动水中牵拉 70 m×30 m 排体，需要的拖曳力为 116.6 kN。

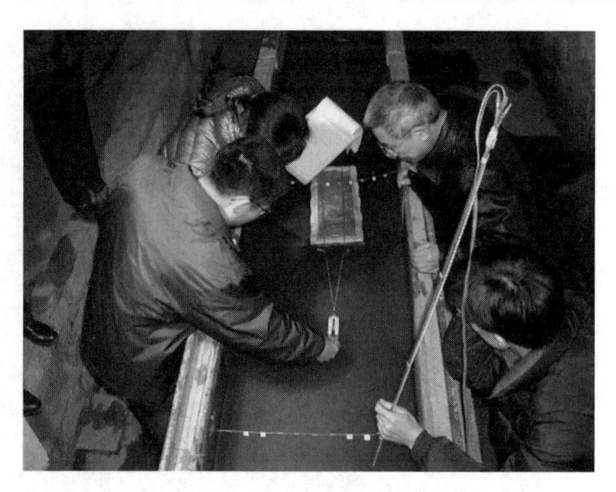

图 5-37　拖曳力试验

表 5-21　拖曳力试验结果(已换算成原型)

排体尺寸	拖曳力 F(kN)	吃水深度 δ(m)	流速 v(m/s)	动力压力系数 C_2
15 m×6 m	13.50	0.72	2.55	1.04
	22.95	0.72	3.12	1.09
	33.75	0.72	3.74	1.12

表 5-22　70 m×30 m 排体所需拖曳力

流速 v(m/s)	吃水深度 δ(m)	拖曳力 F(kN)
1.5	0.72	29.2
2.0	0.72	51.8
2.5	0.72	81.0
3.0	0.72	116.6
3.5	0.72	158.8
4.0	0.72	207.4

4. 软体排沉放性能试验

软体排下沉的初始姿态有:水平下沉、下倾(排体上游端先入水)下沉和上倾(排体下游端先入水)下沉,如图 5-38 所示。

1)沉排制作

由于前述的排体柔性较大,不利于保持初始的倾斜状态及下沉过程的观测,采用在软排下面固定薄塑料板的方法来增大排体刚度。为检验不同长宽比排体的下沉状态,试验用排体尺寸分别为 6 m×6 m、6 m×9 m、6 m×12 m 和 6 m×15 m 四个。排体浮压重均为 2.0 kN/m^2。

2)试验步骤

(1)将沉排置于水深 5 m、某一流速的水流中,使之保持某一初始倾角状态。

图5-38　软体排下沉试验

(2)放开沉排使之自由下沉,观测其下沉到达河底的时间及顺水流方向的位移。

(3)保持水深不变,调节流量以增大流速。

(4)改变初始倾角,使之下沉,重复上述观测。

这样可得到该沉排较佳的下沉倾角、下沉时间和顺水流方向的位移。改变沉排尺寸重复上述试验步骤。

上述试验是人为地增加了排体刚度,这与实际情况有些出入。为此,又进行了单纯软体排的沉放性能试验。试验发现,由于排体刚度减小,在下沉过程中排体有时会有兜水现象出现,并产生了不同程度的卷褶现象,但不影响软体排护底的总体效果。由此得出,为使排体顺利下沉,应适当增加软体排刚度和锚索抗拉强度。

3)试验结果

(1)排体大小与下沉时间、水平位移距离关系不大,但与下沉姿态关系密切。

(2)排体最佳的下沉姿态为下倾下沉。这种沉放姿态排体受到的是逆时针方向的力矩,因此不会发生翻排,下沉迅速、且当长宽比为2:1~2.5:1时,向下游最大漂移距离不超过3 m。见图5-39。

(3)排体上倾下沉和水平下沉因受到的是顺时针方向的力矩,因此容易发生翻排现象,且漂移距离和下沉时间远远大于下倾下沉。

5.充气管袋放气试验

该试验关系到排体能否顺利下沉和能否沉放到预定位置的问题,这是软体排能否最终达到护底的关键。

根据试验要求和对材料的比选,充气排用捆扎成排体的长气球模拟,气球的充起直径按比尺要求确定,如图5-40所示。充气管袋的布置形式与充泥浆管袋相互垂直。放气采用缓慢放气法和瞬间放气法两种。

试验发现,采用缓慢放气法使排体下沉,放气的均匀性难以控制,排体受力不均匀,容易发生翻排现象。而采用瞬间放气法下沉排体,情况得到明显改善,但还需有锚固定,否则,排体下沉时容易发生褶皱(其原因和充气球破裂时发生收缩有关)、漂移距离较大。

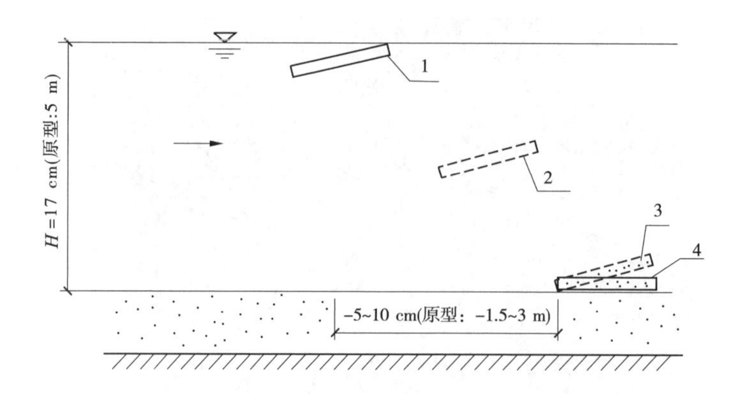

图 5-39　6 m×15 m 排体下倾下沉过程

图 5-40　软体排放气试验

试验还发现,当锚绳固定点高于河底时,排体落地后迎水面会向上倾斜,由此产生的锚绳拉力就增大许多,倾角越大,锚绳所需拉力就越大,一旦锚绳的抗拉强度小于排体所受的水流作用力,排体就会被冲走。这是在实际操作中应严格避免的。

5.5.4.4　主要结论

通过一系列的充气式软体排水力学特性模型试验研究,得出以下几点结论:

(1)铺放软体排时使充填泥浆的管袋的长度方向垂直水流的效果较好。

(2)排体浮压重达到 2.4 kN/m^2 以上时,无论管袋长度方向垂直或是平行水流铺放,均能满足 3 m/s 的条件下防冲稳定要求。

(3)排体搭接设计宽度为 5 m 是安全的。

(4)在 3 m/s 流速的水流中牵引 70 m×30 m 的软体排所需的拖曳力为 116.6 kN,可由三艘 79 式汽艇完成。

(5)为保证水上牵引时安全,排体长宽比应为 2∶1~2.5∶1,且排体前端应适当高出水面。

(6)排体下沉的初始姿态应调整为上游端略低于水面的下倾状态沉放。

(7)为使排体快捷、准确下沉,充气管袋应以瞬间放气并采用锚拉方式为佳。若采用缓慢放气法,放气时间应控制在数秒内。

5.6　车斗型大网笼大土工包进占技术

5.6.1　问题的提出

软体坝与堤防连接需要抢修围堤，如何利用当地土、石、秸料，充分发挥大型机械作用进而提高抢筑效率，技术人员提出了车斗型大网笼、大土工包进占技术。本节主要对该技术的水槽试验和现场试验进行了研究。

所谓大网笼、大土工包，是指在大型自卸车上直接制作体积为 10 m^3 左右的网笼或土工包。大网笼内装石料或草石混合料，大土工包内则装散土，二者装料、运输、抛投等环节均以大型机械为主完成，主要用于重大险情的抢护和水中进占作业。

由于网笼和土工包体积的增加，也相应引起一系列问题需要试验研究，包括网笼、土工包的沉降特性和稳定性，制作材料、结构形式、运输方式、抛投方式以及流水作业方式、配套机械等。

5.6.2　水槽模型试验

5.6.2.1　模型设计

1. 试验目的

研究大土工包、铅丝网石笼在水流中的沉降特性、稳定性，并为力学模拟计算测定参数。

2. 试验条件及模型比尺

试验使用循环宽体矩形断面水槽，试验段长 4.5 m、槽高 0.4 m、宽 0.52 m。水槽首部设有静水栅，尾部有可调水深的尾门与测定流量的三角形薄壁堰，中部设有坡度为 1∶1 的概化模拟坡面。

模拟试验采用重力相似准则，几何比尺为 100，主要比尺及试验参数见表 5-23。

原型水流及口门边界条件：流速 v 为 2.5~4.0 m/s，口门附近水深 H 为 15~16 m，坡度取 1∶1，糙率为 0.02~0.03。

表 5-23　模拟试验比尺与试验参数

项目	比尺	原型值	模型值
高度比尺	$\lambda_H=100$		
水深 H (m)	$\lambda_H=100$	15~16	0.15~0.16
流速 v (m/s)	$\lambda_v=10$	2.5~4.0	0.25~0.40
糙率 n	$\lambda_n=2.154\ 4$	0.02~0.03	0.009 3~0.013 9
时间 t(s)	$\lambda_t=10$		

大土工包尺寸（长×宽×高）分为 4.5 m×2.5 m×1 m 和 3 m×2 m×1 m 两种，填充土工包的泥土湿容重 $\gamma_s=16$ kN/m^3。

大铅丝网石笼尺寸（长×宽×高）为 4 m×2 m×1 m 和 6 m×3 m×1.5 m，容重 $\gamma_s=18$

kN/m^3。

3. 材料模拟

模型土工包采用较致密的涤良布，泥土采用细沙与木屑按一定比例配制。模型铅丝网石笼采用铅丝纱网，石块采用粒径 0.2~0.8 cm 的碎瓷砾。坡面根据阻力相似，采用抹光面水泥板。

5.6.2.2　大土工包试验结果

1. 沉落特性

大土工包沉落运动形式：一般情况下，土工包沿坡面沉落入水过程中，一方面在有效重力的作用下，沿坡面下沉；另一方面在绕流阻力的作用下，顺水流方向滑移。土工包整体呈弧线下沉，但在流速较高、土工包未被浸透、土工包内部还存有一定气体的情况下，土工包有时也会出现先滑落后滚落的运动形式。

大土工包沉落时间：土工包沿坡面沉落的时间主要取决于坡面粗糙程度、土工包运动形式和土工包尺寸，流速也有一定影响。光滑坡面上土工包的沉落时间较短，而且运动形式比较稳定，都是滑动沉落。坡面较粗糙时沉落时间长，沉落运动形式也不太稳定，特别是小尺寸土工包有滑有滚、时滑时滚。土工包在坡面滑落时运动速度较慢，而在坡面滚落时则速度较快。土工包沿坡面沉落较快，小土工包相对沉落较慢，有时甚至时动时停。土工包在水中的下沉时间为 12 s 左右。

2. 沉落偏移量

大土工包下沉过程中向下游的偏移量与土工包的大小、水深、流速有关：小土工包偏移量大；流速越高偏移量越大；水深深、偏移量大。在流速为 3~4 m/s、水深为 15 m 的情况下，土工包的偏移量一般不超过 5 m。

3. 稳定性

大土工包碰触河底后，或就地停靠断堤趾边，或侧向横倒于河底。但土工包在河底无论处于什么状态，都是十分稳定的，3~4 m/s 的大河流速不会影响河底土工包的稳定性。土工包在静水中的休止角一般为 37°左右。

5.6.2.3　铅丝网石笼试验结果

1. 沉落特性

铅丝网石笼沉落运动形式：铅丝网石笼在水下主要是以滑动形式沉落。一般情况下，铅丝网石笼沿坡面沉落水中后，一方面在水下有效重力的作用下，沿坡面下沉；另一方面在绕流阻力的作用下，顺水流方向滑移。铅丝网石笼整体呈弧线下沉。有时流速较高的情况下，铅丝网石笼也会出现先滑落后滚落的运动形式。

铅丝网石笼沉落时间：铅丝网石笼沿坡面沉落的时间主要取决于坡面粗糙程度、铅丝网石笼运动形式，流速也有一定影响。与土工包类似，只是铅丝网石笼摩擦系数减小，沉落时间比土工包短，一般在 6 s 左右。

2. 沉落偏移量

铅丝网石笼下沉过程中向下游的偏移量与其大小、水深、流速有关：铅丝网石笼体积越小偏移量越大；流速越高偏移量越大；水深越深偏移量越大。铅丝网石笼的偏移量一般不超过 5 m。

3. 稳定性

铅丝网石笼碰触河底后，一般就地停靠坡趾处，铅丝网石笼在河底都是比较稳定的。但是考虑到天然河流的强紊动性，铅丝网石笼在河流中的实际稳定性可能差一些。铅丝网石笼在静水中的休止角一般为 29°左右。

5.6.3　水中进占现场试验

5.6.3.1　试验场地及机械配置

2004 年 5 月 22~31 日在兰考县蔡集 54 坝进行。设计坝长 100 m，其中有 50 m 为水中进占，原设计采用柳石搂厢水中进占（方案 1），另外还设计了分别用大土工包和大网笼进占的试验方案。在实际进占中，采用大土工包进占方案（方案 2）在水深 2~3 m、最大流速 0.5 m/s、大河流量 735 m^3/s，进占了 5 m。采用大网笼进占方案（方案 3）在水深 4~6 m、最大流速 1.2 m/s、大河流量 735 m^3/s，进占了 10 m。现场平面布置情况见图 5-41。将网笼（土工包）制作与抛投所需场地分离，实现抢险的流水作业。现场备有推土机、挖掘机、压路机、装载机各 1 台，自卸汽车 3 辆，农用自卸车 5 台。

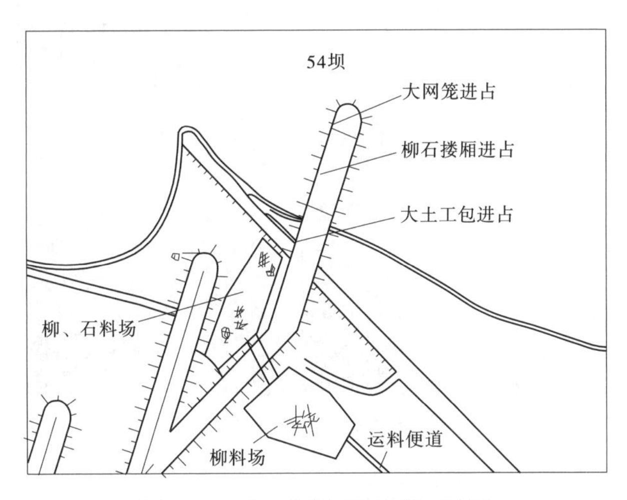

图 5-41　试验现场平面布置示意图

5.6.3.2　大网笼试验过程

1. 网笼制作

将预制的不同规格和结构的网笼铺在自卸车货斗中，然后用挖掘机装料，再用人工封口，形成网笼（见图 5-42）。网笼尺寸考虑两种规格，分别与一大型自卸车和农用自卸车配套；网笼按所用材料分有铅丝网笼、合金网笼、化纤网笼，其中铅丝网笼又分加筋和不加筋两种；网笼中所填料物有石头、秸料（稻草、麦秸、豆秧、柳枝等）、土袋（编织袋装土封口）等。

2. 网笼的运输下卸

将装有网笼的自卸车在保证自身安全的前提下倒至合适位置，网笼顺料斗缓慢滑下落地（谨防网笼与车体相挂）（见图 5-43），再用推土机将其推到位，网笼入水后稳定性较

图 5-42　网笼制作

图 5-43　网笼下卸

好。现场发现虽然网笼重量大,但仍易推动,其原因是网笼处于河边的散土上,散土体本身就不稳定。

3. 散土进占

用自卸车运散土到已出水面的网笼下游侧,再用推土机将散土推至网笼下游侧和网笼上部,形成占体,其宽度和强度满足自卸车通行要求(见图 5-44)。

5.6.3.3　大土工包试验过程

1. 大土工包制作

将土工布铺设于自卸车货斗中,然后用挖掘机装土,再封口形成大土工包。所装土料有天然散土和加湿散土。土工布材料有无纺布和编织布之分,无纺布又有不同厚度之分,编制布上间隔 1 m 设有加筋条(见图 5-45),封口采用缝合和捆扎两种形式,缝合又分机缝和人工缝,捆扎又分预制的加筋条和临时用麻绳两种。缝合用料相对少、严实,捆扎速度快、留有较大空隙。

图 5-44　推运散土进占

图 5-45　土工包制作

2. 大土工包的运输下卸

自卸车运输到合适位置后,大土工包滑落到地,多呈跪状(L 状)。单靠缝合的大土工包在滑落过程中在缝合处易出现撕裂,而捆扎的土工包一般无撕裂(见图 5-46)。对直接入水的缝合式土工包易出现鼓包漂浮现象。对未能直接入水的土工包采用推土机将其推入水中。

3. 散土进占

大土工包入水后按平行两排且中间留有较大间隔抛投,当两排土工包高出水面后,用推土机推散土将间隔填出水面,并在土工包上部铺层散土,推平压实,形成占体,便于自卸车通过和下段进占。

(a)

(b)

图 5-46　落地后的土工包

5.6.4　试验结果分析

(1)将大网笼、大土工包制作与抛投过程所需场地分离,打破了传统抢险技术作业场面狭小的限制,成功实现了抢险工序的流水作业,大大提高了抢险效率。将费时较多的网笼、土工包制作过程放在距出险位置有一定距离的开阔场地,有限的抢险场地只承担抛投到位过程,彻底克服了传统抢险中由于人机多、场地小而造成人机资源浪费,贻误抢险时机的不利局面。

(2)解决了大网笼的制作问题。对于 10 m^3 左右的大网笼,里面又装的是石料,还要用推土机推到位,因此对网笼强度要求较高。若都用 8 号铅丝,不但浪费,而且手工加工制作网笼操作困难。经过试验,提出了以 8 号铅丝作为骨架、以 12 号铅丝编网的人工制作工艺,较好地处理了强度与编网操作间的矛盾。

(3)首次提出了在大网笼中使用稻草、麦秸、玉米秸秆等作软料代替柳料起到缓流落淤的作用,可有效解决抢险料物不足的问题,同时也减少了柳枝砍伐量,有利于保护环境。另外,稻草、麦秸、玉米秸秆作软料用机械装料时更为方便,也便于调整软料与石料比例,以适应抵抗不同流速的需要。

(4)解决了大土工包的制作问题。用 200 g 以上的无纺布装上天然状散土,在现场用绳子捆绑工艺制作大土工包,速度快、效果好。大土工包滑落、推移过程中的受力由均匀分布的绳网承担,无纺布以护土作用为主。大土工包封口没必要苛求不漏土,少量土流失无大碍,而且入水后有利排气,减小漂浮,增加稳定性。

(5)基本解决了大网笼、大土工包进占问题。通过在大网笼后部或者两排大土工包中间填散土可有效解决大网笼和大土工包的自身稳定性和进占道路问题。流速较大处一般只在进占的端头上游部位,因此其他部位的散土冲蚀速度很慢。大土工包可有效起到保土滤水的作用,有利占体长期稳定。

(6)适用条件:大网笼抗冲能力强,可用于水深、流速较大的堵口工程中;大土工包如不能及时排气,易在水中漂移,适用于水深浅、流速小的进占施工中。

5.7　土工合成材料复合轻型路面结构试验

5.7.1　问题的提出

土路在防汛道路中还占有一定比例,这些道路平时尚可通行,但一遇阴雨天气,道路将变得湿滑泥泞而无法通行,并对行车安全影响极大。影响车辆通行的原因主要有两个:一是道路湿滑,路面与车轮之间的摩擦力不足,造成车辆打滑;二是土基含水率增大,承载力降低,车辙变深,增大了车辆的前行阻力。要使车辆顺利通行,必须对道路面层采取措施,增加道路摩擦力并使车轮与泥浆隔离。对于泥泞道路常采用的方法有:①在泥泞道路上铺一层碎石、粗沙、柳秸料等;②如果降雨已经停止,用推土机铲去路表层的泥泞层,使车辆在未湿的土面上通行;③上堤路口或个别地方车辆无法通过时用推土机牵拉车辆通过。以上办法都有使用的局限性,需要研究提出一种使用效果好、铺设方便、便于储备的应急路面解决道路泥泞问题。

本节主要介绍土工格栅与土工布等复合轻型路面结构,通过现场试验,验证该结构能快速铺放在已损坏的道路面层并能重复利用,可基本解决防汛道路因阴雨天气造成的道路泥泞而无法通行的问题。

5.7.2　设计原理

针对车轮与地面摩擦力不足、地面承载力不足使车辙深度增加等影响车辆通行的主要问题,设计铺设一种轻质路面与原泥泞路面结合。以达到如下目的:一是实现车轮与泥泞路面的隔离以减小车辆前行阻力和增大车轮与路面之间的摩擦力;二是增加路基承载力。

土工布、土工格栅、聚烯烃加筋带等由于具有高抗拉性、抗撕裂性、良好的韧性、整体性和耐酸碱、耐生物侵蚀以及材料易于储存等性能,已在处理软土地基等土木工程中得到广泛应用,不但提高了结构的可靠度,而且还节省了工程材料。选用土工合成材料作为制作轻质路面材料的优势:

(1)土工布可以起到隔离、排水作用,土工格栅可以增加摩擦力。由于土工布具有透水不透沙的反滤功能,且具有一定的抗撕裂强度,当没有破损的土工布铺放在泥泞路面上时,可以起到下部泥土与上部车轮隔离的作用。另外,土工布具有一定的柔性,可以与泥泞路面紧密贴合,在上部荷载的作用下,将发生单向渗流,泥泞路面中的多余水分将通过土工布排出,同时又能阻止细颗粒通过土工布,这在一定程度上加速了路基的排水固结,进而提高了路基的承载力。土工格栅在轻质路面结构中可以起到骨架作用,不但可以提高整个轻质路面的抗拉强度,而且由于其平面为"井"字结构,表面凹凸不平,增大了轻质路面的表面摩擦力。

(2)土工布与土工格栅、土工布与聚烯烃加筋带组合成的复合轻质路面可以增加路基的承载力。该轻质路面对泥泞路基的加固作用主要体现在水平加筋上,在复合路面中,轻质路面主要处于受拉状态,在产生拉伸应力的同时,对下部的泥泞土体产生了一个类似于侧向约束压力的作用,使得复合路面具有较高的抗剪强度和变形模量。由于土工格栅有较高的强度和韧性等力学特性,且能紧贴于泥泞路面,使其上部施加的荷载能均匀分布在地层中。当土工复合结构受到车轮等集中荷载作用时,高弹性模量的土工织物受力后将产生一部分垂直分力,抵消部分荷载,这就是所谓的薄膜作用或者网兜作用,其最终效果是改变作用在路基中的应力,即在车轮下是减少,而在车轮之外则是增加。如图 5-47(a)所示,直接加载时,其极限承载力可用下式表示:

$$p_c = Q = CN_cB \tag{5-37}$$

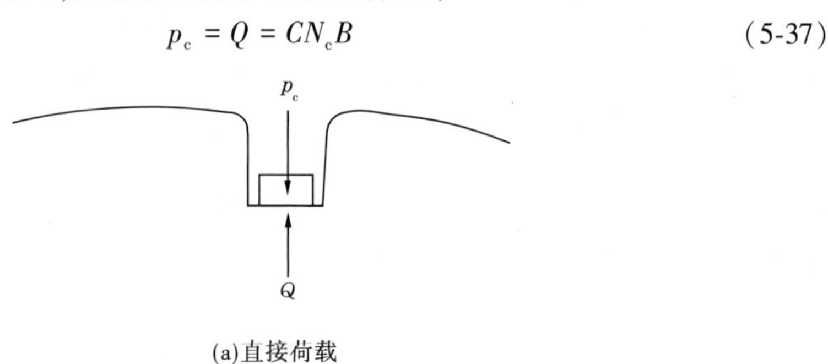

(a)直接荷载

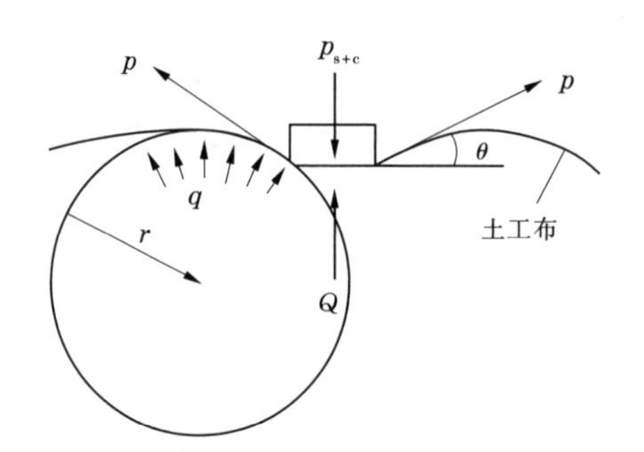

(b)有土工布时的间接荷载

图 5-47　路基受力机理示意图

而有土工合成材料轻质路面时,如图 5-47(b)所示,根据 Nishigate-Yamaoka 法理论,其极限承载力可用下式表示:

$$p_{s+c} = C\ N_cB + 2p\sin\theta + pN_qB/r \tag{5-38}$$

式中:C 为土的黏聚力;N_c 为地基承载力系数;p 为土工合成材料的抗拉强度;θ 为基础边缘与土工织物的倾斜角 $\theta=45+\varphi/2$,φ 为内摩擦角;B 为地基底宽;N_q 为复合地基承载力系数,$N_q=1$;r 为地基变形当量半径,$r=3$ m。

实际上,式(5-38)中第一项为原天然路基的极限承载力,后两项为由于铺设土工合成材料轻质路面后而提高的路基承载力。所以,要提高路基的承载力,必须发挥轻质路面的横向抗拉强度,由于轻质路面的横向宽度较窄,周边也无上部荷载镇压,仅靠车轮与铺设路面之间的摩擦力是无法发挥轻质路面的横向抗拉强度,轻质路面周边必须与原路面固定在一起才能有效提高路基承载力。

5.7.3　设计方案

按道路泥泞情况可分为浅层泥泞和深层泥泞,本次主要解决路面浅层泥泞(泥泞深度不大于 20 cm）造成的车辆打滑问题。对于泥泞层较深、车辆过重,车辆通过时沉陷较大的另做研究。从我国现有的材料来选择,提出以下三种方案进行试验。

5.7.3.1　第一方案（Ⅰ型路面）

无纺土工布和合成纤维格栅组合的临时路面,这是一种适用于较轻泥泞道路的抢险临时路面。如图 5-48 所示,上层是土工格栅,下层是无纺土工布。

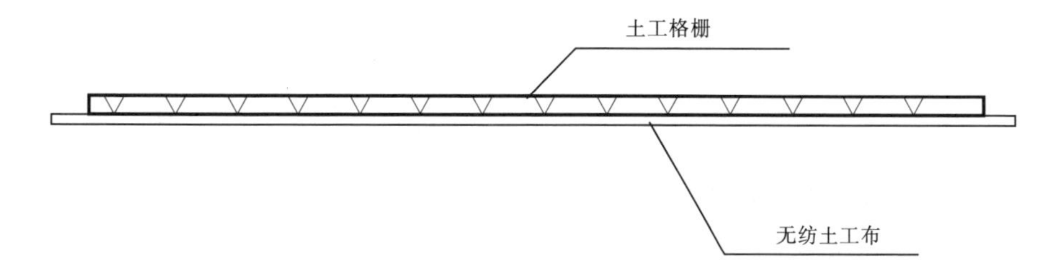

图 5-48　Ⅰ型路面示意图

用土工布铺在路面上将松软泥泞的路面遮盖起来,泥土就不会直接与车轮接触,车辆的压力可以使土基中的水分透过土工布而排出,土工布起到了隔离、滤水作用,促使土的快速固结,提高土的承载力。土工格栅可以分散荷载压力、提高路面的承载力、减小车辆通过时的车辙深度,同时土工格栅与车轮之间的摩擦力较大,保证了车辆不会打滑。其材料选择和结构设计如下:

(1)土工布选择:选用聚酯纺粘长丝土工布,其技术指标:单位面积质量 323 g/m^2,抗拉强度纵向 22.6 kN/m、横向 18.8 kN/m,极限延伸率 75%~87%,撕破强度 0.70 kN,CBR 顶破强度 4.7 kN,垂直渗透系数 k=0.3 cm/s,等效孔径 O_{95}=0.10~0.15 mm,幅宽 4.2 m。

(2)土工格栅选择:选用合成纤维土工格栅,其技术指标:单位面积质量 500 g/m^2,网格尺寸 11 mm×14 mm,抗拉强度纵向 78 kN/m、横向 77 kN/m,断裂伸长率 20%,材料为高强聚酯,幅宽 1.95 m。

(3)路面结构:土工格栅在上,无纺土工布在下。用缝纫机缝合在一起。用两幅土工格栅相互搭接 30 cm,因此道路宽度为 3.7 m,本次试验路面的长度为 20 m。端部均布四个穿绳孔,两侧每隔 2 m 有一个穿绳孔。

(4)固定方法:可采用 U 形钉打入穿绳孔的方式或用绳子绑在穿绳孔上拉到路边用桩固定方式。

5.7.3.2　第二方案(Ⅱ型路面)

机织土工布和聚烯烃加筋带土工格栅组合的临时路面如图 5-49 所示,适合一般泥泞道路的抢险,上、下层是机织土工布,中间是聚烯烃加筋带土工格栅。机织布起隔离和排水作用,加速路基固结,加筋带格栅起提高承载力和增加摩擦力的作用。其材料和结构设计如下:

(1)选材:机织土工布选用长丝机织土工布,单位面积质量 723 g/m^2,厚度 1.2 mm,极限抗拉强度,纵向 130 kN/m,横向 153 kN/m,极限延伸率 19%~28%,等效孔径 O_{95} = 0.07~0.10 mm。加筋材料选择聚烯烃加筋带用激光焊接成的格栅,格栅孔径为 100 mm×200 mm,抗拉强度 70.2 kN/m,加筋带尺寸为宽 25 mm、厚 2 mm,极限延伸率 2%。

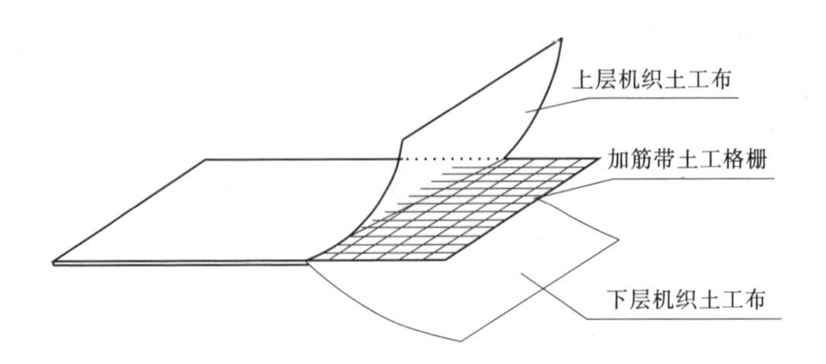

图 5-49　Ⅱ型路面示意图

(2)结构:上、下层是机织土工布,中间是聚烯烃加筋带土工格栅,四周用缝纫机缝在一起,为固定格栅在路面中间有若干个缝合块把上下层订在一起。路面的端部均布四个穿绳孔,两侧每隔 2 m 有一个穿绳孔。

(3)固定方法:可采用 U 形钉打入穿绳孔的方式或用绳子绑在穿绳孔上拉到路边用桩固定方式。加筋固定方式可采用筋绳穿孔法或锚固法。

5.7.3.3　第三方案(Ⅲ型路面)

无纺土工布、合成纤维格栅加竹片组合的临时路面(如图 5-50 所示),此方案是在第一方案的基础上,在土工格栅上面增加一层竹片,竹片宽 4~6 cm,厚 0.6 cm,长 360 cm,间距 25 cm,竹片用细铅丝捆扎在土工格栅上。

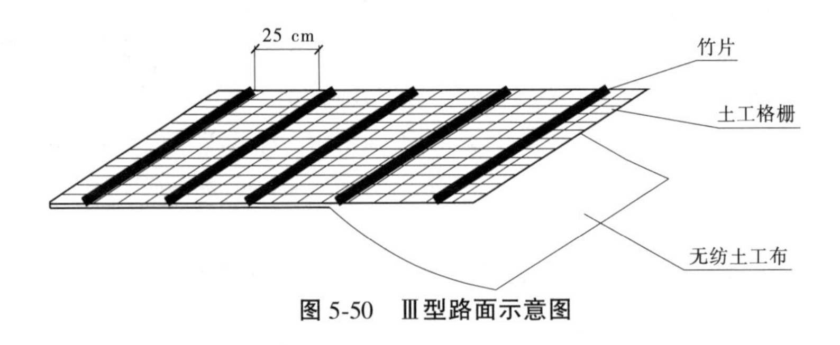

图 5-50　Ⅲ型路面示意图

5.7.4　现场试验

5.7.4.1　试验目的

(1)验证初步设计方案在不同泥泞道路上、不同类型车辆通过时的适应性,了解车辆通过试验路段时是否打滑,量测车辙的深度,记录道路表面的起伏变化。

(2)观察材料表面是否会遭受磨损,以及材料的变形或破坏情况,估计临时路面允许车辆通过的次数和临时道路反复使用的可能性及使用寿命。

(3)检验临时道路使用的材料性能、路面结构形式、尺寸大小是否合理,存在哪些问题,为进一步改进、优化、定型临时道路提供依据。

5.7.4.2　试验场地及准备

确定在中牟黄河河务局桩号 39+760 的淤背区进行现场试验。该场地长约 500 m,宽约 80 m。表面铺盖有一层黏土层,厚度在 0.70~1.2 m。试验路段布置从西向东依次排列,分别将试验路段确定为A、B、C、D、E、F段及G段(斜坡路段),各试验路段宽4 m、长20 m。总体布置如图5-51所示,试验主要准备工作如下:

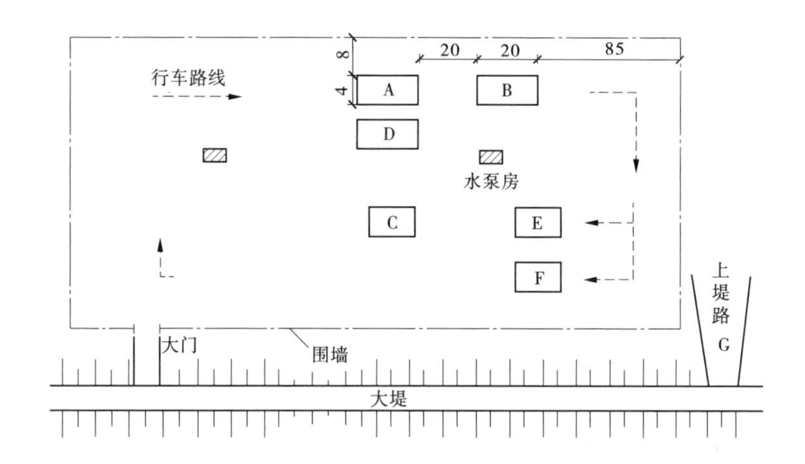

图5-51　现场试验平面布置图　(单位:m)

(1)试验路段平整,用推土机将地表推平、压实。

(2)向试验路段人工洒水,使之达到试验的含水率。具体方法:首先在试验段四周打起土埂,埂高25 cm左右。用潜水泵从井中抽水浇灌到试验路段。每次灌水量要求不同,应认真掌握。每次灌水后待地表面无积水后,挖一深坑检查水渗透到地表以下的深度,不合要求时再灌水,不能一次灌水太多。洒水时间应掌握好,保证在试验时地表基本无积水,在同一试验段的不同地点洒水量和渗透深度应基本一致。泥泞试验路面的渗透深度分为三类:10~15 cm、20~25 cm、25~30 cm。

(3)试验量测方法。主要用水准仪测量路面在车辆通过前后的高程,换算出车辙深度,并记录车辆型号、车重、通过时的车速、次数等。

5.7.4.3　试验步骤与组次

在不同路段上铺设不同的临时路面,再用水准仪测量试验路段初始状态的观测断面测试点的高程并实施跟踪录像,取不同深度土样、测量含水率。先用较轻型车辆直线匀速通过铺设的应急路面,再用重型车辆通行,每种车型又分空载和重载。车速控制在7~15 km/h,路面变化不大时,进行多次车辆通过试验。现场试验组次见表5-24,试验场景见图5-52。

5.7.4.4　轻质路面各方案评价

通过现场试验对初步设计的三种路面可以做出如下评价:

(1)Ⅰ型路面的优点是路面摩擦系数较大,车轮不易打滑,对于较浅泥泞道路(路面泥泞深度10~15 cm),基本解决了车辆打滑问题。对于较深泥泞道路(路面泥泞深度20~25 cm),由于车辙深,横向收缩较大,周边固定非常重要,若固定得好,可基本解决质量为15 t左右轮式车辆的通行。路面选用合成纤维土工格栅防滑效果较好,选用的无纺土工布起隔离和滤水作用虽然效果较好,与原地面摩擦力也较大,但是无纺土工布与泥土接触后不易清洗、不能反复使用,而且吸水后重量增加太大是其缺点,需加以改善。

表 5-24　现场试验组次

序号	方案	路面材料规格型号	试验区域	泥泞深度(cm)	通过车辆型号	通过次数	说明
1	Ⅰ	无纺土工布+土工格栅	E	10~15	EQ1301N　ZL-40	5　5	
2	Ⅰ	无纺土工布+土工格栅	A	20~25	EQ1301N　TATRA	1　1	
3	Ⅰ	无纺土工布+土工格栅	C	20~25	EQ1301N　TATRA	1　5	
4	Ⅰ	无纺土工布+土工格栅	G	5~10	EQ-140	2	斜坡路面
5	Ⅱ	机织土工布+加筋带格栅	D	10~15	EQ1301N　ZL-40	2　7	
6	Ⅱ	机织土工布+加筋带格栅	B	25~30	EQ1301N　TATRA	1　3	
7	Ⅲ	无纺土工布+土工格栅+竹板	F	20~25	EQ1301N　ZL-40	3　7	

(a) Ⅰ型路面通过东风车

(b) Ⅰ型路面通过东风140车(10°斜坡泥泞)

(c) Ⅱ型试验路面通过TATRA车

(d) Ⅲ型试验路面通过装载车

图 5-52　试验场景照片

(2) Ⅱ型路面与Ⅰ型路面效果基本一样,原设想可以起到提高承载力的作用,从试验效果看作用不太明显,主要原因是两边未很好固定,没有能够充分发挥材料的作用,但对减小车轮之间土体的隆起有一定的作用。机织土工布直接与车轮接触的摩擦力较小,轻型车辆有打滑现象,不如土工格栅好。但是机织土工布容易清洗掉黏上的泥土、可以反复使用是其优点。

(3) Ⅲ型路面加竹片后路面的承载力有所提高,横向收缩也有所减小,小型车辆比较明显,但是对于较重的车辆如 TATRA 其效果并不明显,原因是过重的车辆使竹片变形超过了竹片的弹性极限,竹片易折断。且竹片不易长期存放,因此该材料不宜作为路面的骨架使用,应重新选择合适的材料。

(4)在各方案试验过程中,当路面上部荷载较重使车辙深度较深时,由于各方案的横向幅宽较窄,在横向固定措施不到位的情况下,轻质路面宽度会随车辙深度增大而显得幅窄,容易被车轮卷入车辙之中,下部泥浆翻上,影响车辆通行。建议轻质路面宽度应为2.5~3倍轮距宽。

(5)试验完成后,对各方案的材料又进行了强度测试,试验结果表明:除无纺土工布外,其他试验材料经过反复碾压撕拉后,强度并没有明显降低,说明轻质路面还可重复利用。

(6)固定措施十分重要,凡是没有固定的临时路面都不同程度地影响了使用效果,甚至不能使用。本次试验只是用了简单的木桩固定方法,植桩方法笨重、简陋。木桩植入较深时,作用明显。今后应进一步研究路面固定方法,简化固定的施工难度,提高固定拉力。

(7)对于临时路面分散力的作用问题,原设想依靠车轮与路面摩擦力加上材料本身的拉应力能起到一定的作用,实际试验结果说明,车轮的摩擦力不足以使路面不产生横向收缩,材料的拉力也就起不了作用,因此路面横向也必须有强大的固定拉力或材料必须有较高的刚度,只有这样才能使路面起到分散力的作用,从而减少车辙深度。

5.7.5　轻质路面优化方案及施工方法

5.7.5.1　推荐轻质路面结构及制造

对现场试验的三种方案进行了优化,从而得出克服泥泞道路的应急轻质路面结构,该路面是用机织土工布与土工格栅制造的复合材料垫(见图5-53),下层是机织土工布,上层是合成纤维格栅,用缝纫机将两层材料缝合在一起。一块轻质路面长度为50 m,宽度为3.8 m,面积为190 m^2,质量为142.8 kg。在前后两端将材料折回20 cm,缝合成一个套子,套子内可以穿入一根直径6 cm的钢管,钢管上有固定钢丝绳的销孔。路面的两侧面每隔2 m做一个穿绳孔,控制直径18 mm,整个路面沿着长度方向用缝纫机定五道缝线,缝线应用强度高的涤纶线缝制,保证两层牢固地结合在一起。从图5-53(b)中可以看出,除路面合成材料垫外,还有一些辅助件,包括固定桩、钢丝绳、绳夹、卸扣、端部固定钢管、U形卡子等。固定桩由直径为6 cm钢管制造,桩长80 cm,桩上有一个挂钢丝绳的环。钢丝绳长2 m,绳两端做成套环形用绳扣夹紧。

5.7.5.2　推荐轻质路面施工方法

(1)清理路面:清除路面所有带棱角的物体,如大石块等,以免这些物体刺破轻质路面,影响其透水隔泥的作用。对于路面坑洼严重的,应进行适当的整平。

(2)展铺轻质路面:每卷轻质路面的质量为200 kg,由8~10人将其运至泥泞路段起点,通过滚动向前展铺,应注意两端用力均匀,以免偏离方向,轻质路面的起点和终点应与非泥泞路段有2~3 m的搭接,以利车辆通行。当泥泞路段较长,需数卷轻质路面时,可按上述方法逐段展铺,两卷之间的连接可采用U形卡穿过两卷轻质路面的穿绳孔直接固定于地面,搭接长度1 m。

(3)轻质路面固定:展铺完毕后,应尽量将轻质路面拉平,然后采取固定措施固定。

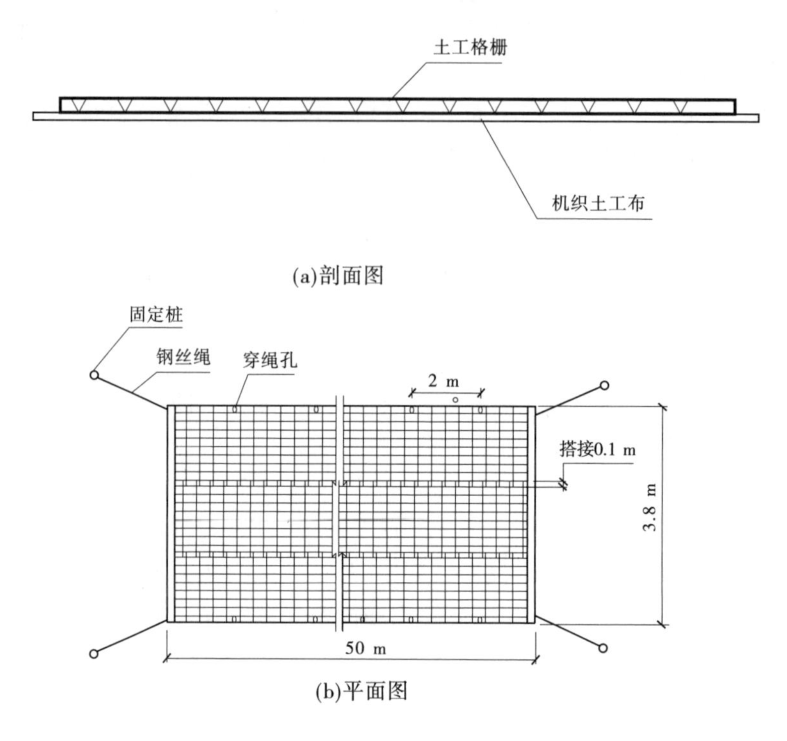

(a)剖面图

(b)平面图

图 5-53 推荐方案轻质路面示意图

当泥泞厚度小于 15 cm 时,可只纵向固定;当泥泞厚度大于 15 cm 时,纵横向都必须固定,以防路面横向收缩。

(4)两侧的固定方式:用 U 形卡穿过穿绳孔直接固定于地面。两端的固定方式为打桩固定。固定桩采用螺旋桩或钢管桩两种方式,具体固定方法是:将临时路面的两端预先做好的固定钢丝绳的另一端与螺旋桩或钢管桩相连,并与之一起打入地面。植桩方法:螺旋桩可以在螺旋桩上端加上推杆用人力推动旋转使桩入土;钢管桩用人工捶击入土。详见图 5-54、图 5-55。

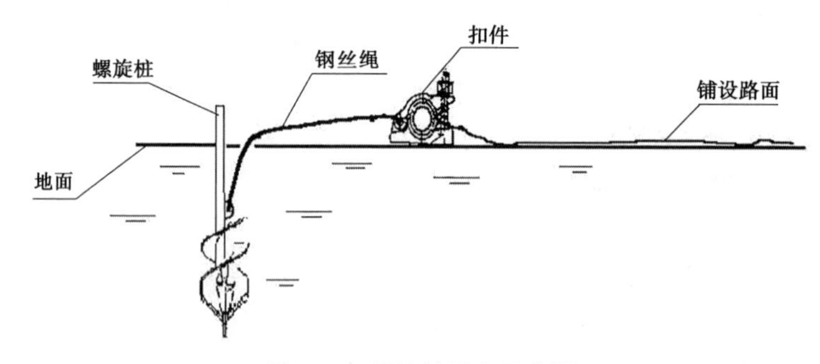

图 5-54 螺旋桩固定示意图

5.7.5.3 推荐轻质路面现场试验

现场试验在赵口连坝工程、上堤土坡进行,此次只做大型车辆的载重试验。本次使用的车辆是 TATRA 自卸车,装土 12 m^3,总质量约 35 000 kg。第一趟仍采用 TATRA 空车,

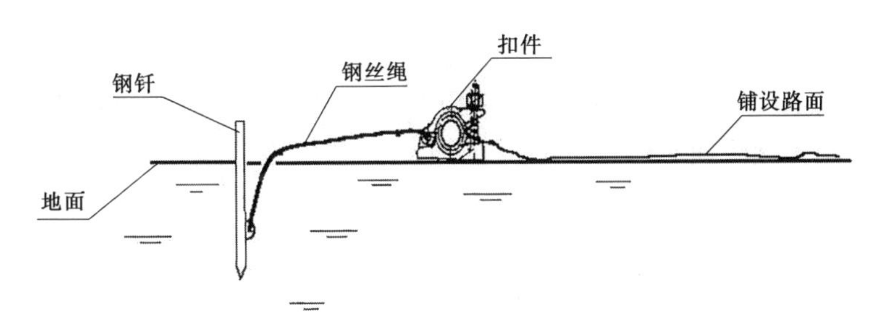

图5-55　钢钎固定示意图

从坡下往上行顺利通过,车辆无任何打滑现象,路面保持完好,前端的固定钢管被拉弯成弓形。在汽车去装土的时间,更换固定钢管,并在固定钢管中间增加了一根钢丝绳和一根固定桩。第二趟重车从上往下行,由于车辆缓慢刹车下滑,不时要转动方向,车轮在轻质路面上扭动,对路面产生极大的拉力,因此路面的两侧固定的U形卡子部分产生了变形,有些从土中被拉了出来,还有一些因固定的比较牢固,在轻质路面固定处有局部撕破现象。第三趟车从下往上开,车辆很顺利地通过,轻质路面前端的固定钢管仍被拉变形,由于中间增加了一个固定桩,固定桩变形较小。如此连续通过了五趟,路面基本稳定不变。

5.7.5.4　现场试验结果分析

(1)从试验路面准备情况可以看出,本次在赵口连坝上洒水量相当于降雨200 mm以上,并且保持水不流走,浸泡两天时间,路面上面有一层水,但道路并没有形成较深泥泞,没有产生车辆打滑现象。在上堤坡道上洒水量比连坝上还少,就已经使车辆产生打滑。试验结果表明,轻质路面适用于上堤的有坡度的土质道路,若需要在平坦泥泞道路使用,其防滑效果则会更好。

(2)推荐的轻质路面防滑效果十分明显,在有泥泞的坡道上几乎所有的车辆都出现打滑而无法上去,铺设轻质路面之后,车辆都能很容易地开上去。连总质量约40 t的TATRA自卸车下坡时也没有任何打滑迹象。

(3)推荐的轻质路面对泥泞层的隔离作用和过滤排水作用较好。试验道路通过洒水后不仅泥泞,表面还有积水,轻质路面铺上之后,路面上只有水而没有泥土。

(4)试验的轻质路面使用的材料强度能够满足要求。试验中TATRA自卸车在上下坡道上往返开行,路面没有任何破坏的现象,说明材料的抗拉强度大于车轮对路面产生的摩擦拉应力。

(5)推荐的轻质路面端部固定方法较好。路面固定桩和钢丝绳能够承受车辆通过时产生的拉应力,使用简单可靠,路面端部插入套管能够保证受力均匀,但是套管变形较大,今后应加大套管的刚度。

(6)轻质路面两侧用U形卡子固定的方法出现问题,由于卡子直接穿进路面两侧的穿绳孔中,没有一点变形余地,绳孔离布边太近,容易把布边撕裂。今后应改进两侧固定方法,用绳子穿过绳孔再固定于两边的卡子上,使路面两侧有一定的伸缩量即可。

5.7.6　试验结果分析

(1)通过试验得出,采用推荐的轻质路面下层为机织土工布,上层为合成纤维土工格栅,可基本解决常见的防汛道路因降雨造成的道路泥泞而无法通行的问题。该轻质路面具有以下特点:①质量轻,每卷 50 m 长,5.7 m 宽,仅 200 kg 重;②施工快速简单,不需专用施工机具,只需 10 人通过滚动展铺;③适应范围广,可用于未硬化的上堤路口、河道整治工程的顶面、雨天无法通车的土质路面等;④可重复使用,因所使用的材料属于土工合成材料类,不但强度高,而且宜于长期储存,一次使用完毕后,经冲洗晾干后可再次使用。

(2)碳纤维材料具有轻质、高强的特点,可用于轻质应急路面。如法国军队在 1995 年展示的一种合成材料的临时路面,主要铺设于河滩、沼泽等泥泞道路上,作为临时路面,防止车辆打滑,效果十分好。其主要材料是土工合成材料作的面层,中间有碳纤维材料作的骨架,这种路面突出的优点是重量轻、强度大、铺设方便、适应性强。但是,造价较高。

5.8 透水桩坝导流落淤效果试验

5.8.1 问题的提出

鉴于黄河的高含沙特点,采用导流减小口门流量或在裹头、围堰等合适部位缓溜落淤,往往会起到事半功倍的作用。本节介绍透水桩坝导流落淤技术实施效果试验研究内容,可供堵口采取导流等辅助措施时参考。

黄河下游河道整治工程以往多采用传统的柳石结构坝,该坝在靠溜后, 坝前冲刷成坑, 裹护部分随即下蛰,需及时采用抛石等方法进行抢护加固,经多次抢险后坝体才能达到稳定。为了减少传统结构坝因基础浅所造成的被动抢险局面,一些新的坝型逐渐在河道整治工程中被采用。透水桩坝因基础埋深大、不需抢险、坝后可缓流落淤、大洪水还可漫顶行洪而受到治河工作者越来越多的关注。新疆于 1972 年开始在叶尔羌河、塔里木河上修建透水桩坝,随后,黄河花园口、双井及苏泗庄等控导工程也陆续修建了几座试验透水桩坝,均取得了良好的缓流落淤、控导河势的效果。但由于透水桩坝的设计原则仍处于探索之中,其透水率的确定有一定的盲目性,倒桩和断桩现象也时有发生,再加上试验桩坝工程长度较短,且位于控导工程的送溜段,因此对大中型洪水及小流量过程的河势适应性如何、布设在导流段上的运用效果怎样等技术问题还没有解决。为了促进这种新坝型的推广和应用,2000 年利用实体模型对透水桩坝的导流效果、坝前后冲淤变化及其他水力特性进行了必要的研究。

5.8.2 试验方案

5.8.2.1 工程结构与试验场地布置方案

透水桩坝设计为混凝土灌注桩护岸,其结构形式如图 5-56 所示,总长 2 km,护岸弯道半径 R 为 3 450 m,弯道中心角为 49°。设计洪水位为与桩顶平齐,桩长 29.0 m, 图中 d 为桩径, l 为桩与桩之间的净间距,用工程立面透水面积与总面积之比表示透水率 β。

透水桩坝的布置采用单排桩柱护岸式,并按治导线进行排列。桩坝的试验透水率拟订为三种方案:① 桩径为 0.8 m,净桩距为 0.3 m, 透水率 β 为 27%(简称方案Ⅰ);② 桩

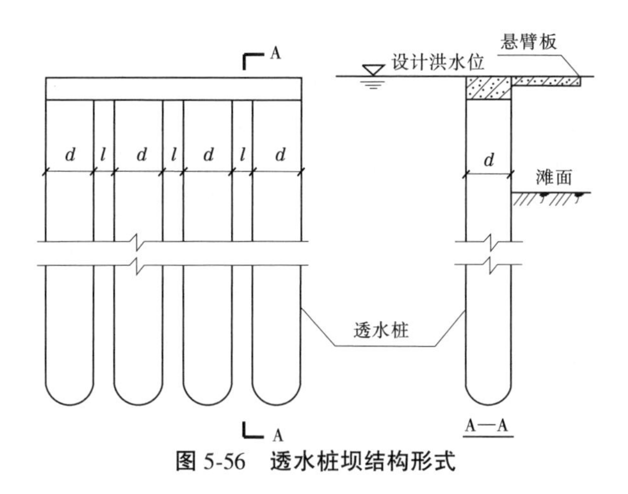

图 5-56　透水桩坝结构形式

径为 1 m,净桩距为 0.5 m,透水率β为 33%(简称方案Ⅱ);③桩径为 1 m,净桩距为 0.75 m,透水率β为 43%(简称方案Ⅲ)。选择黄河下游韦滩河段为透水桩坝模型试验河段,模型模拟范围包括该弯段下游的整个弯段。该河段上游有三官庙工程,下游有大张庄工程,试验河段总长约 16 km,韦滩工程长约 6 km,整治流量为 5 000 m^3/s, 设计水位 86.8 m(大沽高程),工程周围滩面高程为 84.6~85.2 m。模型试验平面布置见图 5-57。

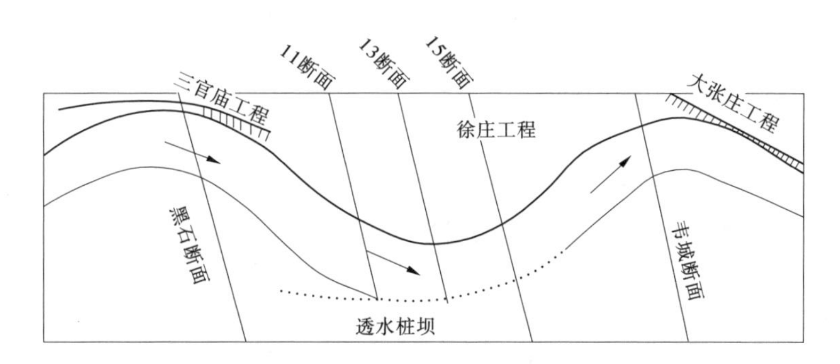

图 5-57　透水桩坝模型试验平面布置

5.8.2.2　模型设计及验证

模型设计主要考虑水流重力相似条件、水流阻力相似条件、水流输沙能力相似条件、泥沙悬移相似条件、河床变形相似条件、泥沙起动及扬动相似条件和河型相似条件。取用的主要比尺为:水平比尺 $\lambda_L=360$,垂直比尺 $\lambda_H=60$,悬沙粒径比尺 $\lambda_d=0.98$,含沙量比尺 $\lambda_s=2.00$,时间比尺 $\lambda_t=47.20$。

根据 1994 年汛期一场洪水过程验证,模型设计可以较好地满足阻力相似和河道冲淤变形相似的要求,可以反映黄河下游河道的游荡特性。

5.8.2.3　试验地形、水沙条件及试验组次

试验所用河道边界条件为 1998 年汛后地形。由于现状流路脱离三官庙和韦滩工程,因此在试验中采取挖槽措施将大河引至韦滩工程。挖槽线路根据拟定的水流与韦滩工程之间的入流夹角θ确定(见图 5-58),入流角θ拟定为 15°、30°、60°三个方案,入流单宽流

量 $q=20\ m^3/(s \cdot m)$。

试验水沙条件采用如下三组试验系列：①流量为 3 000 m^3/s，含沙量取中常含沙量 37 kg/m^3，流量历时取小浪底水文站相应流量级出现天数的多年平均值 9 d。②流量为 5 000 m^3/s，含沙量取中常含沙量 37 kg/m^3，流量历时取小浪底水文站相应流量级出现天数的多年平均值 5 d。③按 1 000~5 000 m^3/s 共 5 个流量级设计的水沙系列。其中，按流量大小相应选配含沙量范围为 30~50 kg/m^3，相应流量级 5 000~1 000 m^3/s 的来沙系数为 0.010~0.030$(kg \cdot s)/m^6$。尾门水位按 1999 年黄河下游推算的水位流量关系，取内插后的大张庄水位进行控制。

按 3 个透水率方案、3 种水沙条件、3 种入流角进行组合，共设计 15 个试验组次。

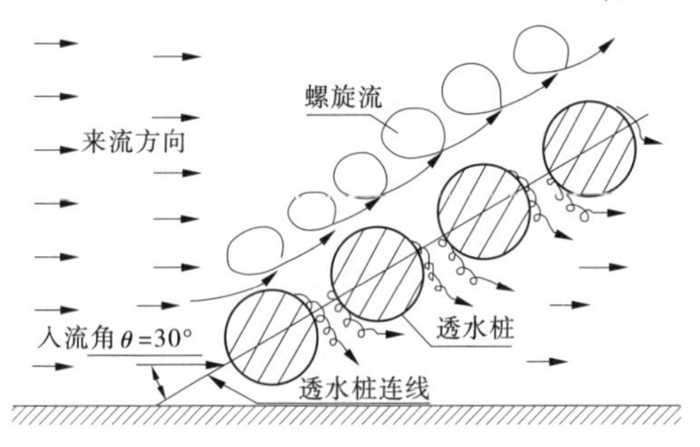

图 5-58　透水桩坝前水流流态

5.8.2.4　透水桩坝特点与试验观测

透水桩坝是由数根桩柱相互间隔一定距离按工程治导线排列而成的一种控导工程。在平面上，呈一平滑的透水桩排坝，与实体丁坝群整治工程相比，不具有明显的齿状外形的挑流结构形式；同时，在垂向上具有竖向间隙，坝体为非连续性的，主槽水流可以通过坝体间隙直接上滩。因此，对于这类透水桩坝，人们最关心的问题之一就是其导流落淤效果，这是直接关系到该类工程在黄河上应用可行性的关键技术问题。为此，在试验过程中，重点对工程段及其下游河段的河势和地形进行了观测，侧重分析了送流长度、出流河势、迎流位置、透水漫滩落淤状况等有关要素。

5.8.3　试验结果分析

5.8.3.1　透水桩坝附近流态

来流顶冲桩坝后，紧贴坝前形成平行于桩坝走向的螺旋流（见图 5-58），使得桩坝前同一垂线上各点的流速方向不一致，流态十分复杂。

(1)30°入流角条件下，工程运行初期，上游来流遇到透水桩坝后，大部分水流被平顺导向下游，而穿过透水桩坝的水流也能顺畅下行，坝后水流流向和坝前来流流向基本一致，但流速明显减小，产生泥沙淤积。随着运行时间延长，透水桩坝后滩地泥沙淤积越来越高。透水率为 27%条件下，透水桩坝前河床达到冲刷稳定后，受透水桩坝及其坝后淤积体的共同作用，主流被完全导向下游，透水桩坝后只有宽约 20 m 的范围过流，而水流流向基本上与桩坝走向一致，此时的透水桩坝导流效果与实体坝无异；透水率为 33%条件下，透水桩坝前河床达到冲刷稳定时，坝后滩面出露范围较小，但导流效果仍非常明显，大部分水流仍被顺利导向下游；透水率为43%时，坝后流速相对较大，透水桩坝前河床达到冲刷稳定时，桩坝后也未见滩面露出。入流角相同（$\theta=30°$）、透水率β不同条件下透水桩坝前河床冲刷稳定时的流态见图5-59。

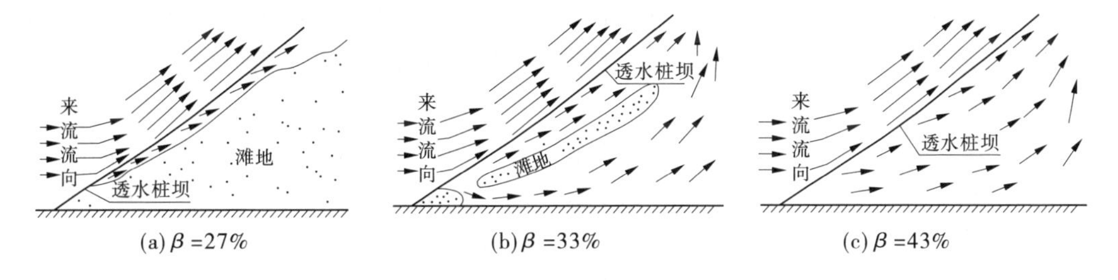

图5-59　不同透水率条件下透水桩坝前冲刷稳定时流态（$\theta=30°$）

（2）60°入流角时，透水桩坝前后流态与入流角为30°时相差不大。

（3）90°入流角对透水桩坝护岸来讲是一种极端不利的入流条件，此条件下，工程运行初期，水流行至透水桩坝前时，部分水流下潜，然后以大尺度螺旋环流形式顺透水桩坝流向下游，而穿过桩坝的水流大部分顺滩地向下游行进，过透水桩后流速减小，滩地同样产生泥沙淤积，但穿过透水桩坝的水流流势较急，会在滩地上拉出沟槽，形成汊河，最大水深可达5 m。受桩后泥沙淤积的影响，透水桩坝前河床冲刷达到稳定时，透水桩坝前来流的入流角由90°渐变为80°左右。

5.8.3.2　透水桩坝前、后水位差

（1）30°入流角时，在工程运行初期，透水桩坝前水深小，水流流速大，在主流顶冲透水桩坝的部位，桩坝前水位可比桩坝后水位高0.20~0.30 m，此时，桩坝类似于河道中的阻水建筑物，水流通过后形成局部跌水。随着透水桩坝前冲刷深度逐渐加大，坝后滩面淤积抬高，透水桩坝前、后水位差逐渐减小，冲刷稳定时，桩坝前、后水位差减小为0.05~0.15 m。在试验的3种透水率条件下，透水桩坝前、后水位差无明显差别。

（2）60°入流角和90°入流角时，桩坝前、后水位差为0.05~0.15 m。

5.8.3.3　透水桩坝前、后流速

（1）30°入流角时，当水流行至透水桩坝前时，受桩坝阻碍，水流折向下游，顺坝下行，透水桩坝前最大垂线平均流速可达3.5 m/s。透水率为27%条件下，透水桩坝前冲刷达到稳定时，桩坝后大部分淤积面已与坝顶高程齐平，坝后只有宽约20 m的范围内有水顺坝下行，流速较小；透水率为33%和43%时，透水桩坝前河床达到冲刷稳定后，桩坝前最大垂线平均流速达3 m/s，大河大部分水流仍被透水桩坝导向下游。虽然桩坝后有较大范围仍在过流，但此时坝后的水深和流速也较小。透水桩坝前、后最大垂线平均流速比值约为3.5。

（2）60°入流角时，从桩坝后滩地上流速和淤积情况可以看出，透水桩坝前河床达到冲刷稳定时，桩坝后最大垂线平均流速仍大于1 m/s。由于桩坝后流速较大，因此滩地落淤速度相对30°入流角时要慢。透水桩坝前、后最大垂线平均流速比值约为2.0。

（3）90°入流角时，透水桩坝前流速随透水率加大略有减小，而桩坝后流速变大。透水桩坝前、后最大垂线平均流速比值约为1.3。

5.8.3.4　透水桩坝前、后冲淤地形

试验结果表明，透水桩坝后滩地落淤多少与大河来流含沙量及桩坝的透水率有关，若大河来流含沙量高，桩坝后滩地落淤速度就快，落淤部位距桩坝较近。当来流含沙量一定时，小透水率条件下，桩坝后滩地水流流速较小，落淤速度比透水率大时要快。随入流角增大，透水桩后落淤速度略有减小，30°入流角、透水率为27%时，桩后较大范围的滩地可淤至桩顶高程。

透过桩坝的水流对坝后的土体产生冲刷，冲刷强度随透水率增大而增大，透水桩坝前后冲刷达到稳定时，桩坝后冲坑的稳定坡度与泥沙水下休止角接近，见图5-60。桩坝前冲刷坑边坡要缓于桩坝后冲坑边坡，桩根部前、后泥面高差一般小于1.0 m，因此桩坝所受水平土压力不大。此时，桩坝前、后实际上为同一冲坑。

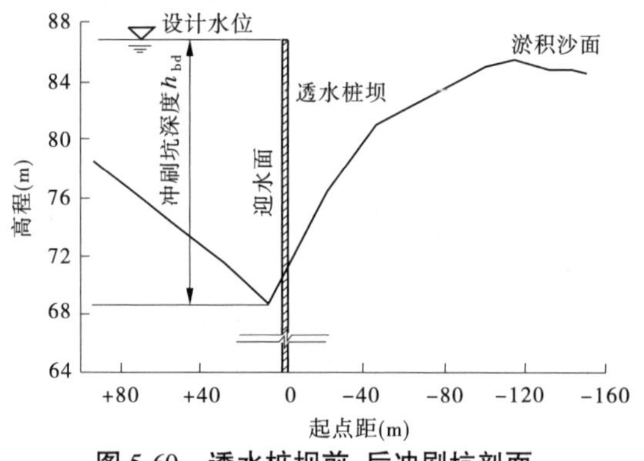

图5-60　透水桩坝前、后冲刷坑剖面

(1)30°入流角时，在试验的3种透水率条件下，桩坝前河床冲刷坑深度为18.0~19.0 m(从透水桩坝桩顶往下算起)，冲刷坑最深点距透水桩坝的距离为6.0~23.0 m。受透水桩坝前螺旋环流淘刷，坝前冲刷坑形状为一近似平行于桩坝的长条状冲坑，与螺旋流走向一致。

(2)60°入流角时，透水桩坝前冲刷坑形状也为一近似平行于桩坝的长条状冲坑，只是冲坑的宽度和最大冲刷坑深度较入流角为30°时略大。透水桩坝前最大冲刷坑深度为19.5~19.9 m，冲刷坑最深点距透水桩坝的距离为10.0~15.0 m。

(3)90°入流角时，透水桩坝前最大冲刷坑深度为19.9~20.7 m，冲刷坑最深点距桩坝的距离为7.5~10.5 m。

5.8.4　主要认识

(1)入流角对导流效果影响较明显，随入流角增大，透水桩坝的导流能力逐渐减弱，当入流角大于60°后，透过桩坝的水流流势较急，有可能在桩坝后滩地上拉槽形成岔河或串沟。为保证透水桩坝在入流角度较大时仍有较佳的导流效果，应采用较小的透水率，或将透水桩坝的平面位置按规划治导线的布局向河中推进一定距离，以弥补其透水过流后导溜部位后靠而控导能力较弱的不足。

(2)透水桩坝前冲刷达到稳定后，桩坝前、后水位差一般为0.05~0.15 m，与入流角

关系不大。冲刷初期,水深小、流速大,在水流顶冲段，桩坝前、后水位差可达 0.30 m。

(3)随入流角增大，进入滩地流量增加，透水桩坝前流速有所减小，而透水桩坝后水流流速增大。30°、60°和 90°入流角时,透水桩坝前、后最大垂线平均流速比值分别为 3.5、2.0 和 1.3。

(4)透水桩坝后滩地淤积部位、范围和淤积量随来流含沙量、入流角和桩坝透水率有关。当来流含沙量增大和透水率减小时，桩坝后落淤速度加快，落淤部位距桩坝较近;随着入流角的增大,透水桩坝后落淤速度略有减小，30°入流角、透水率为 27%时，桩坝后较大范围滩地可淤至桩顶高程。

(5)透水桩坝前的冲刷坑形状为一近似平行于桩坝的长条状冲坑，随着入流角度的增大，透水桩坝前冲刷坑宽度增大,最大冲刷坑深度也略有增大，30°、60°和 90°入流角时，透水桩坝前最大冲刷坑深度分别为 18.0~19.0 m、19.5~19.9 m 和 19.9~20.7 m。在来流含沙量及床沙组成不变的情况下，最大冲刷坑深度一般出现在主溜顶冲段或稍偏下游部位。由于冲刷坑最深点距桩坝较近,为安全考虑,应选取桩坝前最大冲刷坑深度作为桩长设计的主要参数,单桩受力主要是动水压力，所受土压力差较小。

(6)透水桩坝作为一种新坝型,其稳定性受河势变化、河道冲淤以及地质条件、桩长、透水率等影响较大。黄河下游试验坝段(如韦滩、东安桩坝)曾出现整联向临河侧或背河侧倾覆的险情,且难以抢护。因此,在桩坝偎水运行后应加强监测,对可能倾覆的要尽早采取抛铅丝笼等措施予以防护。

参考文献

[1] 潘恕,余咸宁,许雨新,等. 堤防堵口软体坝围堰技术研究[R].2000.
[2] 黄河防汛总指挥部办公室.黄河下游典型河段堤防溃口对策预案[R].2000.
[3] 潘恕,余咸宁,王卫红,等.江河堤防决口快速堵复橡胶坝围堰技术试验研究[R].2000.
[4] 姚文艺,刘海凌,王卫红,等. 河型变化段河工动床模型设计方法研究[J].泥沙研究,1998(4):14-20.
[5] 王卫红,王艳平.黄河济南河段发生特大洪水时防洪形势的试验研究[J].人民黄河,1999(9):21-22.
[6] 梁跃平,乔永安.口门区水力特性及冲淤特性模型试验报告[R].2000.
[7] 田治宗,梁跃平,解吉祥,等.堤防溃口口门区水力及冲淤特性模型试验研究[J]. 人民黄河,2003(3):32-33.
[8] 余咸宁,谢志刚. 软体坝围堰装备及施工技术[R].2000.
[9] 潘恕,常向前,陈为. 无基础底板软体坝计算方法研究[R].1998.
[10] 汪自力.曲梁在均布法向力作用下内力的简化算法[R].1990.
[11] 辽宁省水利科学研究所.软体坝技术资料选编[R].1980.
[12]《桩基工程手册》编写委员会.桩基工程手册[M]. 北京:中国建筑工业出版社,1995.
[13] 中华人民共和国交通部.港口工程技术规范[M]. 北京:人民交通出版社,1988.
[14] 潘恕,余咸宁,许雨新,等.堵口附属工程技术研究[R]. 2000.
[15] 张宝森,张喜泉,张俊霞,等.土工合成材料工程特性试验研究[J].甘肃工业大学学报,2002(2):103-107.

[16] 刘新华,张宝森,张喜泉. 土工合成材料在防汛抢险中反滤设计准则研究[J]. 人民黄河,2003(3):14-15.
[17] 张宝森,李莉,张俊霞. 土工织物反滤特性试验研究[J]. 人民黄河,2003(3):38-39,43.
[18] 张宝森,沈秀珍,程征. 土工合成材料在渗水(流土)抢险中的应用研究[J]. 人民黄河,2003(3):40-41.
[19] 崔建中,张宝森,张喜泉. 土工合成材料在黄河河道工程抢险中的应用[J]. 人民黄河,2003(3):42-43.
[20] 中华人民共和国住房和城乡建设部. 土工合成材料应用技术规范:GB/T 50290—2014[S]. 北京:中国计划出版社,2015.
[21] Л. Г. 洛强斯基. 液体与气体力学[M]. 北京:人民教育出版社,1959.
[22] H. E. 柯钦. И А. 基别里,H. B. 罗斯. 理论流体力学[M]. 北京:人民教育出版社,1980.
[23] 余咸宁,王卫红,周景芍,等. 黄河堤防堵口护底技术研究[R]. 2001.
[24] 王卫红,许雨新,岳瑜素,等. 护底充气式软体排水力学特性模型试验研究[J]. 人民黄河,2003(3):34-35.
[25] 余咸宁,潘恕,谢志刚,等. 黄河堤防堵口护底技术研究[J]. 人民黄河,2003(3):30-31.
[26] 张宝森,汪自力,余咸宁. 大网笼、大土工包机械化抢险技术试验研究报告[R]. 2004.
[27] 张宝森,汪自力. 大土工包机械化抢险技术探讨[C]//全国第六届土工合成材料学术会议论文集. 香港:现代知识出版社,2004.
[28] 张宝森,汪自力,王德智,等. 大网笼机械化抢险技术现场试验[J]. 水利水电科技进展,2006(1):57-59,69.
[29] 余咸宁,田治宗,王卫红,等. 防汛道路应急措施技术研究[R]. 2002.
[30] 张宝森,孙振谦,田治宗,等. 黄河防汛道路应急措施技术研究[C]//全国第六届土工合成材料学术会议论文集. 香港:现代知识出版社,2004.
[31] 田治宗,王普庆. 透水桩坝整体物理模型设计及验证试验报告[R]. 2000.
[32] 李远发,田治宗,等. 不同透水率桩坝局部冲刷试验研究报告[R]. 2000.
[33] 李远发,田治宗,宋莉萱,等. 透水桩坝导流落淤效果研究[J]. 人民黄河,2008(1):8-9,12,79.
[34] 姚文艺,王普庆,常温花. 护岸式透水桩坝缓流落淤效果及桩部冲刷过程[J]. 泥沙研究,2003(2):26-31.
[35] 李远发, 陈俊杰, 郭慧敏,等. 透水桩坝前冲刷坑深度影响因素探讨[J]. 水利水电技术,2008(2):26-28.
[36] 刘燕,江恩惠,曹永涛,等. 透水桩坝对黄河下游河势控导效果[J]. 人民黄河,2011,33(6):11-12.
[37] 张宝森,朱太顺,陈银太,等. 黄河治河工程现代抢险技术研究[M]. 郑州:黄河水利出版社,2004.

第 6 章　软体坝围堰装备与施工技术

与一般土石料堵口不同,软体坝围堰堵口需要事先制作坝袋、钢浮箱及充水控制系统、钢管桩等专用装备,且便于运输、快速组装。本章主要介绍软体坝主体装备的结构设计、水陆运输、施工作业等关键技术。

6.1　软体坝袋

6.1.1　坝袋制作材料

坝袋制作材料包括胶料、帆布材料两类。①胶料:基本要求是耐大气老化,抗紫外线老化,耐水,耐磨损,有足够的抗拉强度和较好的制造工艺。常规生产的橡胶坝以氯丁橡胶为主要胶料,在配方中还需要加入各种辅助料以提高其性能。尽量采用新的材料或新的胶料配方,是今后研究的主要课题之一。国内生产橡胶坝的工厂如北京橡胶十厂、沈阳橡胶四厂、青岛橡胶七厂等都是我国生产橡胶坝的著名厂家,并在材料上有新的进展。例如,采用三元乙丙橡胶、氯磺化聚乙烯和丁基橡胶等,改性氯丁胶,还有聚醚聚氨酯涂层,其效果都有很好的抗老化性能。②帆布材料:我国生产的 J3030 型绵纶平纹帆布,其经向、纬向断裂强度提高到 300 kN/m、300 kN/m,用此种材料制造 7 m 高软体坝袋应能满足要求。如果有一种强度很高的帆布材料,在帆布表面采用喷涂法涂上一层聚氨酯涂层,由于聚氨酯强度高,耐油、耐臭氧、耐老化,其寿命是普通橡胶的 5 倍左右,则坝袋重量还可以大大减轻,整个结构形式还可以更加优化。

6.1.2　软体坝断面确定

按第 5 章计算方法,计算出坝高 $H=7$ m,挡水深度为 5 m 时,$P_0=1$ t/m^2 和 $P_0=2$ t/m^2 两种情况的坝袋参数如表 6-1 所示。软体坝断面图见图 6-1。

表 6-1　坝袋参数

参数	$P_0=1$ t/m	$P_0=2$ t/m
T(t/m)	15.75	19.25
L(m)	13.963	10.43
L_L(m)	39.867	33.859
S(m^2)	94.562	75.83
V(m^3)	907.8	727.9
K	1.47	1.75

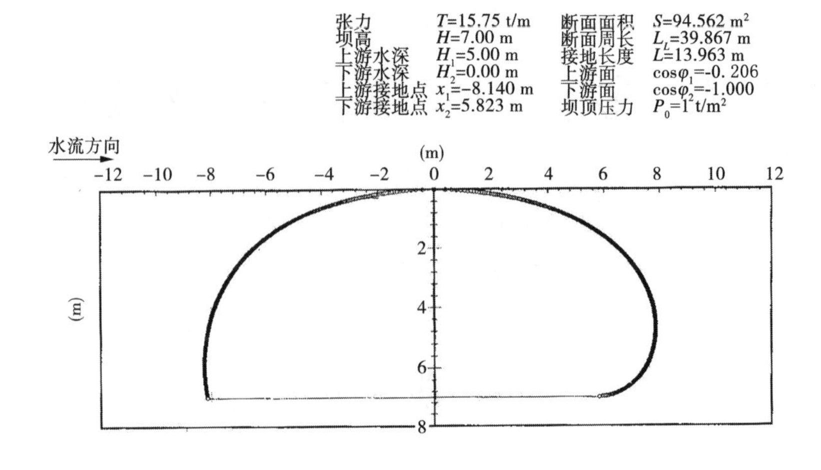

图 6-1　7 m 坝高挡 5 m 水深的软体坝断面图(P_0 = 1 t/m²)

6.1.3　坝袋结构设计

采用 J3030 帆布为骨料,仍用氯丁橡胶为胶料的胶布制品,建议胶布采用二布三胶,内层胶厚度取 1 mm,中层胶厚度取 0.5 mm,外层胶厚度取 1.3 mm,帆布厚度为 1 mm,则胶布总厚度控制在 5 mm 范围内,平均质量约为 6 kg/m²。

坝袋采用枕头式坝袋,根据前面坝袋计算尺寸,一个单元坝袋长 9.6 m、宽 13.96 m、高 7 m、总表面积约为 572 m²、总质量约为 3.5 t。坝袋在锚固边开口,锚固线宽度为 0.6 m,上下两边均加厚一层,在锚固线上冲出穿螺栓的孔,采用单锚线螺栓压板式封闭和锚固坝袋。

6.2　钢浮箱与钢管桩

6.2.1　钢浮箱作用与技术要求

6.2.1.1　钢浮箱作用

钢浮箱除具有固定软体坝袋功能外,还可用作浮式挑水坝和浮桥的浮体等。作为桩与软体坝之间的连系构件,同时还发挥以下四个方面的作用:

(1)钢浮箱是固定软体坝的基础平台。桩固定式的软体坝袋,出厂制成品是一侧开口的袋形体。使用时开口边固定在钢浮箱侧边,固定后坝袋可随浮箱一块运输和下沉。

(2)钢浮箱是软体坝袋的水上运输载体,如此大大减少了水上运输船舶的数量。

(3)钢浮箱是水上施工平台。软体坝段拖运至预定的坝轴线位置后,后续作业是一水上施工过程,需要水上施工平台。钢浮箱内压载舱可以把浮箱调整至水平。钢浮箱上设有桩孔,可以在浮箱上进行打桩、接充排水管道和其他水上施工作业。

(4)钢浮箱提供了布置充排水管道和控制系统的空间。钢浮箱和软体坝袋均应通过管道和控制系统与泵站连接,将它们布置在水面上不仅施工困难,而且不安全,布置在浮箱内则解决了这个问题。

6.2.1.2　钢浮箱技术要求

钢浮箱除用于固定软体坝袋形成水上施工平台外,还需用作浮式挑水坝和浮桥的浮体等,此时不但要满足工作时的强度和稳定性的限制条件,为快速施工还应满足下列要求:

(1)便于运输。黄河下游不能通航,只能通过公路将这些装备运抵现场,因此要求钢浮箱等部件满足公路运输的多种限制。

(2)现场装配工作量小,且便于操作。因此要求:①多种装配式部件不能划分得过分零散;②同一种类的部件没有方位和排序的要求;③装配精度适应现场工作条件,堵口工程现场工作条件较差,装配精度要求不能过高;④装配操作简单等。

(3)装配时不需要使用大型机械。

(4)浮坝坝顶面或浮桥桥面平整,没有突出物,便于通行。

(5)挑水坝顶面或桥面上可设小型起重机械固定用支座(起重量小于 2 t)。

(6)能满足多种装配方案的要求,钢浮箱用于挑水坝、浮桥和软体坝,使用目的不同,受力状态不同。当钢浮箱的外形尺寸确定后,只能通过不同的拼装方案来实现钢浮箱的多种功能。

(7)可实现多种固定方式。与(6)理由相同,拟考虑桩或锚两种固定方式,或者两种固定方式同时运用。

6.2.2　钢浮箱结构形式与尺寸

为便于运输,钢浮箱采用装配式。单个钢浮箱是一个矩形箱体,设计为 1、2 两种形式。

(1)钢浮箱 1:其外部尺寸为长 4.8 m、宽 1.2 m、高 0.8 m,见图 6-2、图 6-3。浮箱内有肋骨、龙骨、横梁、肋板等骨架,外板厚 3~6 mm。箱内有两条水管,每条水管都有 2 个接头(两端各 1 个)。沿箱体长度中心线有 2 个桩孔,桩孔直径 350 mm,用钢板围成,与上下板焊成一体。每只标准钢浮箱质量约为 1 000 kg,浮箱体积 4.608 m^3,自身平均吃水 17.4 cm,允许载重量为 2.5 t。在拟定这一尺寸时考虑到了钢浮箱的多种用途和多种拼装方案。钢浮箱上设有桩孔可供打桩固定浮箱用,钢浮箱上的其余设施见图 6-3,固定软体坝袋的钢浮箱拼装方案见图 5-11。

(2)钢浮箱 2:仅用作联系构件,其外形尺寸(长、宽、高)为 1.8 m(1.2 m)、0.3 m、0.8 m,详见图 6-4。

6.2.3　钢浮箱的连接装置

钢浮箱可以纵横向连接,四只纵向钢浮箱与一只横向钢浮箱正好对齐。为便于钢浮箱拼装,经多种方案比较后,采用键销式连接方式。钢浮箱侧面纵向有 2 个插槽,横向有 8 个插槽,插槽为 T 字形,插块为工字形,插好后用销子销紧。钢浮箱就连成了一体,可以承受较大的力以满足软体坝挡水的要求,插槽与插块形式见图 6-5。插槽间距为 600 mm,槽宽 80/25 mm、长 785 mm,块宽 60 mm、长 700 mm。键销连接方式是在分析销连接、螺

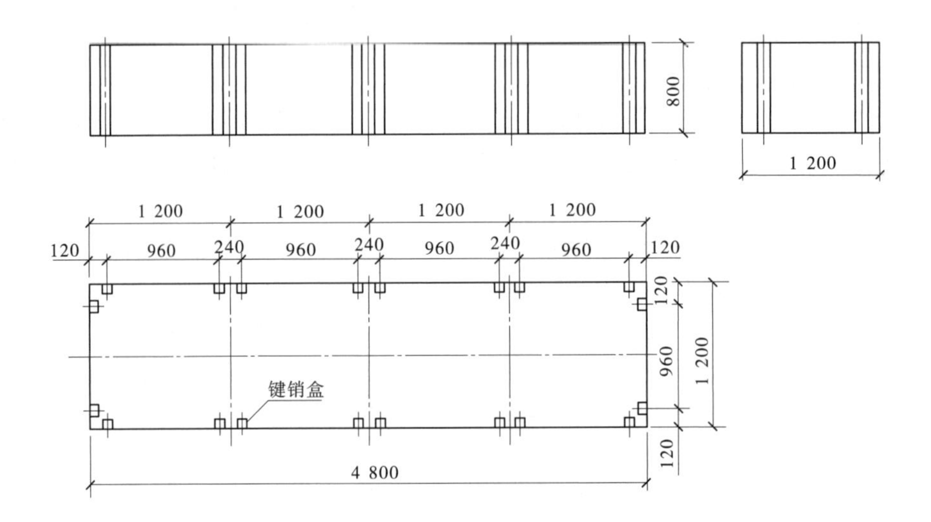

图 6-2　钢浮箱 1 平面、立面图　（单位:mm）

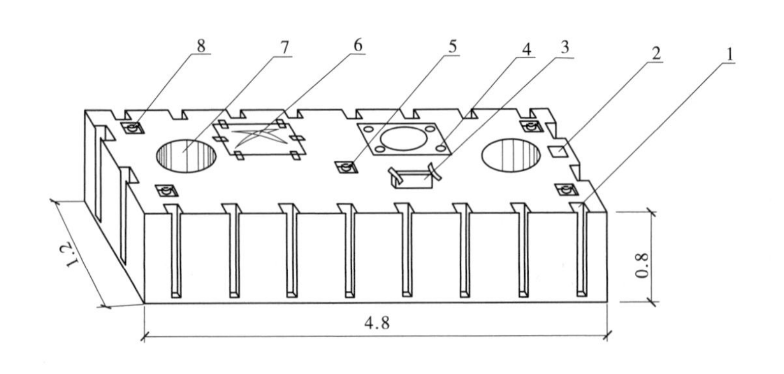

1—插槽;2—底阀开关口;3—锚缆固定铁;4—绞车座
5—吊杆孔;6—人孔盖;7—桩孔;8—管子接口

图 6-3　钢浮箱 1 结构示意图　（单位:m）

栓连接、扣环连接、舟桥连接等方案基础上,参考机械传动轴与传动轮常用连接方式提出的,具有如下突出优点:

(1)箱体由点接触受力变为线接触受力,受力趋于均匀,传递水平力和垂直力的能力大为增强,能满足挑水坝浮体要承受较大水平力的要求,也满足浮桥浮体要传递较大垂直力的要求,当然也满足固定挡水坝袋受力要求。

(2)箱体上的键销盒下设底板,上压盖板,一个方向的键销就限制了箱体三个方向上的运动,因此箱体上只设垂直向键销,简化了结构。

(3)操作简单方便,连接钢浮箱时,键销基本上只在竖直方向上的运动。

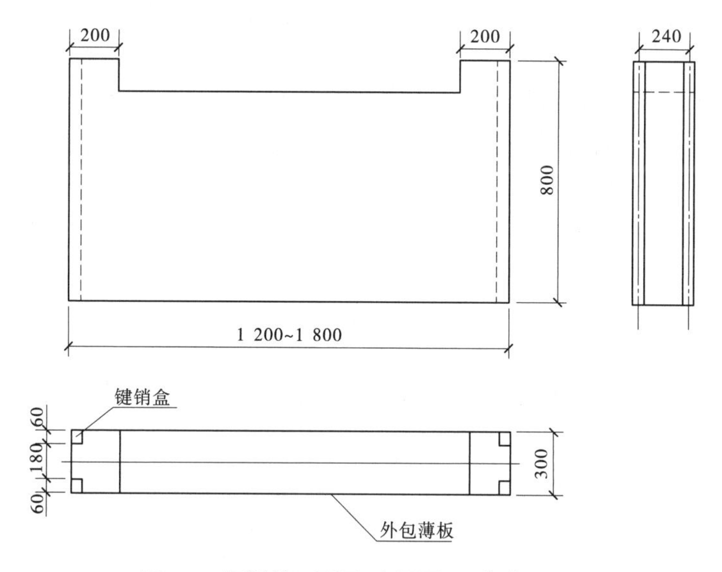

图 6-4　钢浮箱 2 平面、立面图　(单位:mm)

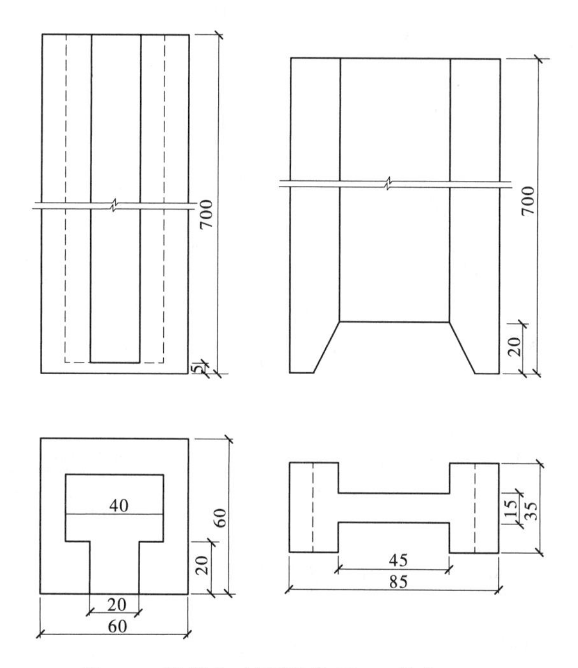

图 6-5　键销盒、键销结构图　(单位:mm)

6.2.4　钢浮箱结构内力分析

6.2.4.1　钢浮箱结构简图

钢浮箱具有多种功能,但其作为挑水坝浮体时,主要承受挑流功能部件传递的水平力,与一般浮体受力不同,有必要以此种情况作为浮箱结构的控制条件之一,计算其结构内力。

由于钢浮箱是装配浮体的构件,位置不是预先确定的,安装在不同方位上,受力可以是相反的。采用水平布置的钢桁架作为浮箱之受力骨架,因此桁架杆件的布置考虑为完全对称的(如图 6-6 所示),该桁架为具有交叉腹杆的内部四次超静定结构。

在方案设计阶段,对其做如下简化:在结点荷载作用下,每一对交叉斜腹杆,一个受拉,一个受压。由于受压斜腹杆较弦杆长,承载能力小,不考虑其作用;当荷载反向作用时,原先受拉腹杆变为压杆,也不起作用,故将其简化为静定结构计算。这样处理,计算结果偏于保守,但计算简单。

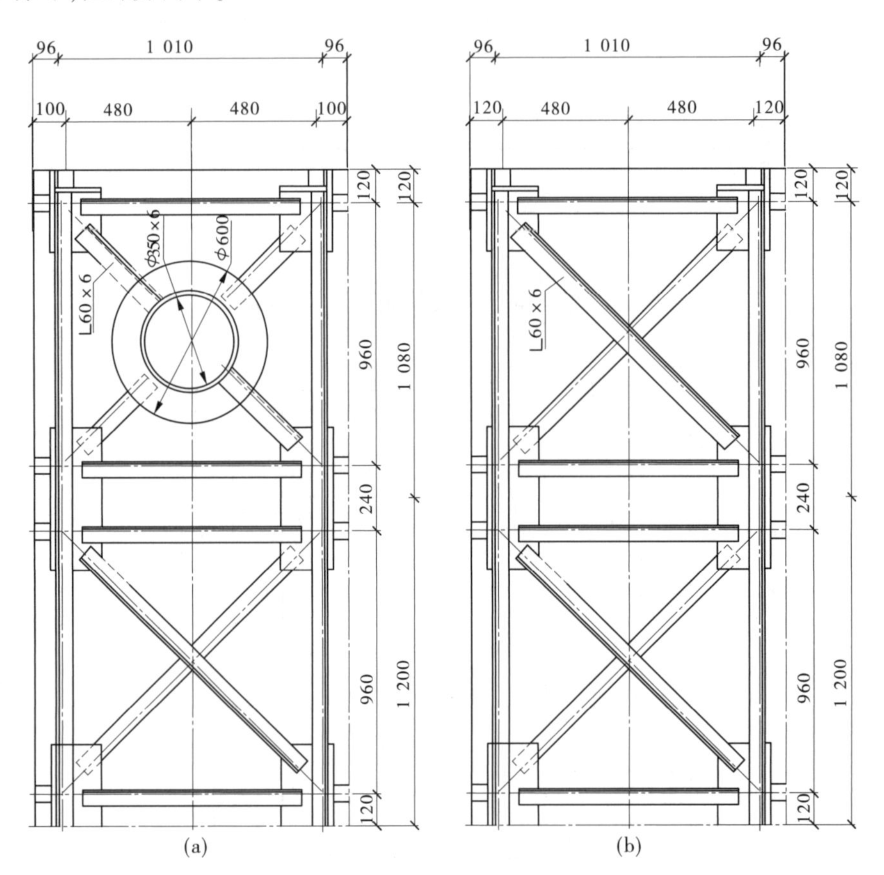

图 6-6　钢浮箱水平桁架结构　(单位:mm)

6.2.4.2　受力工况及分析

钢浮箱由于不同的布置,受力情况不同。当用双锚固定钢箱时,不利的受力工况有如图 6-7、图 6-8、图 6-9 所示的三种,浮箱所受水压力荷载为

$$q = P \times h = 3.377 \times 4.0 = 13.508(\text{kN/m})$$

式中:P 为总水压力;h 为挑流水深。

由此算出:斜腹杆最大拉力:$P_{斜} = 22.93$ kN;

直腹杆最大压力:$P_{直} = 16.21$ kN;

弦杆最大压力:$P_{弦} = 16.21$ kN。

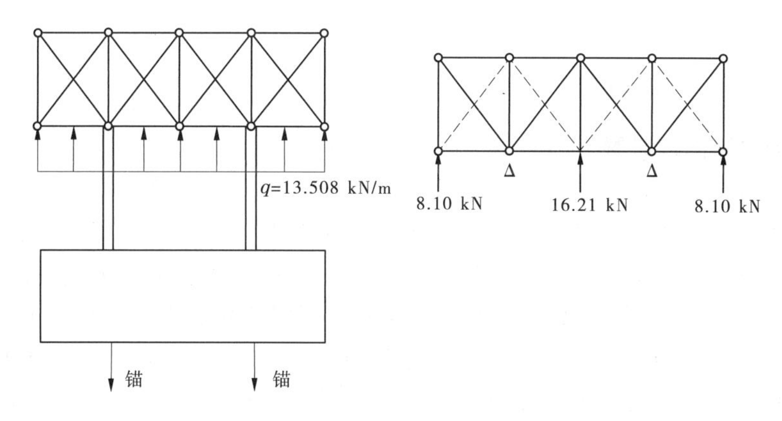

图6-7　受力钢浮箱的位置及桁架受力简图(工况1)

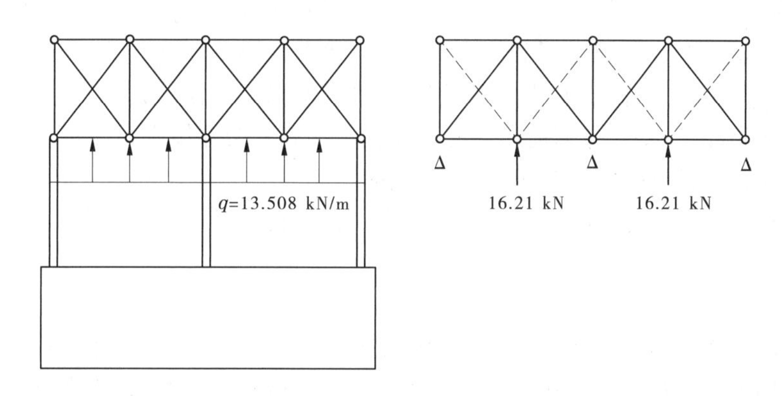

图6-8　受力浮箱的位置及桁架受力简图(工况2)

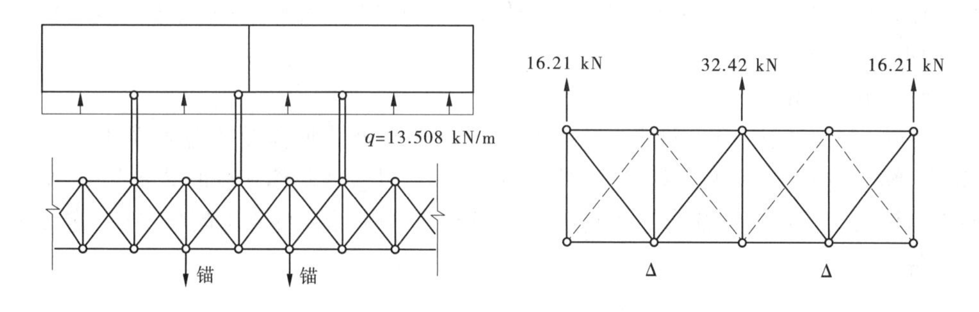

图6-9　受力浮箱的位置及桁架受力简图(工况3)

需说明的是,钢浮箱是顶面和底面水平布置两榀桁架,每榀桁架只分担一半荷载,但考虑到可能有受力不均衡情况,拟取上述计算值的70%作为杆件的设计值,即:

斜腹杆设计最大拉力:16.051 kN;

直腹杆设计最大压力:11.347 kN;

弦杆设计最大压力:11.347 kN。

用作挑水坝钢浮箱,一般不用单锚固定,原因是钢桁架浮箱受拉压力均增加一倍,锚力将达到64.84 kN。只有当阻水面较小,如用作浮桥时可采用单锚。上述计算结果能满足浮桥单锚情况。

6.2.5　钢浮箱装置与部件

6.2.5.1　钢浮箱固定装置

通过桩孔将钢管桩沉入河底,然后浮箱下沉到河底。此时应将浮箱与钢管桩纵向固定,使软体坝上抬的扬压力传到钢管桩上,钢管桩承受上拔力。固定件采用套管加锁紧夹子方式,第一节套管下部有个直径 400 mm 的法兰盘,从桩顶套上后下落在浮箱面上,然后一节节套管从桩顶套入,最后一节套入后在其上面用锁紧夹夹紧在钢桩上。套管直径为ϕ 245×8 mm(钢管桩外径ϕ 219×8 mm、内径 203 mm),管长 1 m 一个,每个套管均有拉手,便于安装。锁紧夹用螺栓夹紧,夹子内径应与钢管桩外径一致。

6.2.5.2　甲板上零部件

每个桩孔均有一个盖板,不用时盖上盖板,便于在甲板上通行。输水管管口均为快速接头,接头均低于甲板面,平时用盖盖住管口。浮箱四角设吊环,便于固定钢索和系留绳。两个桩孔之间设吊杆孔,便于放置吊杆,起吊钢管桩使用。甲板上有一人孔,打开人孔盖,工作人员可下到浮箱舱内,拿取舱内储物。浮箱一端有一个浮箱进水底阀,在甲板留有开关底阀的手柄孔,打开底阀浮箱进水则沉入河中。

每只浮箱上有一个络车座和锚钢固定铁座。根据打桩机要求设计有打桩机固定座或轨道。

6.2.5.3　钢浮箱内管道布置

钢浮箱内布置有 2 条输入水管道,管道既作充坝袋的输入管使用,同时又是钢浮箱的一种受力结构件。管道沿底板纵向布置 2 条。每条管道有 2 个管口,从甲板上接出,管口采用快速接头,管道直径为 100 mm。每只浮箱中储备 4 条 10 m 软管,软管两端也是快速接头与浮箱内所布置的管道接头相配合。管子接口在甲板面下,平时用管口盖盖住以免进入异物堵塞管子。

6.2.5.4　辅助器材

钢浮箱相互之间连接时和需要抛锚时,有许多人工操作所需要的辅助器材和工具,例如,钢索、绳索、拼浮箱时的工具、连接螺栓等,这些器材应在具体实施时装备起来,平时在浮箱仓内设有工具箱以便储存。吊杆、络车、锚和锚钢等设备按要求配备,不一定每个浮箱都配备。

6.2.6　钢管桩

采用热轧无缝钢管制作钢管桩,桩径选择ϕ 219×8 mm,固定套管直径为ϕ 245×8 mm,其内径ϕ 229 与钢管桩外径ϕ 219 之间间隙为 10 mm,每边 5 mm。钢管桩受力分析见第 5 章 5.4 节。

桩总长为 19 m,分为 2 段。下段 10 m,上段 9 m,接桩形式为插头加螺栓形式。桩入土深度 12.5 m,水深 5 m,露出水面 1.5 m。

6.3　坝袋锚固

6.3.1　锚固形式

橡胶坝袋锚固有三大类型:螺栓压板式锚固、楔块式锚固、水(气)囊式锚固。抢险中软体坝是将坝袋锚固于钢浮箱上,楔块式和水囊式应用于体积大、变形小的基础上比较适合,而不适合钢浮箱上使用,故选用螺栓压板式锚固形式。螺栓压板又分为穿孔和不穿孔两种方式,穿孔方式锚边较短施工安装方便,结构比较紧凑,所以选用穿孔式螺栓压板锚固。

根据上述设计的枕头式坝袋形式,坝袋两端面有胶布与上下袋片在工厂生产时已贴合成一体,只在上游端留一条开口,开口处预留长约 60 cm 的锚固线胶片。故采用单锚线布置即可同时起到固定坝袋和封闭坝袋的作用,锚固装置是专门设计的锚固夹板总成。

6.3.2　锚固夹板总成结构

锚固夹板总成包括底座、上压板、螺栓螺母、插块等。

螺栓螺母应采用合金钢材料制造,强度高,耐腐蚀,表面应做防锈处理。螺栓采用双头螺杆,将一端栽入底座上。

上压板应尽量设计成强度高、变形小、重量轻的结构形式,压板上的螺栓孔与底座上螺栓孔配合好,不能对号入座,必须保证其互换性好。每块压板质量不宜超过 60 kg。由于枕头式坝袋在结构上,开口处与两端面堵头结合部是一个薄弱位置,锚固时特别要注意在这一点的锚固方式,要保证不漏水,坝袋也不会出现应力集中现象。

螺栓和压板按材料力学有关公式进行设计计算。设螺栓间距为 150 mm,螺栓直径按下式计算:

$$d \geqslant \sqrt{\frac{1.3T_1}{\pi/4[\sigma]}} \tag{6-1}$$

式中:T_1 为每根螺栓的荷载;$[\sigma]$ 为螺栓允许应力。

本软体坝锚固螺栓计算结果 $d \geqslant 24.075$ mm,取 $d = 30$ mm。

压板应力按下式计算截面面积:

$$\sigma = \frac{M}{W_x} \leqslant [\sigma] \tag{6-2}$$

式中:σ 为压板拉应力,N/cm^2;$[\sigma]$ 为允许应力,N/cm^2;M 为压板弯矩,N · cm;$M = K_3Tl$;W_x 为抗弯截面模数,cm^3;K_3 为安全系数,取 3 以上,l 为力臂,T 为坝袋径向拉力。

底座也应进行理论计算,选定结构尺寸。

上述计算均是粗略计算,实际制造时应在计算基础上做原体锚固结构试验,最后确定结构尺寸。

6.4　控制系统

6.4.1　坝袋充水系统

每只坝袋有 2 个充水接头,接头开设在坝袋上片上,与锚固线距离 1.5 m 位置,两个管口以坝袋中线两边对称布置,坝袋与钢浮箱锚固后与浮箱上输水管接头对齐。输水管制造时已固定于浮箱仓内,每只输水管有 2 个接头从浮箱甲板伸出。当软体坝在水面上连接成一排后,用短软接管把浮箱接头与坝袋接头连接起来。输水管另一端接浮桥上的分配水箱,分配水箱与泵用管道连接,这样一条供水管路就连通了(见图 6-10)。

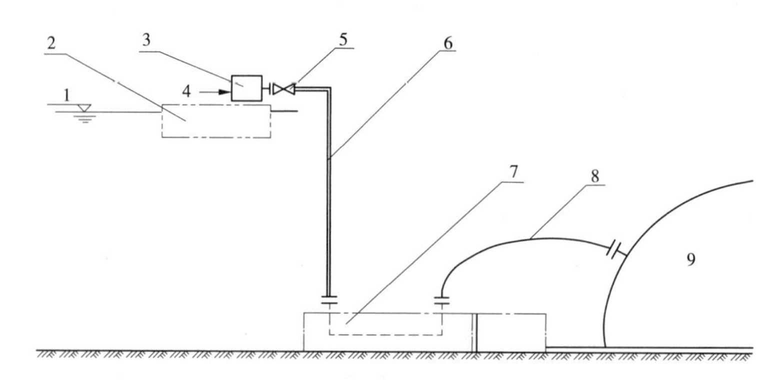

1—水面; 2—浮桥; 3—分水箱; 4—泵; 5—阀门;
6—软管; 7—钢浮箱; 8—软管; 9—软体坝袋

图 6-10　坝袋充水管路系统示意图

泵的配置有两种方案:

(1)第一种方案,利用黄河下游挖泥船上的泥浆泵作为软体坝泵站。黄河下游挖泥船配备的泥浆泵流量 800~1 100 m^3/h,扬程 30~40 m 水柱,可满足充袋要求。设计坝袋充起时间 t=6 h,每只坝袋容积为 907.8 m^3,每艘挖泥船可同时充起 5 只坝袋。挖泥船所配输水管道一般是直径 350 mm 的管道,管道铺设在浮桥上,终端有一个分配水箱,从分配水箱分出 5 个出口,与钢浮箱仓内的输水管道连接,再连通到坝袋。软体坝 50 只坝袋需要 10 艘挖泥船完成充起坝袋工作。

此种方案的优点是直接利用现有设备——挖泥船。由于挖泥船可输送高含沙泥浆进入坝袋,对坝袋的稳定起到很好的作用。缺点是调运挖泥船及架设输泥管道的工作量和时间将增加堵口的时间。

(2)第二种方案,选用小泵。一个坝袋配置 1 台泵。泵的位置就安置在浮桥上,与所充起的坝袋相对应。泵直接和坝袋相连接,省去分配水箱和较长距离的输水管道。只需架设连接泵的电缆线即可工作。泵性能参数仍按 6 h 充起坝袋计算,流量应在 200 m^3/h

左右,扬程 30 m 水柱左右,功率 30 kW 左右。例如,IS150-125-315 型泵:Q=200 m^3/h,H=32 m 水柱,N=30 kW,n=1 450 r/min;4PWAL 型泵:Q=180 m^3/h,H=23 m 水柱,N=30 kW,n=1 450 r/min。这样选择泵和电机重量均适合现场施工要求。泵过大、过重,功率过大在施工和供电上均不利。

软体坝总共 50 只坝袋,总容积 45 390 m^3,需泵 50 台,6 h 充起。此方案施工方便,管道简捷,设备到位容易。缺点是需配备动力和配备泵及辅助零部件,初期投资加大。另外,水泵一般难以抽取高含沙量泥浆,不能得到挖泥船的效果。

软体坝应在靠近下片位置设排水口,排水口平时用封头封死。抢险堵口完成后,拆除软体坝时,一般先从进水口排水,到软体坝坍坝到从进水口已无法排时,再打开排水口将坝袋内的水排净。

6.4.2　坝袋的安全与观测

堵口用软体坝快速充胀起来,完成抢险任务,充坝袋时一般都有人专门在操纵泵和输水管道的阀门,发生超压现象的可能性很小,因此不再专门设置安全系统,以简化设备配置。在软体坝袋上,设置排气孔,排气孔位置在坝袋充起后的最高点,排气孔直径较小,一般为 10~20 mm。在坝袋充胀过程中存留在坝袋内的空气可从排气孔排出,当坝袋充满水后,水会从排气孔中喷出,观察到排气孔喷水时,即可停止充坝袋。这也是一种安全和观测措施。

堵口时软体坝围堰的观测内容还有:上、下游水位观测,坝袋内压观测,坝袋下面河底有无渗流和淘刷现象的观测。

上、下游水位观测采用水位标尺,直接观测,标尺可安置在浮桥上或在钢管桩上。

坝袋内水压力可有两种测量方式,一种是在坝袋内装压力传感器,传输线接在浮桥上,可用二次仪表监测,另一种是当停泵时,从输水管道上测取静压力即可知道坝袋内水压力。

河底有无渗流和淘刷现象观测的传感器,应在铺河底防冲褥垫时事先预置在褥垫下,通过导线传到控制室二次仪表观测。

6.4.3　控制室

对于堵口用软体坝来说,控制室的作用主要是调度施工,集中控制监测软体坝运行情况。由于充起坝袋的动力设置方案有两种:若采用挖泥船作为充袋设备,挖泥船已配用动力,只需控制室通过电话调度即可控制充袋的操作过程;若采用电机带动水泵充起坝袋,则电力控制必须在控制室以便集中控制。

坝袋的内水压力,上、下游水位,以及坝袋下面河底的渗流情况的监测均要反映在控制室的二次仪表之上,以便于指挥调度。

控制室主要的作用是指挥调度,采用无线通信作为指挥联络的主要手段。另外,控制室还要有扩音和图像监视等一系列手段,保证指挥方便。

控制室可以装载在一辆汽车上,便于机动,随时可以首先到达出险地段,开始指挥。若一辆汽车安排不下,例如有电力控制时,可再临时搭建简易房间作为动力控制室。

6.5 运输和施工机具

6.5.1 软体坝围堰施工动力配置

软体坝围堰动力主要用于充胀坝袋的水泵和施工机具所用动力以及施工场地照明等要求。若采用小水泵方式充胀坝袋,泵是动力消耗最大的设备,每台泵按 30 kW 计算,共计 50 台泵,总功率为 1 500 kW。一般情况下这样的大动力需要从电网供电,配备高压输电电路和变压器及开关等设备。若用柴油发电机供电,75 kW 的拖挂式柴油发电机共需 20 台,40 kW 的拖挂式柴油发电机共需 50 台。满足水泵用电的容量对一般的施工工作也都能满足要求。

若采用挖泥船充胀坝袋,动力主要用于施工作业,主要是打桩和照明,则用电量将较小。一般数台发电机即可满足要求。

6.5.2 运输车辆和起重机具

软体坝主体 500 m 长,共有坝袋 50 只,钢浮箱 600 只,钢管 600 根。坝袋每只约 4 t 重,钢浮箱每只约 1 t 重,钢管桩每根约 800 kg。按一般东风牌 5 t 汽车为标准运输工具来计算,坝袋用车 50 辆,浮箱用车 150 辆,钢管桩用车 120 辆,共计 320 辆次。汽车装车地一般会有起重设备,而在堵口现场,需要起重设备,一般最少配置汽车吊 2~4 台。汽车吊起吊能力为 10 t,臂长 15 m 左右,浮箱的卸车和岸边组装均需要汽车吊协助完成。

浮箱的下河可采用专用滑道或者气囊来完成,单个浮箱下水后靠水的浮力,在漂浮状态进行组合。

6.5.3 水上施工机具及船舶

水上施工的主要工作有打桩和钢浮箱的组合,下沉和充起坝袋,所需主要设备是打桩机。可采用上海产 DD3.2 型导杆式柴油打桩机,其参数如下:锤重 320 kg,每分钟锤击次数 60~70 次,锤击能量 4 067 N · m。最大耗油量 0.95 L/h,起吊质量 0.5 t,电机功率 2.2 kW,外形尺寸:$L \times W \times H = 2.3\ m \times 3.5\ m \times 4.98\ m$,总质量 1 120 kg。此种设备在起吊高度上稍有不足,其余均可满足要求。桩架可在订货时要求加高到 10 m。

其他水上作业为人工作业,只需一些专用工具。

水上船舶:钢浮箱和软体坝组合后的拖航需要拖船,目前黄河上拖船极少,水文上测量船可以作为拖船使用。在堵口中,主要依靠人民解放军舟桥部队的汽艇来完成拖航作业,目前解放军舟桥部队 79 式舟桥分队配备汽艇动力为 190 马力,可以完成浮箱的拖航。软体坝主体需拖航汽艇 8 个,另外,水上的一些其他作业,如交通联络和固定桩与浮箱的桩套等均可以用冲锋舟来完成。

挖泥船:黄河上一般是 80 m^3 挖泥船,有绞吸式和冲吸式两种,挖泥船无自航能力,需拖船牵引。挖泥船上配有 6135 柴油机或 6160 柴油机,泥浆泵多为 10EPN-30 型泵(也有 800-40 型泵)泵参数一般是流量 800~1 100 m^3/h,扬程 30~40 m 水柱,管道出口为 ϕ 350 mm,一般一艘挖泥船可同时充起 5 只坝袋,总数需要挖泥船 10 艘。黄河上山东黄河河务局和河南黄河河务局都有数十只挖泥船,可以满足充胀坝袋的要求。

6.6　软体坝主体施工方法

6.6.1　前期施工

前期施工包括坝轴线定位,隔离墩建筑施工,河底防冲褥垫沉排铺设,直接影响主体施工的工程。这些工程必须完成后才能进行软体坝主体施工。其他配合工程,例如挑流、挖引河等可以和主体工程同时进行。

施工场地的位置和面积有如下要求:一般场地建在决口上游同岸河边宽阔地带,距离不宜过远。如果同岸没有合适地方,对岸有合适地方也可以作为施工场地。对施工场地要求运输方便,一般大型工程车辆应能进场,有动力供应。场地面积最小不能低于 10 000 m^2(长 200 m、宽 50 m),场地临河,组合好的软体坝和浮箱可以很方便下河,河水比较平缓,流速较小,但水深不宜太浅,以便于船舶航行。

6.6.2　软体坝主体施工工序

6.6.2.1　施工工序框图

软体坝主体施工按下述框图顺序进行(见图 6-11)。框图中从分组安装到沉桩作业是一个并列循环过程,即同陆上组装、水上拖航、水上连接、定位沉桩等各环节同时分开进行。整个水上连接完成后,再进行下沉和充袋作业。两旁虚线框中的辅助工程根据需要进行。

6.6.2.2　软体坝围堰组装

1. 软体坝陆上组装

坝袋和浮箱均以单元形式运往决口施工现场。在施工现场卸车后,按十二只钢浮箱,一只坝袋为一组,进行组装,其排列次序见图 6-11。十组软体坝为一段,一般段与段之间有隔离墩分开。整个软体坝围堰布置见图 4-4。

陆上组装主要是将单元钢浮箱与软体坝袋组成一组,其组装顺序是先将钢浮箱在靠岸边的水面上排列组合好,其中要与坝袋连接的 2 只钢浮箱在陆地上。然后将坝袋吊到

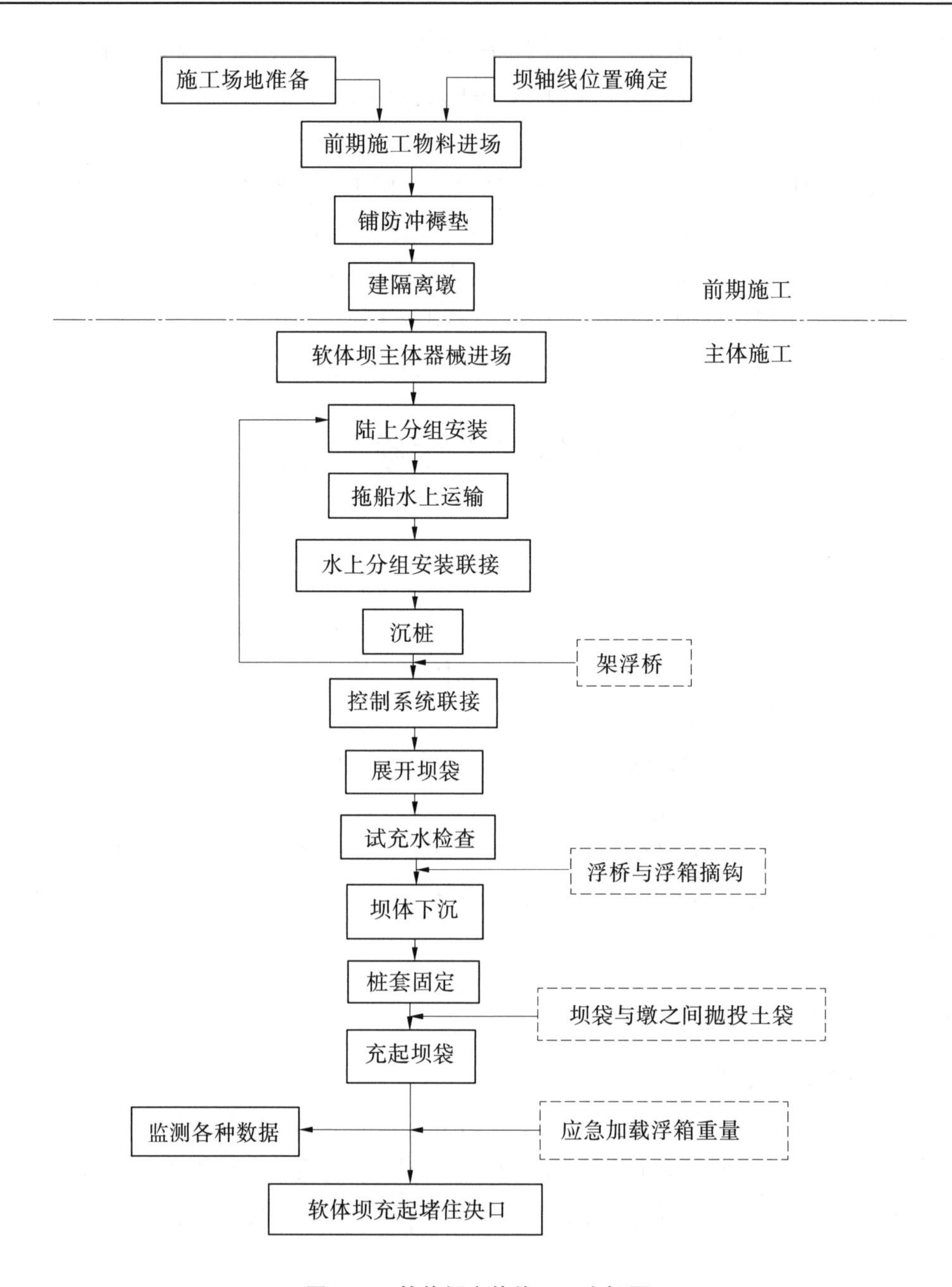

图 6-11　软体坝主体施工工序框图

浮箱旁边，将锚固在坝袋上的夹板总成与浮箱对齐，锚固夹板总成与坝袋是预先已用螺栓压板固定在一起的。到现场只需将锚固夹板总成与钢浮箱上插槽用插块连接起来。由于坝袋较重，又是柔性结构，搬运不方便，因此特制坝袋底盘架将坝袋放在上面，方便吊装。当坝袋与浮箱连接后，再连同底盘架将坝袋吊到浮箱上。这时一组软体坝组装完成，可以下河用拖船拖运到坝轴线位置进行水上组合。

2. 软体坝水上组装

一组软体坝拖到坝轴线上后,每组之间仍用插块和插槽连接起来,一般从上游边开始一组组往下游边连接。十组为一段,连接时,把先后 2 组浮箱对齐插上插块,然后沉下 2 根桩到一定深度,拖船才能离开。

6.6.2.3　沉桩及控制系统连接

1. 沉桩

拖船将一组软体坝拖到确定的坝轴线位置后,首先与前一组软体坝浮箱用插块连接起来,然后在另一端先打两根钢管桩定位,这时拖船才可以解缆离开。

若采用一般钢管桩,就用柴油打桩机沉桩,柴油打桩机底盘较大,桩架较高,应首先铺好导轨,再将打桩机移动到位,钢管桩用专用小车送到打桩机附近,就可以打桩了。

若采用螺旋锚式钢桩,沉桩作业是旋转方式,打桩机采用电动或液压方式将桩旋转入河底泥土里。还可以在桩上加上推杆,用人工推动旋转沉桩,当机械较少时可以有部分采用人工沉桩方式。

若采用火箭桩,按有关厂家提供的信息,火箭桩可以先固定好,然后一齐点火沉桩,这种方式是最快的方式,相对投资也是较大的。

2. 控制系统连接

软体坝在堵口坝轴线上全部连成一体后,再开始控制系统连接。控制系统主要是充水管路和电气线路两类连接。管路连接应按照施工图规定连接,在浮箱上连接后均要标明号码,以便下一步检查。号码一般标有××号管道,进××号坝袋,接××泵或分水箱。

电气线路连接应注意防水密封,也要注明号码和用途。

全部连接完成后要经过二级检查(施工队伍自查和指挥部专门检查)合格后,再进行水面试运行。开泵充水和送电确认无误后,才能将坝袋下沉河底,如发现问题要彻底处理好,不能留下隐患,不然沉入河底后出现问题处理更加困难。

6.6.2.4　软体坝围堰下沉与桩套固定

1. 软体坝围堰下沉

在下沉前先将坝袋推入水中,坝袋受水流冲力逐渐展开,由于坝袋内存有一定量空气,坝袋一般会半漂浮在水面上,检查坝袋展开情况,不能有扭曲、打折或相互干扰的情况出现。若有上述不良展开情况应处理好,然后才可以下沉。

正常情况下由于浮箱上有桩孔定位,下沉中位置不会偏离。但可能会出现下沉过程中被桩卡住的现象。发生这种现象的最大可能是因为同时下沉软体坝的深度过大造成。因此,同时下沉深度应进行进一步的试验确定,目前暂定 10 只坝袋,即 96 m 长的软体坝同时下沉。作为补救措施,可以设计一种固定于桩头上的液压缸。若出现卡住现象可以用此设备加外力压下浮箱。

浮箱下沉是靠浮箱内进水后下沉的。每只浮箱均有一个进水口。进水阀门在甲板上,一声令下打开进水阀门,水逐渐进入浮箱,使浮箱沉入水中。阀门进水速度控制在 10

min 左右充满浮箱(估算出进水口直径为 80 mm),浮箱沉入水面以下,这样给开启阀门操作人员留有安全撤离时间。开启阀门顺序应先开启有钢管桩的浮箱,后开启锚固坝袋的浮箱。

2. 钢管桩桩套固定

下沉后为使浮箱与钢管桩连成一体承受上拔力,需要在钢管桩上套入桩套。桩套 1 m 长一节,每根桩套五节桩套,然后套上锁紧夹子,夹子用螺栓拧紧。这些工作要用冲锋舟靠在桩上完成。或通过浮桥向桩位置伸出一个小施工平台,工人在平台上完成加桩套工作。

6.6.2.5　软体坝袋充起

软体坝下沉后就可以马上开始充起坝袋,充袋过程越快越好。应注意充起过程中有无异常现象发生,一般注意下面几点:

(1)坝袋应同时充起。若发现有某一坝袋未能充起,应查找原因,同时应控制相邻坝袋的充起速度,避免发生一个未能充起的坝袋被两边坝袋压在下面。

(2)坝袋与隔离墩间有一个空槽,一般在 2 m 左右。此处应随坝袋充起过程抛投土袋等物料堵塞。抛投物料的堆积高度稍高于坝袋充起速度。抛投物料应在建隔离墩时已备齐在墩上。不足部分可以通过浮桥运送到墩上。具体施工方法见 7.2.4 节。

(3)随着坝袋充起,钢桩受力逐渐增大,若发现有钢桩位移现象时,应采取两种措施:一种措施是向浮箱上抛投压重物。如土袋、尼龙网兜、柳石枕等。另一种是向坝袋内充入大量高浓度泥浆。若坝袋内浑水的含砂率(体积百分比)为 10%时将增重 17%。因此,向坝袋内充水时应尽量充入高含沙水,挖泥船一般均可以做到。若采用小水泵充袋时,小水泵的吸水管应长些,能直接接触到黄河河床取水和取土。

6.6.3　特殊情况处理

软体坝围堰所出故障大多数发生在水下,因此需由潜水员在水下完成修理工作。水下作业难度较大,因此一些简单的临时性修补方法应事先准备好,尽量在事故较小时处理。

6.6.3.1　坝袋破损处理

坝袋运行中遇突然破损时,应采取临时抢救措施。若出现小洞可用急救塔式木塞或橡胶塞堵孔。如贯穿孔较大或局部撕裂面积较大可采用钢板螺栓组合夹补,也可采用水下黏接剂粘补。

6.6.3.2　坝袋间渗漏处理

若坝袋间因间隙过大有渗漏,可在间隙表面铺盖较宽软帘解决。软帘材料是不透水胶布材料或土工织物材料。铺盖宽度一般要超过间隙 2 m 以上。若软帘过短自身不能稳定应用绳索拉住以免滑脱。

6.6.3.3　输水管道破损处理

输水管道破损,可以用楔子塞紧破孔解决,若连接软管破损可以用胶布包裹,用铅丝捆紧。

6.6.3.4　河底淘刷漏水处理

河底部渗漏引起淘刷漏水，主要是下部防冲铺底褥垫破损造成的，因此应在出现渗漏前方抛土袋和散土压盖防止渗漏发展。

6.6.3.5　坝袋与隔离墩之间的渗漏处理

坝袋与隔离墩之间的渗漏主要是抛投土袋之间的渗漏造成，应再向此处多抛土袋和散土压实闭气解决。

参 考 文 献

[1] 潘恕，余咸宁，许雨新，等. 堤防堵口软体坝围堰技术研究[R]. 2000.

[2] 余咸宁，谢志刚. 软体坝围堰装备与施工技术[R]. 2000.

[3] 潘恕. 无基础底板橡胶坝计算方法研究[R]. 1998.

[4] 中华人民共和国水利部. 橡胶坝技术规范：SL 227—1998[S]. 北京：中国水利水电出版社，1999.

[5] 李斌，何鲜峰，陈为. 软体坝围堰的结构受力分析[R]. 2000.

[6] 中国人民解放军总参谋部兵种部. 工程兵专业技术教材[GZQ230 型(79 式)]舟桥分队[M]. 北京：中国人民解放军出版社，1999.

[7] 潘恕，余咸宁，许雨新，等. 堵口附属工程技术研究[R]. 2000.

第 7 章　软体坝堵口附属工程及施工技术

软体坝堵口除第 6 章所述的主体工程和装备外,还需要一些附属工程以减少堵口工作量、提高堵口效率、减小堵口难度、提供作业平台等。附属工程主要包括护底、冲沟处理、接头处理、挑流以及浮箱平台搭建等。本章主要介绍附属工程的技术原理、结构设计和作业方式。

7.1　河底防冲与冲沟处理

7.1.1　充气式土工布软体排防冲方案

如 5.5 节所述,充气式土工布软体排具有重量轻、强度高、便于运输、可以就地取泥沙灌入排体内作为压重、施工方便快捷等优点。可在预合龙位置底部事先设置软体排,作为防止河底冲刷的措施,以减少口门冲刷降低堵口风险,减少工程量。

7.1.1.1　铺设土工布软体排的水流条件

堤防决口时在堵口坝下铺设软体排是在水上进行的,与堤防除险加固时铺设土工布软体排的条件完全不同。综合考虑铺设软体排的施工方法、机械设备,乃至土工布软体排的结构,设定铺设土工布软体排的水流流速 3.0 m/s,水深 5 m。

7.1.1.2　充气式软体排平面布置

软体排护底应预先布置在确定的堵口坝基线位置处。当采用立堵法堵口时,软体排从大河下游边开始铺设,第二块与第一块相搭接,搭接宽度控制在 5 m 左右。搭接后长度为 455 m。在龙口位置,沿流向接长,上、下游各 3 块,总共有 16 块软体排,搭接宽度均相同,整个平面布置如图 7-1(a)所示。

当采用平堵法或软体坝堵口时,共享 20 块软体排,软体排布置如图 7-1(b)所示。

7.1.1.3　充气式软体排施工步骤

首先,要在决口上游沿河找一个合适的施工场地。选择场地要考虑到使排体能够较容易下河,要有充足的料场和进料道路及电源。若在上游决口同一侧沿河无合适场地,也可在对岸建立施工场地。施工主要设备为混凝土泵(或混凝土罐车)、水泵、空压机。具体施工步骤如下:

(1)展开软体排,将软体排一端固定在岸边上;软体排拖船的一边用夹板夹紧。

(2)向充气管袋中充气,使软体排能漂浮在水面上。

(3)向充泥管袋中充入高浓度砂石料。

(4)将充好的排体用拖船拖至指定位置。

(5)抛锚固定软体排,包括紧缆绳,调整软体排使其下沉后定位准确。

(6)采用爆炸放气方式下沉。

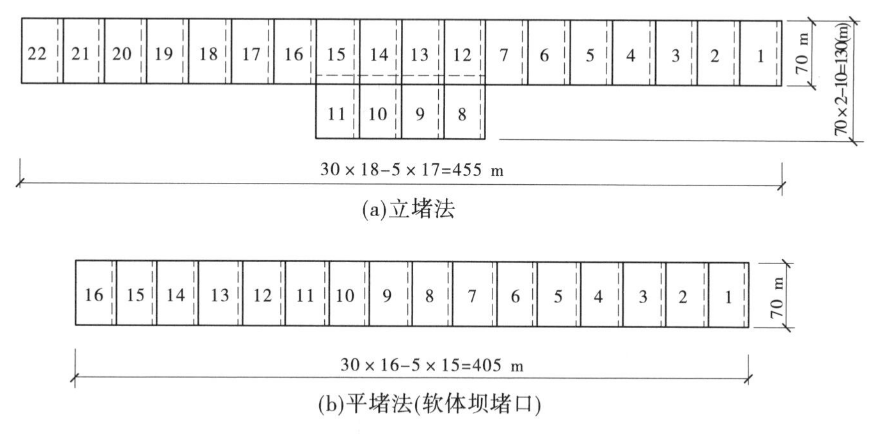

图 7-1　软体排搭接平面布置示意图

(7)再按上述步骤下沉第二块软体排;下沉第二块软件排时按第一块软体排指定的标杆位置下沉。

(8)铺设顺序按布置示意平面图上排号顺序下沉;应注意搭接时的压盖宽度。

7.1.2　充气式土工布软体排施工中的几个问题

7.1.2.1　操作中的细节技术设想

(1)向充泥管袋充入高浓度砂石料。砂石料应使用粗砂、碎石子和水搅拌成的高浓度浆体,用混凝土泵输送充入管袋中。由于管袋长 70 m,水平放置时难以从一个进口充满,管袋设计数个进口,这样容易充满。充满后,将管口扎紧。使用设备可以考虑现场用混凝土泵,砂石料在料斗中拌好,用泵输送充袋。如果现场无电源,也可采用混凝土罐车,利用罐车自带的混凝土泵输送到现场充袋。混凝土罐车可以在远距离装载砂石料运往现场,实现流水作业。

(2)充好的软体排水上拖航。设想由解放军舟桥部队来完成水上拖航工作。在一块软体排的前面设有一排钢浮箱,软体排上的夹子可与钢浮箱连接,钢浮箱前面接拖船。钢浮箱既起到连接作用又可作为施工平台用。前面拖船的排列可以采取三条并排方式(如图 7-2 所示),也可以一条在前面,另外两条在软体排两侧面各一条的方式,其目的是在拖航时容易控制航向。软体排顺水向下游,到决口位置时,转 90°,尾部朝向决口,此时水流方向与软体排一致,由拖船逆水调整好软体排位置,抛锚定位,就可进行下步沉排作业。

(3)软体排的下沉。软体排到达指定位置后,还有如下工作要做:

①抛锚。一般在软体排前端抛八字锚,抛锚方式可用抛锚船或火箭锚,具体施工方案应与舟桥部队协商研究。抛锚后由人工将锚索拉紧,固定好。

②安装排气管爆炸装置。沉排采用爆炸放气,软体排靠自身重量下沉方式。排气管(也是充气管)顶部有浮子,将排气管口漂浮在水面上。软体排到位后,在管口安装电雷管和电线,在浮箱上操作,实施电动引爆,使充气管中的气体放出。排气管安装在软体排下游一边,上游一边可以打开进水口使水流进入充气管袋里,加快排的下沉。软体排下沉的情况,可以控制为上游一边先下沉,整个排成一定角度逐渐下沉(如图 7-3 所示)。

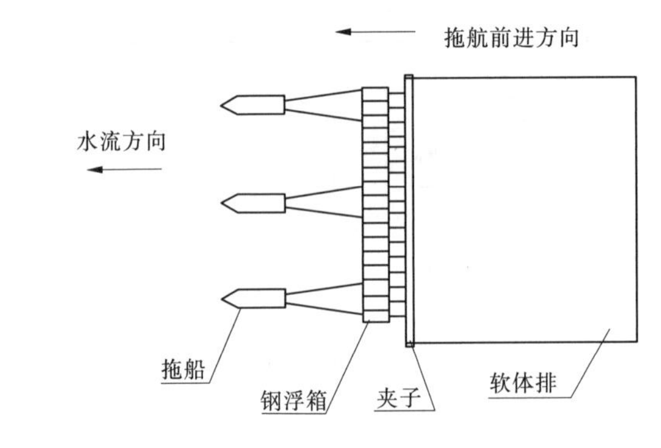

图 7-2　软体排拖航示意图

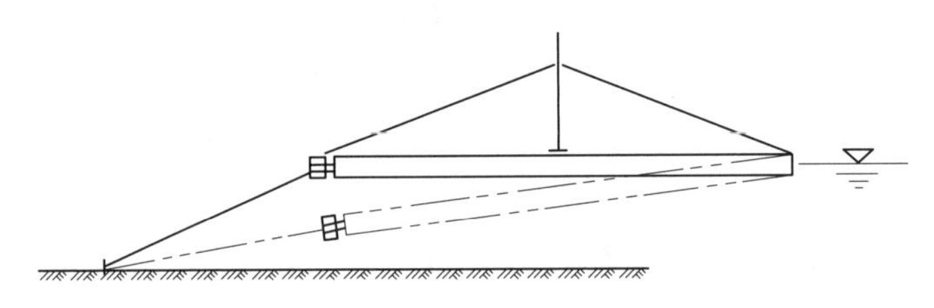

图 7-3　软体排下沉示意图

③为保证下一块软体排与上一块软体排下沉后搭接位置的准确，在下沉前应在排面上竖起一根红白色相间的标杆。标杆可用钢管制造，底座在排面上，中部用铅丝拉向排的四边固定在夹子上。

7.1.2.2　充袋砂石料的准备

充袋采用粗砂和碎石。每块软体排需充填 600 m^3，采用立堵时总填料量为 9 600 m^3。采用平堵或软体坝堵口时总填料量为 12 000 m^3。砂石料重量较大，比一般土要好，如果没有砂石料也可以直接从水流底部吸取高浓度泥浆，但由于泥浆含砂量不一定达到 1 300 kg/m^3 以上，因此需要多次充袋以保证压重。

7.1.2.3　夹紧装置总体设计

夹紧装置总体设计由底座、压板、压轴、连接板、后拖钩及螺栓紧固件六部分构成。底座用厚度为 10~12 mm 的 2 块钢板焊接为一个箱体，箱体长 2 m，宽 0.6 m，上表面右侧为槽形，槽左侧沿箱体长度方向焊接单头螺栓，间距为 0.2 m。箱体左端上表面沿长度方向设置 4 个等间距的后拖钩。箱体中端沿长度方向在两端各打一光孔，用双头螺栓和连接板实现箱体间的连接（见图 7-4）。

夹紧（压紧）装置采用不穿孔压板压紧。压轴材料采用矩形体木料，四棱倒圆。压紧时，槽内先放置垫胶片，压轴裹紧土工布后放于槽内，上压压板（见图 7-5）。

7.1.3　冲沟处理

7.1.3.1　河底地形测量

黄河决口动床模型试验显示，决口地形为缓坡型冲沟，因此可以采用土工布软体排填平。作为堵口的一个步骤应测量水下河底地形。根据河底地形及其他因素决定堵口围堰

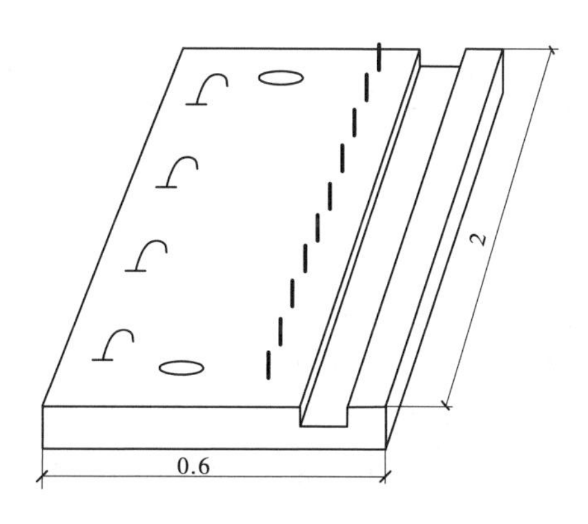

图 7-4　夹板底座示意图　(单位:m)

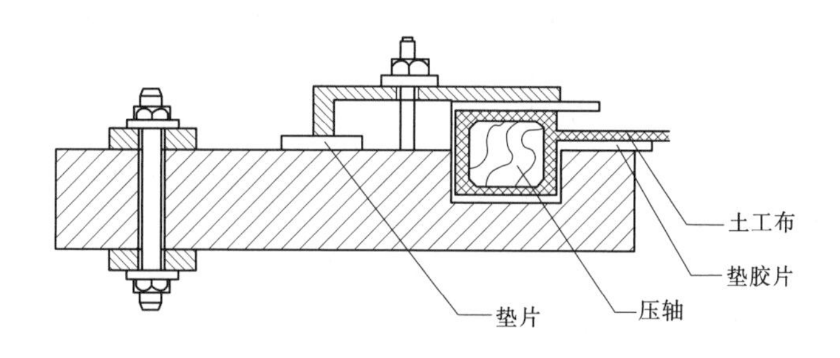

图 7-5　软体排夹紧装置结构示意图

轴线,然后根据轴线处地形确定冲沟形状,以此为依据确定填沟用软体排的数量。

7.1.3.2　**确定软体坝底部高程**

软体坝的坝高和挡水高度是事先确定的,分别为 7 m 和 5 m,临时调整的余地不大。为有效发挥软体坝的挡水作用,确定坝底高程是一个重要环节。根据模型试验的结果,当大河流量为 2 000 m^2/s 时,坝址处最大水深为 5.0 m。软体坝挡水后,流量维持不变,坝前水位将抬高 1.5 m 左右。因此,将堵口前水深大于 4.0 m 的部分作为冲沟予以填平为软体坝的基底。

7.1.3.3　**施工顺序安排**

黄河土质抗冲能力差,为避免"填此冲彼"的现象,应把冲沟填充安排在做完护底防冲之后进行。此时河底有软体排保护,抗冲能力大为增强,可以进行填充冲沟的工作。

7.1.3.4　**冲沟填充施工**

如前所述填充冲沟的料物采用软体排,其施工方法与铺设护底防冲软体排相同,不再详述。填充的范围为:沿上、下游方向,与护底宽度相同;沿坝轴线方向,根据模型试验结果,若水深在 4 m 以上,为 180 m 左右。因此,可初步确定软体排用量为:沿坝轴方向设 4 块,上、下游方向为 2 块,每层 8 块,两层共 16 块。

7.2 软体坝与岸边接合部及其分组下沉处理方案

7.2.1 问题的提出

在堵口坝轴线上，水深由岸边向河中逐渐变大。但软体坝坝高是事先确定的(坝高拟定为7 m)，若不论水深大小统一用一种坝高堵口，显然不合适。特别对软体坝而言，坝袋之间是靠内水压力而相互挤紧止水，如果河底地形是斜坡状，相邻坝袋间内水压力的合力将不作用于同一直线上，坝袋就极有可能向深水的方向倾斜而出现意想不到的问题。为避免这种现象，可将坝址处水域划分为若干区域，在同一区域内水深差不应大于1 m，区域之间做隔离处理。同一区域内因水深差别不大，可直接设置软体坝，不再采取调整措施。对水深小于2 m的浅水区，流势较缓，可直接采用传统的土石进占法筑坝挡水，如有可能发生较严重冲刷，则应预先做护底。

估计堵口用软体坝长可达500 m，甚至更长。欲使如此长的软体坝整体同步下沉，困难很大。因此，拟将软体坝分组下沉。分组下沉软体坝段有两个优点：

(1)易与控制软体坝段平稳下沉。

(2)为解决软体坝袋之间的止水，堵口坝一般只能做成直线形。当堵口坝轴线不是直线时，通过软体坝分组，可使坝转弯处易于处理。

但是坝袋分组下沉也产生新的问题，即为避免下沉后坝段之间相互重叠，就要留有一定间隙，此间隙必须处理。

上述需要做隔离处理的情况可统一采用隔离墩的方法。根据水工模型试验成果和黄河下游溃口堵复预案，堵口坝长400～500 m。拟在堵口坝线上设置4个隔离墩，即两边墩、两中墩，墩净空100 m。边墩尺度可视水深情况减小，如此整个软体坝将分为三组。

7.2.2 隔离墩的结构方案

7.2.2.1 隔离墩所受的力

隔离墩作为堵口坝的一部分，应有挡水功能，因此承受水压力。在施工过程中根据施工顺序的安排，要考虑承受土石进占坝传来的土压力，此力在软体坝充起后与软体坝传给隔离墩的压力相互抵消一部分，但不会平衡，隔离墩要承受这种不平衡压力。同样，相邻分区的软体坝袋因坝高程不同，传给隔离墩的压力也不会平衡，隔离墩也要承受这种不平衡压力。当堵口坝上下游形成水位差时，需要承受向下游的水平推力和作用于隔离墩底部的扬压力。上述所有力均由隔离墩自重和它与地基产生的摩阻力相平衡。

7.2.2.2 隔离墩的基本尺度与结构方案

1. 隔离墩的基本尺度

已拟定堵口坝挡水高度5 m，坝高7 m，坝袋接地长度与钢浮箱长度总计21 m以上。故拟定墩子长度(垂直于堵口坝轴线方向)不小于25 m，隔离墩宽不小于15 m，高8 m。假定隔离墩主要由土袋构筑而成，估计土袋内土的干密度为1.2～1.3 t/m^3，经初步验算隔离墩有足够的安全度。

与土石接合的隔离墩高度可依实际情况减小。例如,此处水深只有2 m时,墩子高度可为5 m,即保持水面以上墩子仍有3 m高度。

2. 隔离墩的结构方案

隔离墩拟采用笼式结构,隔离墩底部是由56个钢浮箱组成的回字形底框架,如隔离墩底部钢浮箱平面布置图如图7-6所示。墩子上游一边采用带桩孔的钢浮箱以备打桩固定用。上部沿回字形边缘利用钢浮箱上的链销盒插入工字钢或槽钢也围成回字形,以此作为立柱;为加强立柱的整体性,沿柱高布置四道建筑用脚手架钢管,用铅丝扎牢,如有条件用点焊最好。内外立柱也用脚手架钢管牵拉,固定方式同上,钢管间距不大于2.4 m。施工时应注意钢管不外凸出于钢浮箱。墩笼内抛填料物,每个中墩笼抛填量约3 550 m^3,边墩笼2 218 m^3。

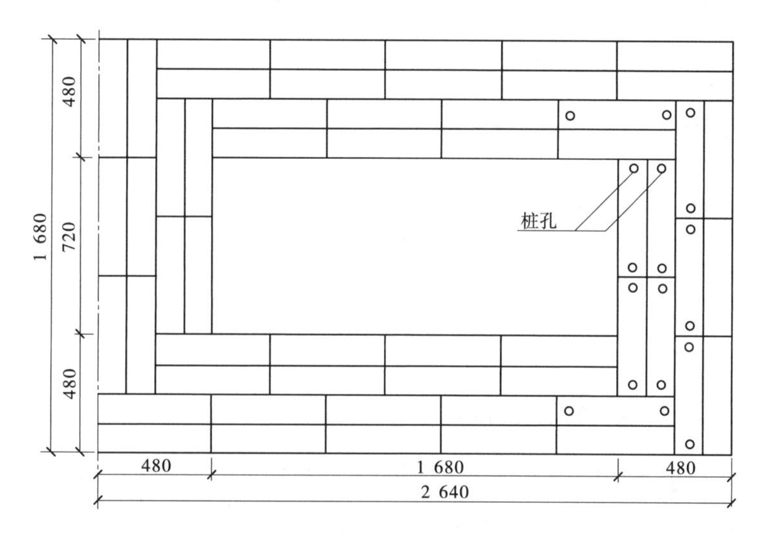

图7-6　隔离墩底部钢浮箱平面布置图　(单位:cm)

考虑到施工需要在墩子上游侧布置施工平台,高同水面,便于运输料物。平台处立柱减短,与平台同高。平台以钢浮箱为底、用脚手架用钢管搭设,结构与建筑满堂脚手架相同。待隔离墩填筑完成后,平台处改为斜坡,便于施工人员和料物上下。其作用相当于临时码头以便堵口施工利用。平台顺堵口坝轴线方向通长,宽4.8 m。详见隔离墩笼结构图(见图7-7)。

7.2.2.3　地基的稳定性与处理

当堵口坝挡水后,下游水位逐步下降,墩子的自重将逐步向地基转移。地基所承受的压力将可能超过其承载能力。特别是墩子下游地基应力将达到100 kPa以上。估计黄河下游滩地土质松软,尤其经水浸泡之后,承载力仅在50 kPa以下,因此必须采取措施防止隔离墩地基失稳。主要措施如下:

(1)隔离墩底部也铺设防冲用气垫式软体排,排体兼做加强地基之用,均衡地基应力,减少墩子的不均匀沉降。

(2)隔离墩下游抛土袋或其他料物镇压,抛填范围见软体坝与土石接合部结构示意图(见图7-8)。

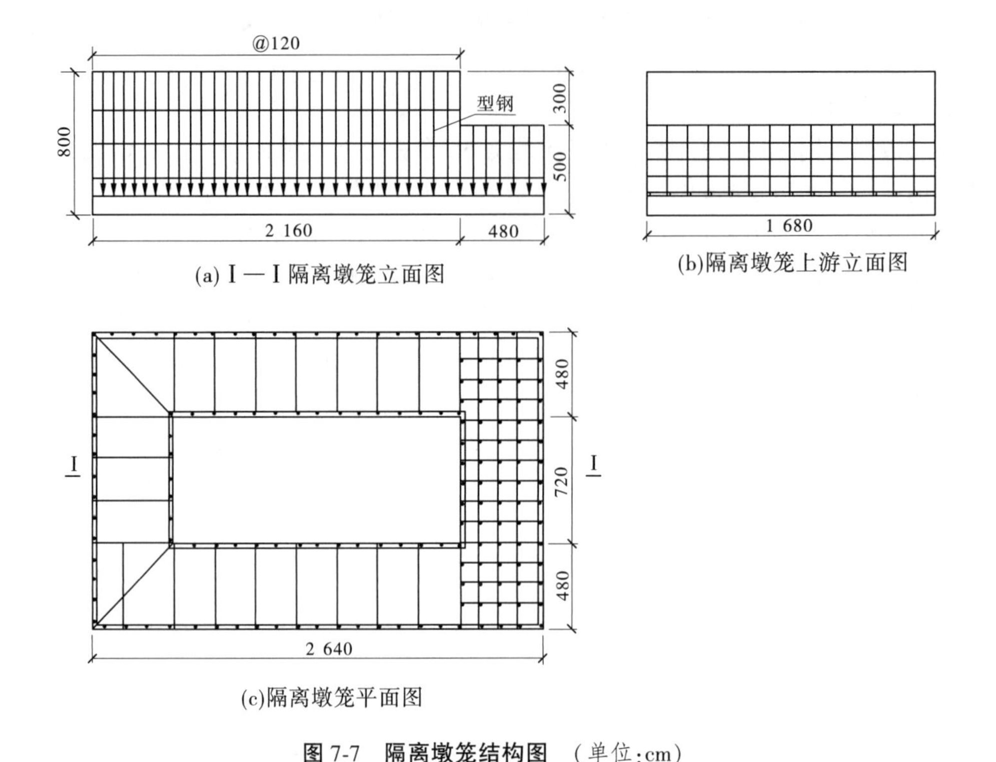

(a) Ⅰ—Ⅰ隔离墩笼立面图

(b)隔离墩笼上游立面图

(c)隔离墩笼平面图

图 7-7　隔离墩笼结构图　(单位:cm)

7.2.3　隔离墩与软体坝袋接合部的处理

隔离墩与土石进占坝的接头不需做特殊处理,只要求隔离墩先于进占坝设置完成,土石坝直接与之接合即可,但需注意填筑质量,以防发生接触冲刷。

隔离墩与软体坝之间,则需预留间隙。软体坝充胀时,由隔离墩上同时向接缝处抛填土袋,抛填速度与坝袋充起同步。为避免土袋被水冲走可事先将土袋用绳索或网连成串,抛填时要求动作整齐,由施工人员同时把土袋串提起,同时抛下(也可在下游侧设拦网)。如果有条件可采用小型充泥浆袋等。

为避免坝袋侧鼓成球状凸起和抛投的土袋压住坝袋,应在坝袋与土袋接触之侧面事先树立隔离栅。隔离栅顶部利用隔离墩固定,下端自由,使其有一定自由度。如此,在抛填土袋时就有了明显的标志可控制土袋不会超越抛投范围。同时坝袋在水下升起情况也易于控制。

隔离栅用ϕ 16~ϕ 18 钢筋焊成@ 250 的钢筋网片(也可用土工隔栅代替),再用一、二道建筑用钢管与钢筋网片上部焊接成一体。利用此钢管可方便地与隔离墩连接,将隔离栅固定住(见图 7-9)。

如果仍顾虑土袋被水冲走,可在隔离栅下游设置建筑用钢管组成的栅栏,并与隔离墩笼连接,以拦截土袋。

此法已用于橡胶坝围堰现场试验,效果很好。在土袋与坝袋侧面接缝处未发现漏水,而且操作上无特别困难。现场试验坝袋与隔离墩预留缝宽为 1 m。但考虑实际堵口情

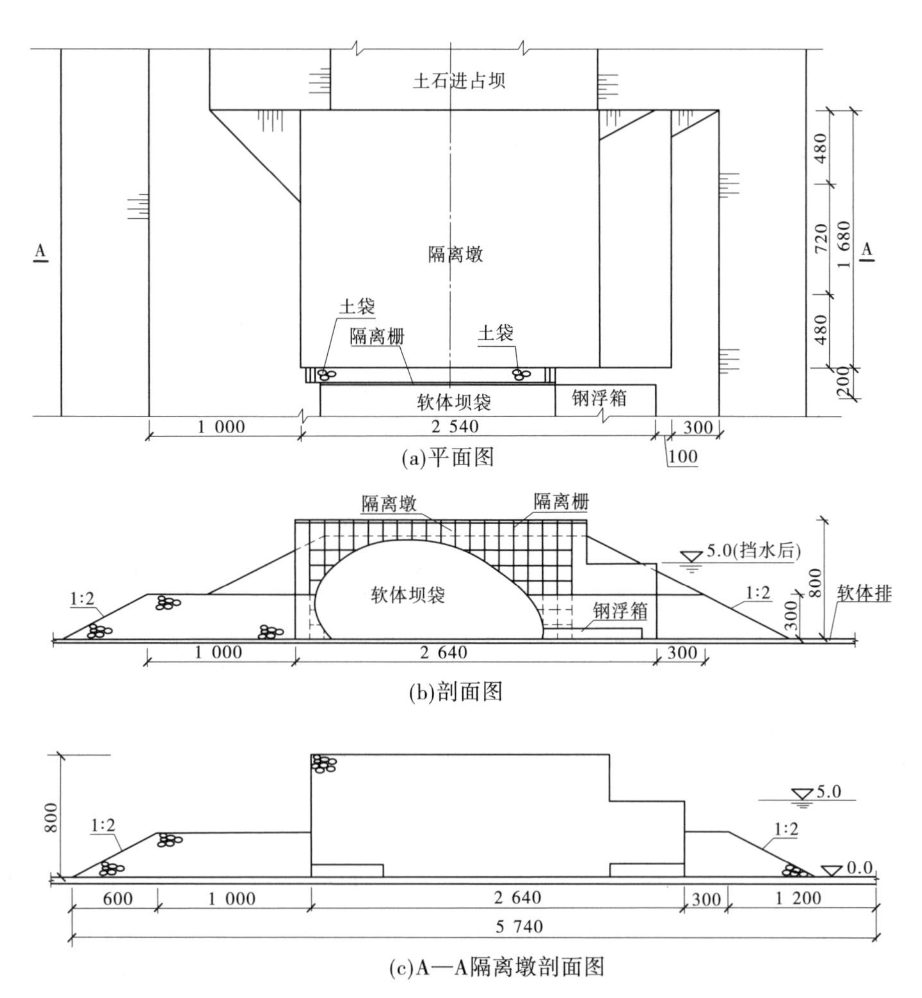

图 7-8　软体坝与土石坝接合部结构图　(单位:尺寸,cm;高程,m)

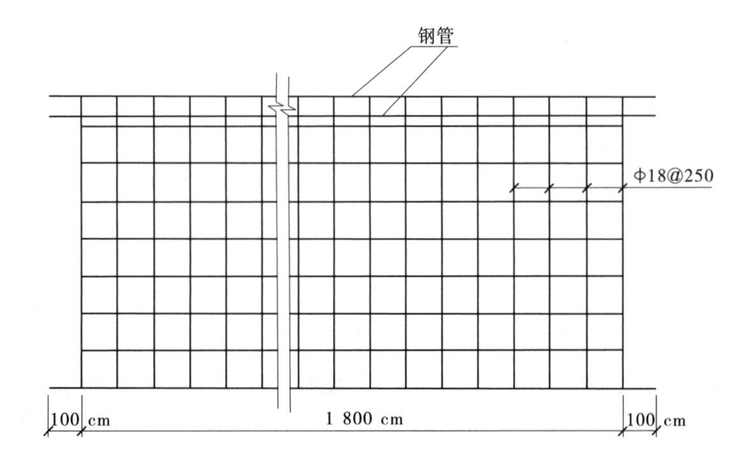

图 7-9　隔离栅结构图

况,水深较大,故预留缝宽拟定为 2 m。

7.2.4　施工方案

7.2.4.1　水上拼装隔离墩底框架与墩笼

施工场地选择在堵口坝上游或对岸水流平缓处。水深不超过 1 m 为宜。根据现场场地条件,将钢浮箱底框架分解成若干小块在岸边拼装,用气囊下水。

将先下水的钢浮箱固定,随后下水的钢浮箱在水上拼装。底框架完成之后,在“回”字形内外周钢浮箱边缘之键销盒内插入型钢,继而如前所述组成墩笼。

7.2.4.2　墩笼水上浮运

水上浮运条件为水流速不大于 3 m/s;可采用 GZQ230 型(79 式)舟桥配备的汽艇拖运;拖运方式亦可采用舟桥的拖运方式,不再赘述。

7.2.4.3　水上固定位置

为很好地和软体坝结合,隔离墩位置的精度应有要求,偏离设计位置不宜超过 0.5 m。为此,当墩笼拖运至指定位置时,应先行调整位置。做法同舟桥的安装,先在岸上安装标志杆,以标志杆为准打桩固定。钢浮箱上设有桩孔,当取用直径不小于ϕ 200 mm 的钢管桩时,用桩数量不少于 12 根,入土深度不小于 8 m。当墩笼搭桩超过 6 根后,拖船可以离开进行后续工序作业。

7.2.4.4　隔离墩笼下沉

当墩笼固定后,可采用多种方法使其下沉。最常用的方法是灌水下沉,其操作步骤如下:

(1)打开所有钢浮箱顶盖。

(2)利用拖船备用泵向钢浮箱内均匀灌水,但离船最近的 5 个钢浮箱不灌水,使钢浮箱底框架均匀下沉,吃水线至钢浮箱顶面达到 0.10~0.15 m 时停止。

(3)所有操作人员上船,拖船退离墩笼 1.0 m 以外,拖船发动机启动,以备随时离开。

(4)继续向离船最近的未灌水的钢浮箱灌水至满,根据沉浮分析此时墩笼可自动下沉,沉浮分析见 7.2.5 节。

(5)拖船立即撤离现场。

7.2.4.5　充填墩笼

隔离墩笼下沉后,其上游一侧预设有平台可供充填墩笼之用。充填墩笼的料物可根据当时情况临时选择。因墩子填充量较大,为避免架设浮桥或船,运输物料拟和其他工序配合实施。

1. 边墩的填充

先进行浅水区土石进占,待土石坡脚至边墩,为防止边墩由于土压力而移位,应暂停进占。在土石进占坝与边墩之间利用钢浮箱架设临时浮桥,利用各种运输工具或人力、通过浮桥直接向边墩内填充土袋或其他料物。待抛填的料物在整个墩笼范围内全部出水面后可停止抛填,撤出浮桥,继续进行土石进占直至与墩笼全部闭合。然后将墩子加高至设计高度。

2. 中墩的填充

中墩的填充拟安排在软体坝定位之后。软体坝利用钢浮箱作为浮桥,桥宽 7.2 m,其载重能力允许车辆通过。为不妨碍软体坝的施工,可用小型运输工具如翻斗车等,如果有条件也可以在浮桥上架设皮带运输机运输料物向中墩填充。在施工时,可先将边墩与中墩之间的两段软体坝定位,最后将中墩之间的软体坝定位,以缩短整个堵口主体施工时间。

7.2.5　隔离墩笼沉浮分析

(1)基本计算数据。

钢浮箱底框架外形尺寸长 $L_1=26.4$ m,宽 $B_1=16.8$ m;内空尺寸长 $L_2=16.8$ m,宽 $B_2=7.2$ m。

当钢浮箱底框架均衡吃水深0.65 m时,隔离墩笼总质量(包括浮箱内水重)$P=209.664$ t,为使墩笼下沉,向上游一侧靠边的5个浮箱注水,其总质量为(扣除了钢浮箱自重)$P_1=22.27$ t。隔离墩受力如图7-10所示。

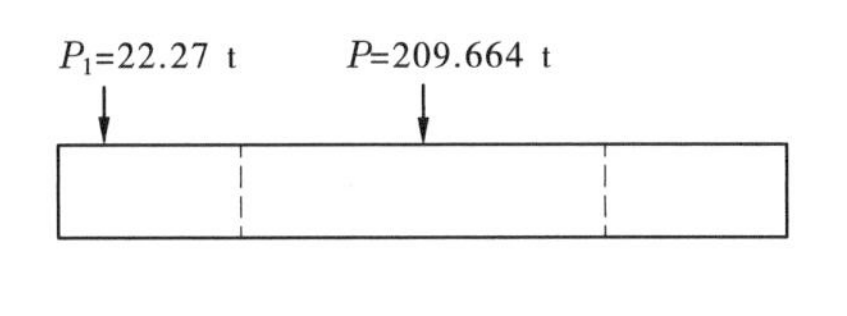

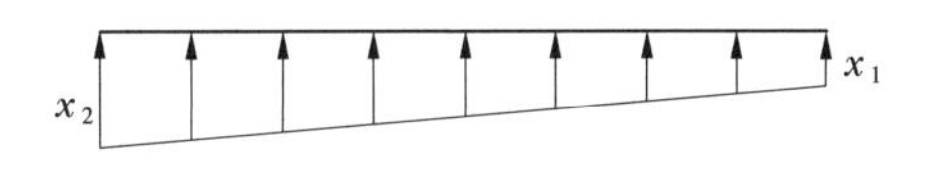

图7-10　隔离墩受力示意图

(2)偏心力矩 $M=280.60$ t · m。

(3)设浮箱不下沉浮力应满足的平衡条件。

设墩笼底两侧吃水深度分别为 x_1, x_2,则有:

①浮力与重力平衡:

$$\gamma_w\left[\frac{1}{2}(x_1+x_2)\times L_1\times B_1-\frac{1}{2}(x_1+x_2)L_2\times B_2\right]=P+P_1 \tag{7-1}$$

②浮力产生的偏心矩与重力偏心矩平衡:

$$\frac{1}{2}(x_2-x_1)\times L_1\times B_1\times\frac{L_1}{6}-\frac{1}{2}\times 0.636(x_2-x_1)\times L_2\times B_2\times\frac{L_2}{6}=M/\gamma_w \tag{7-2}$$

代入数据,化简得:

$$\begin{cases}x_1+x_2=1.44\\x_2-x_1=0.32\end{cases}$$

解出 $\begin{cases}x_1=0.56\ (\mathrm{m})\\x_2=0.88\ (\mathrm{m})\end{cases}$,由于 x_2 大于钢浮箱高度,由此得出结论:隔离墩笼下沉。

7.3　钢浮箱浮桥快速修建

7.3.1　问题的提出

钢浮箱可用于堵口时的作业平台或运输平台,以减少对其他作业平台的依赖。但如何拼装并保证其稳定性,是快速施工和保证其安全所必须考虑的问题。

7.3.2　钢浮箱用于浮桥的拼装方案

用于浮桥的钢浮箱承受的水压力仅限于钢浮箱吃水部分，其阻水面积很小，比挑水坝钢浮箱承受的水压力要小得多，不作为主要因素，应主要考虑浮桥的载重能力。堵口浮桥的用途不仅是通过车辆，还要求能方便地卸下抛投料物，因此提出了如图 7-11 所示的双车道拼装方案。中间空格用钢浮箱 2 相连。此方案的双车道之间用特制钢浮箱联系形成抛投料物的空格。空格之上可加盖板，便于车辆行走，卸料时移开盖板便可将料物抛下。

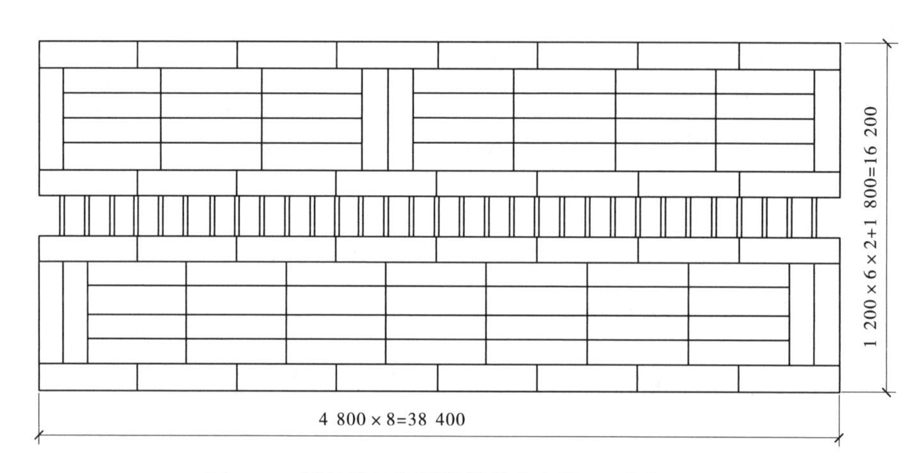

图 7-11　浮桥单元钢浮箱拼装方案图　（单位：mm）

7.3.3　浮桥的稳定性分析

7.3.3.1　稳定分析的参数

对浮桥最重要的要求是载重状态下的稳定性，即浮桥在载重状态下不能发生纵向、横向倾覆，或者桥面倾斜度过大、甲板上水等危险现象，故需进行浮桥的稳定性分析。

为简化计算，仅取一个浮桥单元的单车道进行计算，而不考虑相邻浮桥单元的影响，该单元上仅一辆满载车辆，如此分析的结果是偏于保守的。基本计算参数为一单车道浮桥单元长 38.4 m，宽 7.2 m，浮箱高 0.8 m，由 48 个钢浮箱组成。每个钢浮箱约重 12 kN，总重 576 kN。如前所述，载重车辆重为 300 kN，前轴 60 kN，双后轴重 240 kN。

7.3.3.2　浮桥纵向稳定性计算

1. 危险工况一

仅车辆双后轴作用于浮桥单元，如图 7-12 所示。浮桥与满载车辆偏心距为 5.41 m。

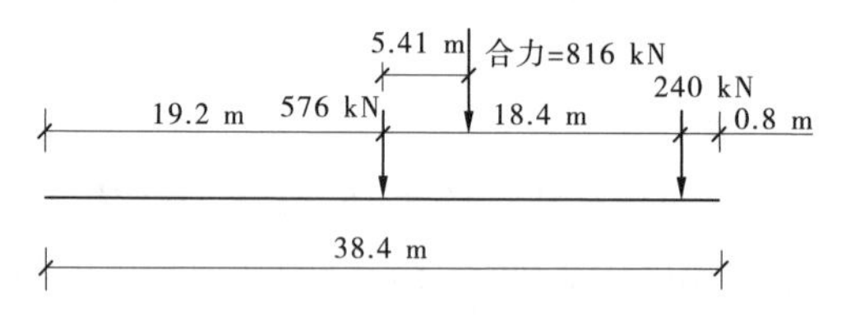

图 7-12　工况一受力图

由浮力应与浮桥重力合力相等和浮力作用线与重力合力作用线重合条件,易于算出,车辆近端浮桥吃水0.554 m,浮桥远端吃水0.046 m,倾斜度为0.75°。

2. 危险工况二

满载车辆前后轴全部作用于浮桥的一个单元上,如图7-13所示。求得满载车辆与浮桥重力偏心距为5.98 m。同上述理由算出车辆的浮桥近端吃水0.629 m,远端吃水0.021 m,倾斜度为0.91°。

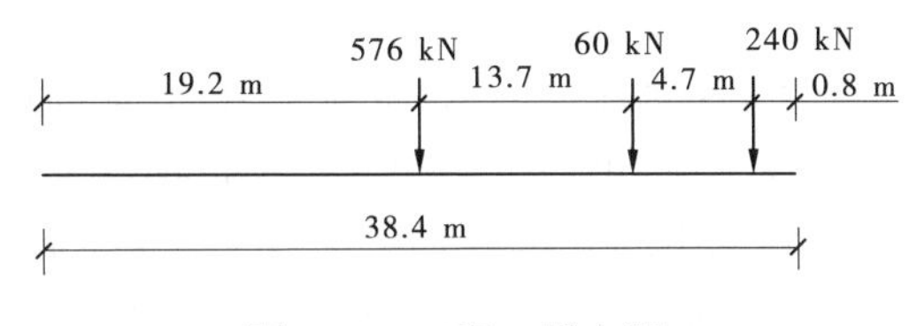

图7-13　工况二受力图

7.3.3.3　侧向(横向)稳定性计算

1. 危险工况一

满载车辆靠浮桥外侧情况,见图7-14。

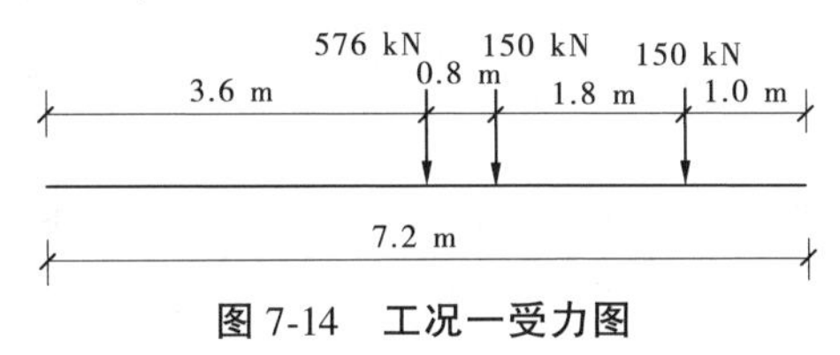

图7-14　工况一受力图

求得满载车辆与浮桥合力偏心距为0.58 m。同理算出车辆的浮桥近端吃水0.482 m,远端吃水0.168 m。倾斜度为2.5°。

2. 危险工况二

满载车辆后轴靠浮桥外侧,前轴靠双道中心情况,见图7-15。

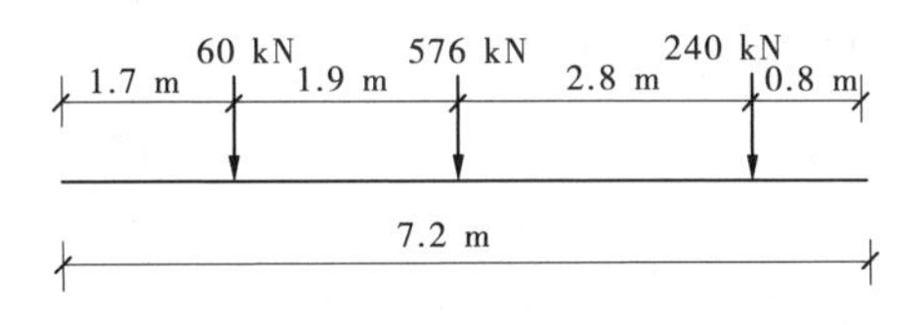

图7-15　工况二受力图

算得总重量偏心距为0.64 m。浮桥靠车辆后轴近的一端吃水0.498 m,远端0.152 m,倾斜度为2.75°。

7.3.4　浮桥的使用原则

当采用软体坝堵口时,采用单车道即可满足使用要求。根据以上分析,拟定的浮桥单元基本可以满足载重状态下的稳定性要求,同时提出如下使用规则:

(1)车队净车距不小于40 m;

(2)车辆行驶时靠浮桥外侧净距不小于1 m;

(3)严禁超载,车辆满载重量不超过300 kN。

7.4 浮式挑水坝快速修建

7.4.1 问题的提出

在堵复口门之前,往往需做挑水坝,将主流挑走,以便快速实施堵口。挑水坝的结构形式较多,可选择浮式挑水坝,由钢浮箱、挑流功能部件组成。挑流功能部件可选择土工格栅和网帘结构形式,以达到减缓水流冲击,改变水流方向,促使泥沙落淤的作用。在未进行透水挑水坝模型试验的情况下,可借鉴不同透水率桩坝局部模型试验的研究成果和黄河下游引黄灌溉引渠网帘坝的室内外试验等研究成果。该节研究成果为2006年开展的“黄河下游建造移动式导流装置可行性研究”奠定了良好基础。

7.4.2 钢浮箱作为挑水坝浮体时的工作条件

浮式挑水坝是一种透水的、可控制水流流向的轻型结构。水流作用力是挑水坝承受的最主要的外力。力的大小和挑水坝体的透水率、入水深度和水流流速有关。此力由挑流部件传递给钢浮箱。很明显,作为挑水坝浮体的钢浮箱与作为浮桥浮体的钢浮箱受力情况应是不同的。

根据透水桩坝水工模型试验研究,当桩坝透水率不大于30%时,坝的挑流效果明显。参照这一试验成果,取挑水坝的透水率为30%,估算挑水坝迎水面单位面积动水压力。由动水压强公式:

$$p_a = \frac{(1-k)\gamma v_n^2}{2g} \tag{7-3}$$

式中:k 为挑水坝透水率,取 $k=30\%$;γ 为水体容重,考虑黄河水的含沙量,取 $\gamma=11\ \mathrm{kN/m^3}$,此时对应的含沙量为195 $\mathrm{kg/m^3}$;v_n 为水流行进流速 v 在坝迎水面法向上的分量。

根据黄河下游典型河段堤防溃口对策预案选定的挑水坝位置另由溃口动床水工模型试验知,当大河流量为2 000 $\mathrm{m^3/s}$、口门宽为300 m时,在挑水坝位置上流速不超过2.0 m/s;但当大河流量超过5 000 $\mathrm{m^3/s}$,水流流速达3 m/s以上时,为避免挑水坝承受过大的荷载,选择2 000 $\mathrm{m^3/s}$ 流量、口门宽度为300 m作为挑水坝的工作状态,此时水流流速 $v=$ 2.0 m/s。取挑水坝轴线与水流流向所夹锐角 $\alpha=60°$,则:

$$v_n = v\sin\alpha = 1.732(\mathrm{m/s})$$

由上述数据得出作用于挑水坝面上的动水压强为

$$p_a = 1.177\ \mathrm{kN/m^2}$$

挑水坝发挥挑流作用后,坝上、下游还形成水位差,由上述试验得知水位差为0.2 m左右,由此产生之静水压差为 $p_j=0.2\times1.1=2.2\ \mathrm{kN/m^2}$。

因此,挑水坝需承受之总水压强为:$p=p_a+p_j=3.377\ \mathrm{kN/m^2}$。取挑流部件入水深度为4.0 m,实际上大部分情况坝前水深均小于此数值,唯在坝头因局部冲刷,水深将大于4.0 m。但若因此将整个坝挑流水深加大会造成设计不经济。故分别考虑挑流水深,坝头部分按加大的挑流水深考虑,其余部分均按挑流水深4.0 m考虑。当挑流水深为4.0 m时,挑水坝承受的水压力为13.508 kN/m。

实际上，来流情况不同，坝头部分冲刷深度可能变化幅度很大，坝头部分可变化结构形式来增强其抵抗水流力的能力，这也是装配式结构的灵活之处。

7.4.3　钢浮箱用于挑水坝的拼装方案

黄河水沙情况非常复杂，河势多变，因此挑水坝受力情况也非常复杂，即使同一坝上各部分受力情况差异也很大。坝头部分水深、流急，受力最大，与岸边相连部分水浅流缓受力最小。在7.4.2节中虽然给出了一般情况下水压力的数值，但超出的概率仍然很大。因此，就要求用钢浮箱拼装出多种结构形式，以保障挑水坝在不同水流情况下坝的不同部位均有适当的安全度。图7-16示意出了挑水坝浮体的几种结构形式，可以称为单双排框格式浮体，还可拼装出其他形式，不再赘述。

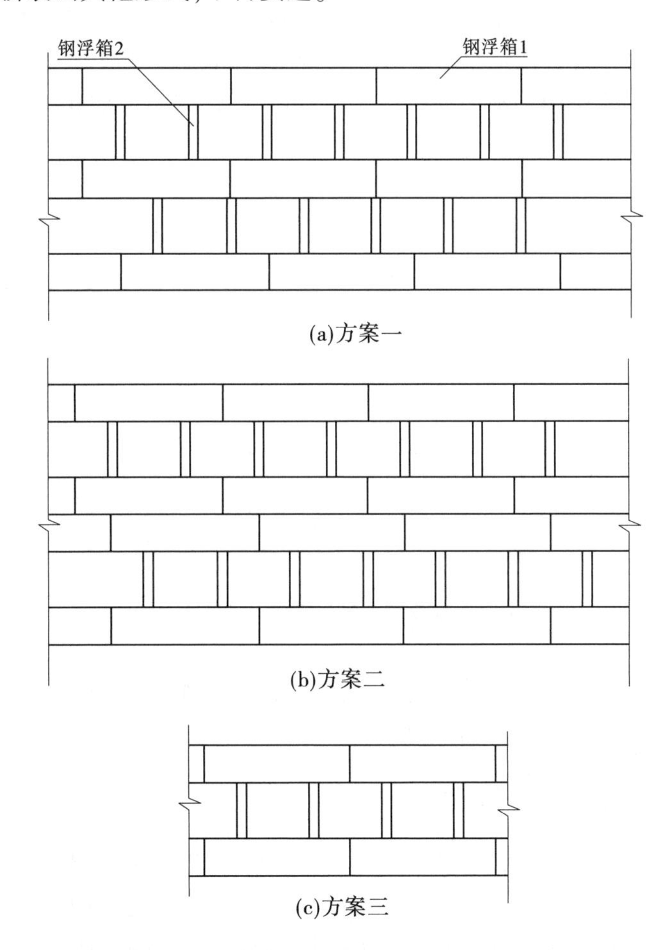

图7-16　钢浮箱拼装方案

7.4.4　浮式挑水坝结构

在空格内可安装导流功能部件，从而形成浮式挑水坝，见图7-17。

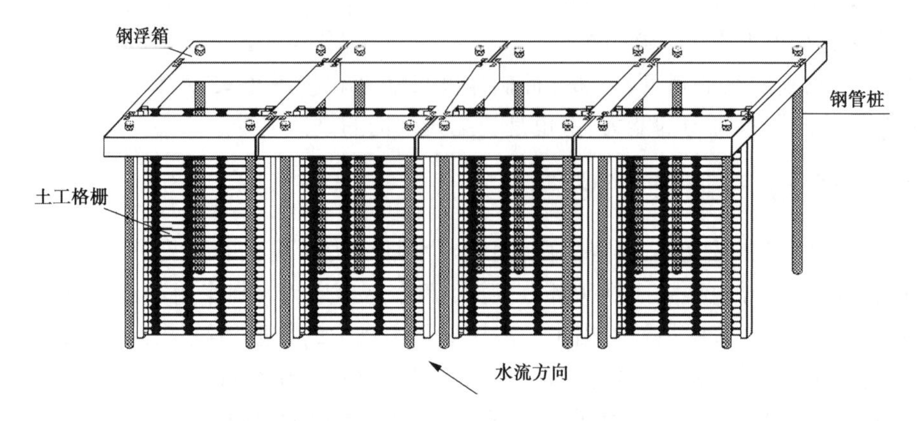

图 7-17　土工格栅浮式挑水坝结构示意图

采用桩固定浮坝时,可在空当处安装如图 7-18 所示的盖板。钢浮箱与盖板共形成三排空隙,由此可以将桩沉入床面层。只要条件允许,也可以在空当内沉入密排桩,形成透水桩坝,也可发挥挑流作用。在流速较小时,也可利用钢浮箱上桩孔沉桩固定。

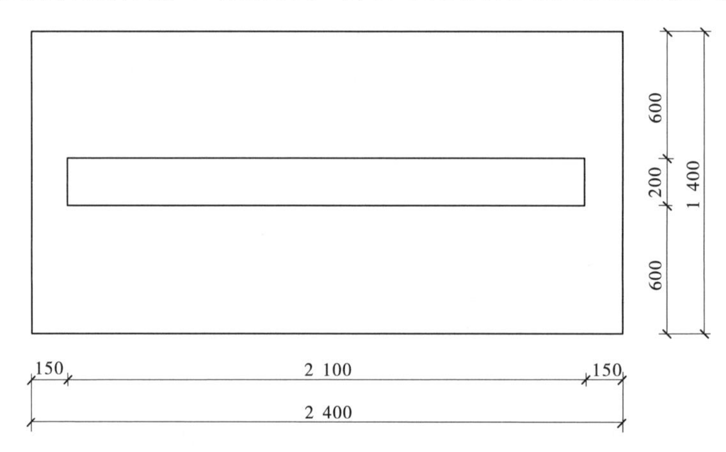

图 7-18　钢浮箱盖板平面图　(单位:mm)

采用锚具固定浮坝时,可用带环的键销插入浮体外侧钢浮箱的键销盒内,盖上压板,再将锚缆挂于其上,将锚缆收紧,固定浮坝。

7.4.5　挑流功能部件结构方案

挑水坝的结构形式如前所述,其中挑流功能部件结构方案,可选择土工格栅和网帘结构形式,以达到减缓水流冲击,改变水流方向,促使泥沙落淤的作用。因暂未进行透水挑水坝的模型试验,故在此仅借鉴不同透水率桩坝局部模型试验的研究成果和黄河下游引黄灌溉引渠网帘坝的室内外试验等研究成果。

7.4.5.1　网帘方案

1. 网帘及其性能

网帘是由一般化工原料,如尼龙、聚氯乙烯、聚丙烯和聚乙烯等的线材编织而成的。

不同网帘材料性能比较见表 7-1。

表 7-1　不同网帘材料性能比较

网帘布种类	单丝宽×厚(mm×mm)	布的密度(%)	单丝拉力强度(kg/丝)	经过 275 d 暴晒后强度(kg/丝)	强度降低百分比(%)
黑色防老化布	0.20×0.12	9.7	3.06	1.79	41
白色裂膜布	3.14×0.2	7.4	7.15	手触成灰	100
编织布	0.2×0.1		2.56	0.30	88

网帘的透水系数由下式计算：

$$\alpha = \frac{\text{坝体空隙面积}}{\text{坝体总面积(整体)}} \tag{7-4}$$

经测算，聚丙烯扁丝编织布的透水系数 $\alpha = 0.35$，塑料窗纱的透水系数 $\alpha = 0.7$。

2. 网帘布置形式

透水挑水坝设计水深 4 m，因此网帘加工成宽 6 m、高 5~6 m 网体，其下部固定在与其等宽的直径为 100~200 mm 的钢管上，并卷好，钢管两端系上绳索。在透水挑水坝的迎水面，将网帘上部固定在钢浮箱上，在钢浮箱上可将卷好的网帘缓慢下放，其结构布置形式见图 7-19(a)。作为钢管的替代物，也可将尺寸为 20 cm×20 cm×20 cm 的混凝土块作坠子，坠子沿网帘底边每 0.5 m 系上一个，然后卷好待投放，其结构布置形式见图 7-19(b)。

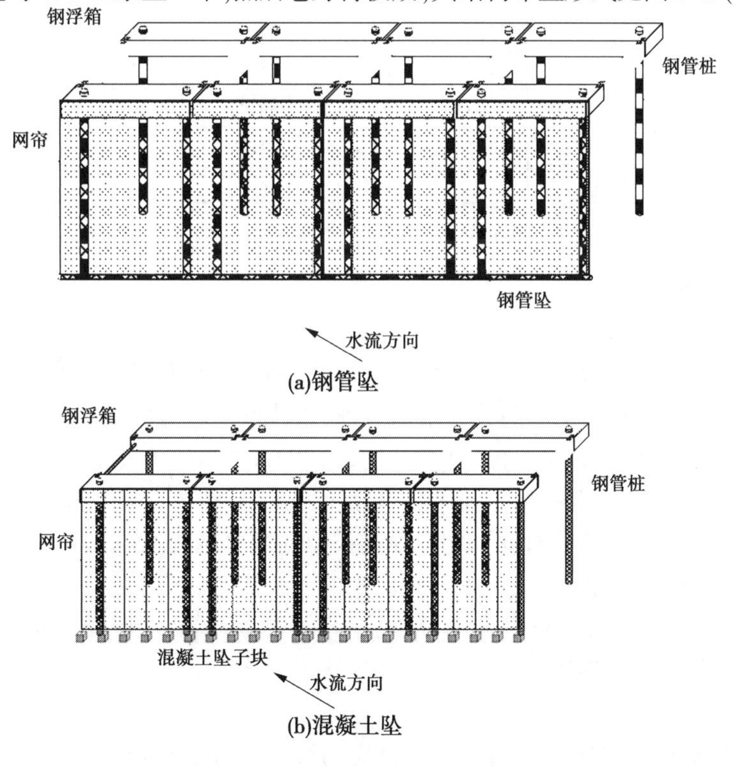

图 7-19　透水挑水坝网帘结构布置图

3. 网帘挑流作用

“六五”科技攻关期间,黄河水利科学研究院在河南省原阳祥符朱引水渠口、封丘顺河街引渠口及室内对网帘材料防引水渠淤积的原理和防淤效果,进行了大量现场和室内水槽泥沙的观测试验。结合透水挑水坝挑流功能部件——网帘挑流方案,得出如下认识:

(1)网帘的透水系数越小,防沙效果越高。从室内多次试验不同网帘布透水系数的防沙效果中,明显看出:凡透水系数小者,网帘坝的防沙效果高于网帘坝透水系数大者,见表7-2。

表7-2　室内不同网帘坝体透水系数防沙效果比较

网帘布材料	网帘透水系数	含沙量(kg/m^3)		淤积物粒径(mm)		淤积状况	
		网前	网后	网前	网后	网前	网后
特制防老化编织布	0.35	28.5~30.0	4.5~5.1	0.017 5	0.011~0.011 4	全淤	淤积不明显
一般民用塑料窗纱	0.70	24.5~25.3	20.6~23.0	0.008~0.013 4	0.008 2~0.010 2	全淤	淤高12 cm

(2)网帘坝与水流交角的关系。影响网帘坝防淤效果快慢的因素,与渠道水流交角大小有一定关系,网帘坝与水流交角愈小,同样水沙条件的防淤效果愈好,见表7-3。

表7-3　透水系数α=0.35时不同设置交角的防淤效果

引水口网坝与水流正交			引水口网坝与水流交角60°			引水口网坝与水流交角45°		
$\rho_{河}$	$\rho_{渠}$	减淤比(%)	$\rho_{河}$	$\rho_{渠}$	减淤比(%)	$\rho_{河}$	$\rho_{渠}$	减淤比(%)
4.5	1.3	71.1	5.2	0.8	84.6	11.5	1.2	89.9
11.5	3.5	69.6	4.2	1.2	71.4	11.1	2.6	76.5
17.5	5.3	69.7	7.1	1.1	84.5	9.4	2.2	76.6
11.2	3.5	68.8	6.1	1.7	71.9	905	2.1	76.8
平均		70.0			78.1			80.0

注:$\rho_{河}$、$\rho_{渠}$分别代表河道及引渠含沙量,kg/m^3。

7.4.5.2　土工格栅方案

1. 土工格栅及其性能

土工格栅是在聚丙烯或聚乙烯板材上先冲孔,然后进行拉伸而成的长方形或方形的板材。加热拉伸是让材料中的高分子定向排列,以获得较高的抗拉强度和较低的延伸率。按拉伸方向不同,格栅分为单向拉伸(孔近矩形)和双向拉伸(孔近方形)两种。前者在拉伸方向上有较高强度,后者在两个拉伸方向上有较高强度。英国奈特龙(Netlon)公司生产的坦萨(TENSAR)SR2(单向)的纵向、横向抗拉强度分别为80 kN/m和13 kN/m,延伸率分别为9%和15%(常温下)。

土工格栅因其高强度和低延伸率,以及可调的透水系数,可广泛应用于防汛抢险中,其常见的结构形式见图7-20。

2. 土工格栅布置形式

根据透水挑水坝结构形式,每个土工格栅的尺寸定为2.1 m×1 m,土工格栅四周固定在角钢上。将土工格栅放置在钢浮箱联系杆件的槽内,由于透水挑水坝设计水深4 m,所

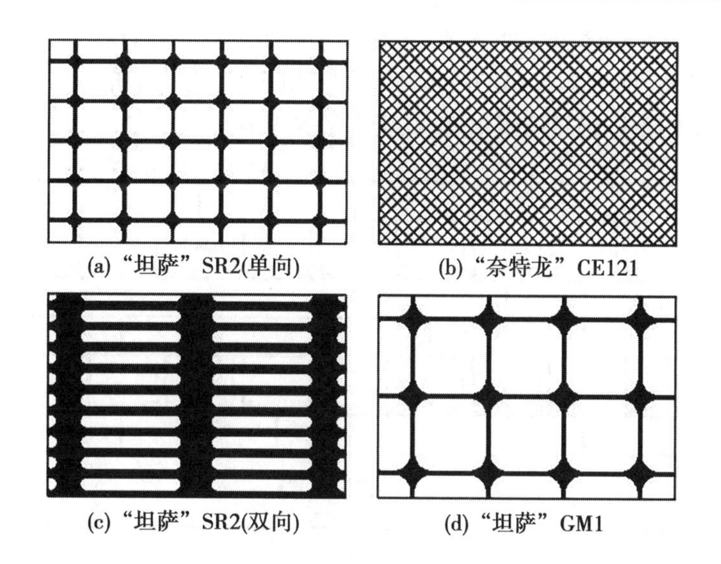

(a)“坦萨”SR2(单向)　(b)“奈特龙”CE121

(c)“坦萨”SR2(双向)　(d)“坦萨”GM1

图7-20　土工格栅

以每个槽内可放置4个2.1 m×1 m的土工格栅,其结构布置见图7-21。

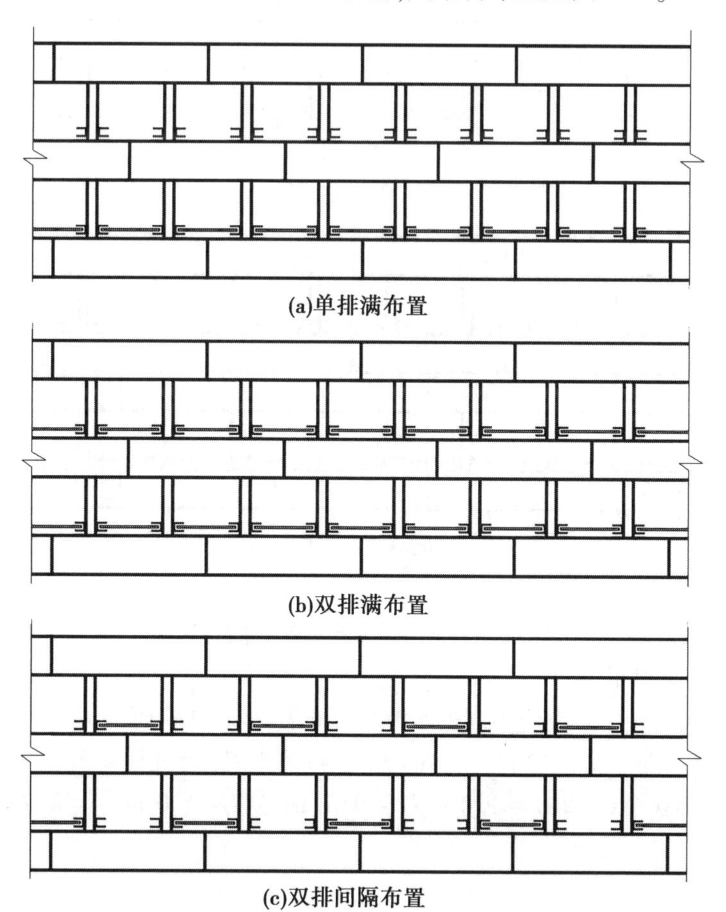

(a)单排满布置

(b)双排满布置

(c)双排间隔布置

图7-21　拼装方案1土工格栅布置示意图

根据透水挑水坝钢浮箱拼装方案，可采用单排满布置、单排间隔布置，双排满布置、双排间隔布置等形式，见图 7-22、图 7-23，以“坦萨”SS2（双向）土工格栅为例，根据不同钢浮箱拼装方案的不同土工格栅布置形式，其透水情况见表 7-4。

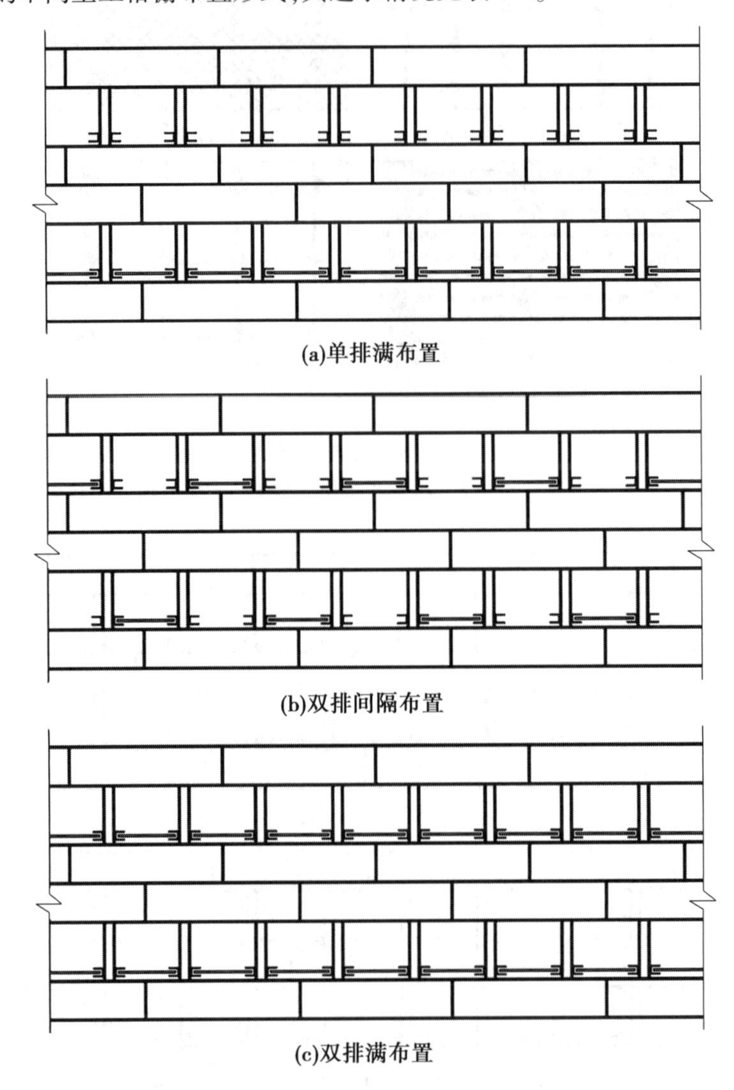

(a)单排满布置

(b)双排间隔布置

(c)双排满布置

图 7-22　拼装方案 2 土工格栅布置示意图

3. 土工格栅挑流作用

借鉴黄河水利科学研究院不同透水率桩坝局部模型试验研究成果，入流角度组合为 30°、60°，入口单宽流量 $q=20\ m^3/(s\cdot m)$，来流按清水考虑，桩径 d 及桩净间距 l 组合为：①$d=0.8$ m，$l=0.3$ m；②$d=1.0$ m，$l=0.5$ m；③$d=1.0$ m，$l=0.75$ m。试验结果见表 7-5。

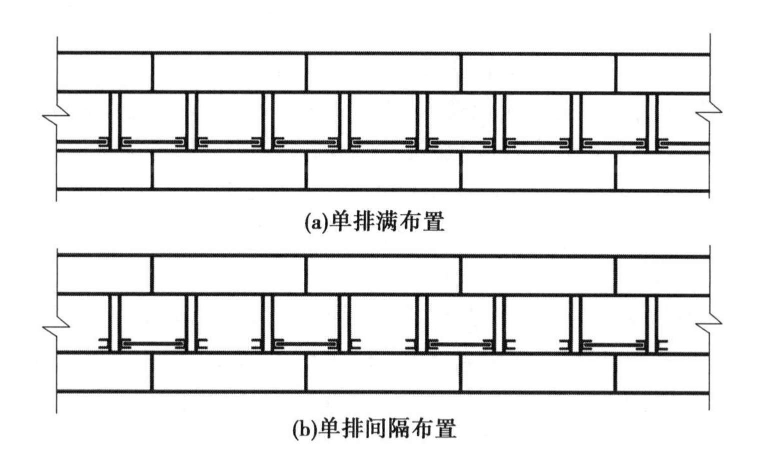

(a)单排满布置

(b)单排间隔布置

图 7-23　拼装方案 3 土工格栅布置示意图

表 7-4　不同方案透水情况

土工格栅布置形式	钢浮箱拼装方案		
	方案 1	方案 2	方案 3
单排满布置	0.54	0.54	0.54
单排间隔布置	0.77	0.77	0.77
双排满布置	0.65	0.65	
双排间隔布置	0.79	0.79	

表 7-5　不同透水率桩坝不同入流角条件下的试验结果

结果	条件					
	$\theta=30°$			$\theta=60°$		
	$d=0.8$ m $l=0.3$ m	$d=1.0$ m $l=0.5$ m	$d=1.0$ m $l=0.75$ m	$d=0.8$ m $l=0.3$ m	$d=1.0$ m $l=0.5$ m	$d=1.0$ m $l=0.75$ m
桩前最大垂线平均流速(m/s)	3.5	3.4	3.6	3.3	3.3	3.1
桩后最大垂线平均流速 (m/s)	0.6	0.7	1.4	1.3	1.3	1.5
桩坝前后水位差 (m)	0.05~0.15					
桩后落淤情况	桩后落淤快且多,淤积范围大	桩后落淤较多,淤积范围较大	桩后落淤相对较少	桩后落淤相对较少	桩后落淤相对较少	桩后落淤相对较少

根据上述试验结果,结合透水挑水坝土工格栅的挑流作用,可得出以下认识:

(1)不同透水率条件下,当入流角度一定时,透水桩坝导流效果变化不大,而入流角对导流效果影响较明显,随着入流角增大,透水桩坝的导流能力逐渐减弱,当入流角较大(大于 60°)时,透过桩坝的水流有可能在桩坝后滩地上拉槽形成汊河。

(2)不同透水率条件下,不管入流角度如何,透水桩坝前冲刷达到稳定后,桩坝前后水位差一般在 0.05~0.15 m。

(3)当入流角和单宽流量一定时,随透水率增大,桩坝后水流流速增大,而桩前流速、冲刷坑形状和冲刷坑深度变化不大,透水桩后滩地淤积量则有所减小。

(4)当单宽流量一定时,随入流角增大,透水桩坝前流速有所减小,而透水桩坝后水流流速增大。30°入流角时,透水桩坝后最大垂线平均流速为 0.6~1.4 m/s,透水桩坝前最大垂线平均流速为 3.4~3.6 m/s;60°入流角时,透水桩坝后最大垂线平均流速为 1.3~1.9 m/s,透水桩坝前最大垂线平均流速为 3.1~3.3 m/s。

7.4.5.3　**方案比较**

透水挑水坝的挑流功能部件结构方案,有土工格栅和网帘结构形式,两种方案由于材料性能的差异,其适用条件也不尽相同。

(1)由于网帘材料抗拉强度较低,水流流速较大时容易冲毁,适合流速小于 2 m/s 的情况。

(2)土工格栅材料性能优越,抗拉强度较大,适合于流速较大的情况。

(3)土工格栅的品种和规格很多,可选性强。根据挑流情况,便于组合使用。

7.5　水上施工方案

钢浮箱组装成浮式挑水坝或者堵口用浮桥主要在水上进行,包括以下几个方面的工作。

7.5.1　浮体单元下水

首先在河边将钢浮箱组装成浮体单元。装配现场一般选择在挑水坝或浮桥位置的上游滩地,下水场地不可能很坚实、平整。为使河体单元能顺利下水,可采用柔性下水技术。

此项技术适用于船舶下水场地不平整和地面坡度不均匀的情况,目前国内已有数百家中小船厂采用此项技术。1999 年 6 月,《船舶用气囊上排下水工艺要求》(CB/T 3837—1998)开始实施,并于 2011 年更新,标志着柔性下水技术已成熟,因此使用气囊使浮体单元下水,应不成问题。

7.5.2　浮体水上浮运

浮体的水上浮运,施工条件为水流速不大于 3.0 m/s,可采用 GZQ230 型(TG 式)舟桥配备的汽艇拖运。该装备全套器材包括 16 艘 190 马力(1 马力=735.499 W,全书同)的汽艇,因而一套器材足够架设浮桥或挑水坝使用。

至于拖运方式,亦可采用舟桥的拖运方式,不再赘述。

7.5.3　浮体水上拼装和固定

拼装宜从岸边开始逐渐向河心展开。岸边单元，由于水浅流缓可用多种方式固定，当水浅于浮体吃水深时（一般水深小于 0.5 m）可用土石等以进占方式与浮体相接。单元之间的连接，在设计上已考虑了键销连接方式。当单元之间对位后，可用键销直接插入钢浮箱的键销盒内，盖上压板，浮体单元之间的连接即告完成。

浮体的固定已如前述，采用桩固定方式时，与单元连接完成之后，盖上盖板，即可在盖板上的预留孔中沉桩。预留孔宽度允许使用 200 mm 以下桩，用桩数量可根据水流情况随时决定。浮箱上装备有起吊用小型扒杆，供吊桩之用。

当采用锚固定浮体时，可在浮体单元外侧钢浮箱之键销盒内插入系缆键销，再将锚缆挂于系缆键销之上，用锚机收紧缆绳。当钢浮箱用于挑水坝时，用锚数量较大，原则上浮体上游各侧每个钢浮箱用两个锚固定，每个锚需承受 32.42 kN 水平拉力。用一个锚时受力加倍，需考虑锚的承受能力。如果锚的承受能力较小，允许增加锚的数量，钢浮箱上留有足够的键销盒（每侧共 8 个键销盒）或供使用。如果水流湍急，也可用时采用上述两种方式固定浮体。

7.5.4　吊装挑流功能部件

挑流功能部件的吊装应掌握在水流速不大于 2.0 m/s 时进行。因此，一般应在组装固定挑水坝浮体完成之后，测量水流速，确知水流速减缓至 2.0 m/s 以下，再进行施工。

吊装顺序应由河边开始向河心推进，当发现有走锚现象，或桩头位移显著时，即应停止吊装，立即采用措施如增加锚的数量或补打桩增强挑水坝的抵抗能力。

参 考 文 献

[1] 水利部黄河水利委员会，黄河防汛总指挥部办公室. 防汛抢险技术[M]. 郑州：黄河水利出版社，2000.
[2] 刘文通. 浮式防波堤[J]. 水运工程，1989(2)：6-11.
[3] 竺翊明. 浮式消波堤的应用[J]. 水运工程，1983(11)：10-13，48.
[4] 尹祯祥，万建国. 浮式竹格栅坝研究[J]. 水运工程，1991(6)：31-34.
[5] 李兴厚，吴卫国，吴学仁. 拆装式水上自升施工平台技术论证[J]. 水运科技信息，1992(2)：38-39.
[6] 田治宗，王卫红. 透水桩坝河道整治技术试验研究[R]. 2000.
[7] 中国人民解放军总参谋部兵种部. 工程兵专业技术教材[M]. 北京：解放军出版社，1999.
[8] 孙菊香，朱珉虎. 柔性下水技术走进 1999 [J]. 港口装卸，1999(4)：37.
[9] 梁跃平，乔永安，田治宗. 口门水力学特性及冲淤特性[R]. 2000.
[10] 余咸宁，谢志刚. 软体坝围堰装备与施工技术[R]. 2000.
[11] 潘恕，余咸宁，许雨新，等. 堵口附属工程技术研究[R]. 2000.
[12] 潘恕，兰华林. 多功能钢浮箱装备和水上快速修筑挑水坝及浮桥技术研究[R]. 2000.
[13] 潘恕，余咸宁，许雨新，等. 堤防堵口软体坝围堰技术研究[R]. 2000.
[14] 黄淑阁，王震宇，王英，等. 黄河堤防堵口技术研究[M]. 郑州：黄河水利出版社，2006.

[15] 邓宇,谢志刚. 黄河下游建造移动式导流装置的可行性研究[R]. 2006.
[16] 冯民权,范术芳,郑邦民,等. 导流板的布置方式及其导流效果[J]. 武汉大学学报(工学版),2009,42(1):87-91,95.
[17] 邓宇,范术芳. 活动式导流板导流效果的数值模拟分析[J]. 人民黄河,2008(10):41-42.

第 8 章　软体坝围堰堵口现场试验

为解决软体坝施工中存在的问题和检验设计理论的正确性,验证无基础橡胶坝在动水条件下挡水效果及橡胶坝的连接定位、下沉和河底防冲等措施的有效性和可靠性,进行了 1.8 m 坝高橡胶坝堵口现场试验。本章介绍了试验内容、场地准备、总体布局、主要装备以及试验过程和试验结果等。

8.1　试验目的与试验场地

8.1.1　试验目的

通过试验,拟解决如下具体问题:

(1)河底冲刷问题:主要观测坝基及坝上下游抗冲措施的效果。

(2)橡胶坝连接问题:包括坝体段与段、坝端与两岸、浮箱与坝袋,以及浮箱之间连接措施的可靠性、止水情况及施工速度。

(3)钢浮箱及坝袋下沉问题:主要检验在动水作用下所采取的下沉措施是否可行。

(4)稳定问题:包括坝体在动水作用下下沉及充水过程中的振动和挡水后的自身稳定。

(5)打桩问题:包括桩的承载力和水上沉桩工艺以及施工速度。

(6)设计问题:通过现场观测,验证设计理论的合理性。

8.1.2　试验场地选择

本着能暴露和解决关键技术问题、由易到难并节省投资的原则,经过现场查勘,选择在黄河南岸中牟县境内黄河赵口闸引黄渠道内进行试验(见图 8-1)。

赵口闸最大引黄流量为 220 m^3/s,渠道底宽约 46 m。渠底平均高程 82.9 m,两岸堤顶高程 87.6 m,边坡 1:2。由于渠道淤积等原因,渠底并不平坦,最高与最低高差约 1.1 m。渠道设有节制闸,闸门起闭灵活;同时总干渠也较长,渠道可调节的水量大,可保证试验所需的流量、流速和水深。渠底土质与黄河土质类似,可试验得到冲刷情况和防冲措施的效果。

橡胶坝轴线距赵口闸闸室出口断面约 100 m,该处靠近大堤公路,交通方便。变电房距该处较近,可提供 50 kW 以下用电,满足试验用电要求,试验用场地也可满足要求。另外,第一个节制闸距该处也只有 1.6 km,便于控制水位、流速等。

此次堵口试验的设计要求为:设计水深 1.7 m,设计流速 1.5 m/s,设计堵复口门宽度为 20 m,堵复后橡胶坝顶不过水。

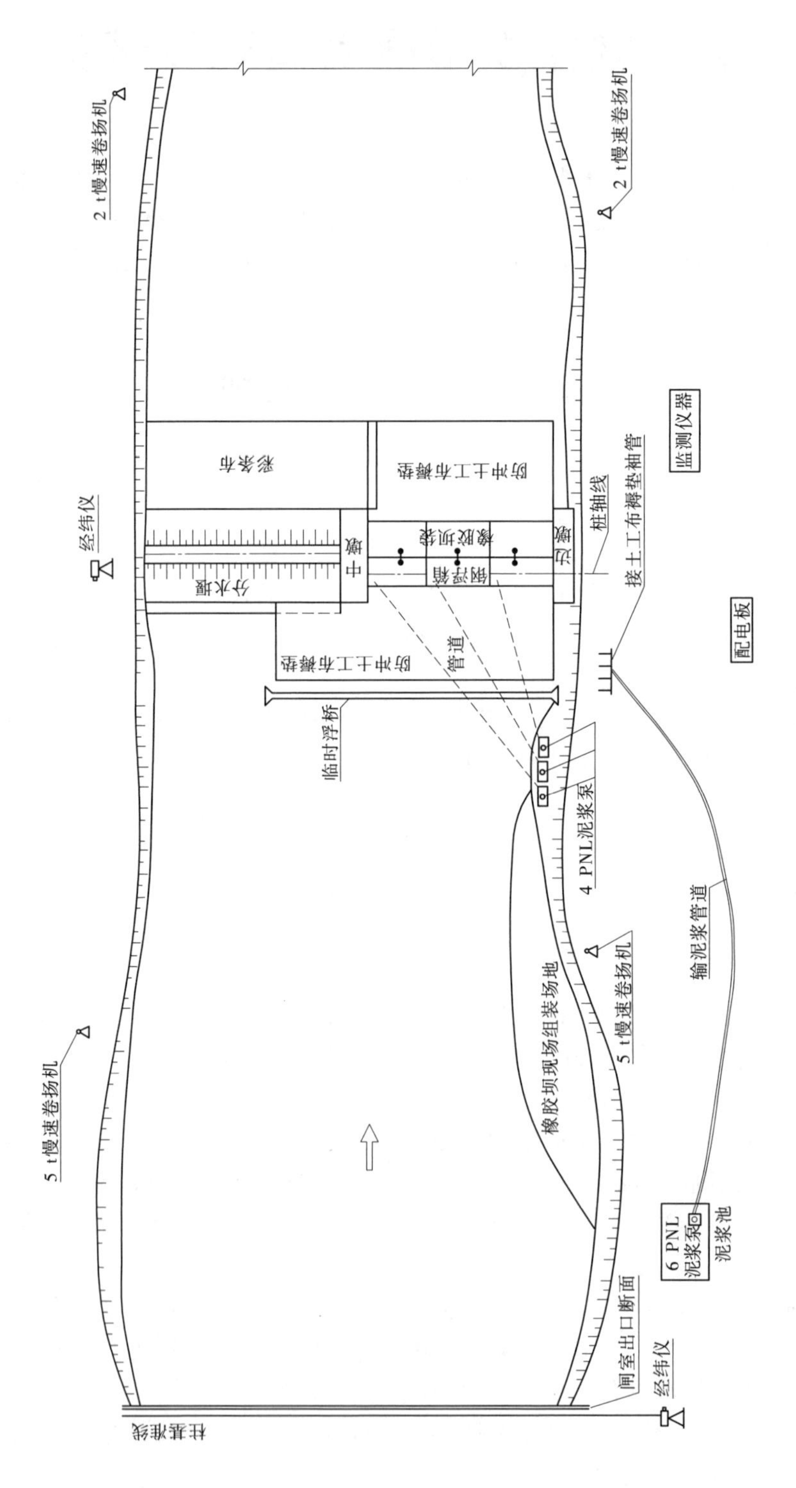

图 8-1　橡胶坝堵口现场试验工程布置图

8.2　堵口围堰方案与总体布局

8.2.1　堵口围堰方案

此次试验选用桩固定式橡胶坝围堰方案(见图 5-8),其主要由以下几大部件组成:橡胶坝袋、钢浮箱、钢管桩、管路控制系统等。这种橡胶坝的工作机理是:将橡胶坝袋首先在河岸边锚固于钢浮箱上,钢浮箱内设有充水管道,其中有一条管道与橡胶坝袋相通。钢浮箱可以在水上漂浮,很容易用船(这次试验用岸边绞车代替船)将浮箱和橡胶坝袋拖到指定位置。浮箱上设有连接座,几个浮箱在坝轴线位置一个一个连接起来形成一道浮在水面的浮桥平台,此时橡胶坝袋还未充胀,悬挂在浮箱一边。浮箱上留有桩孔,在浮箱上可以进行水上沉桩作业。桩沉入河底后,即把浮箱上的充水管道与岸上的水泵连接形成充水管路。首先向浮箱充水(泥浆),浮箱带着坝袋下沉到河底。用桩套把浮箱固定于河底后,再向坝袋充水,使其胀起,形成一道橡胶坝,完成堵口围堰工作。

8.2.2　试验总体布局

橡胶坝坝址段渠道宽 48 m 左右,从右岸开始,依次布设边墩、橡胶坝、中墩和分水堰(见图 8-1)。橡胶坝现场组装场地布置在渠道右侧岸滩上,4 台慢速卷扬机分设于左、右岸,泥浆泵、监测仪器、配电板等都布设在右岸。

8.3　结构设计

8.3.1　橡胶坝段结构设计

橡胶坝位于渠道右侧,共三段,总长 18 m,右端与边墩之间及左端与中墩之间各留有 1 m 宽间隙。钢浮箱桩轴线距边墩和中墩的上游端线 3.0 m。坝袋结构设计如下:

(1)总体尺寸确定:整个橡胶坝分为三段,每段是单独一只橡胶坝袋,设计坝高 1.8 m,坝袋内压比 1.2,每只坝袋长 6 m,橡胶坝袋锚固方式为单锚线螺栓压板式,坝袋两端采用枕形结构。

(2)坝袋材质选用:由于试验橡胶坝不高,所受水压力也不大,故选用一布二胶胶片。胶片总厚度为 4.2 mm,其中内层胶厚度为 1.5 mm,外层胶厚度 2 mm,帆布厚度 0.7 mm,其型号为 J1010,抗拉强度为经强/纬强 = 10/10 kN/m。

8.3.2　附属工程设计

8.3.2.1　**边墩、中墩、分隔栅布设**

边墩位于渠道右岸,中墩与分水堰相接。边墩和中墩均是内部填筑土袋的钢管笼。作为骨架的钢管笼由搭建脚手架所常用的 ϕ 50 mm 钢管,用扣件紧固而成。边墩和中墩的大小分别为(长×宽×高)10 m×2 m×2 m 和 10 m×3 m×2 m。在长、宽、高三个方向上,钢管的间距均为 1 m。根据原始地形条件,边墩的右下部分保留了原状土。钢管笼内分层错缝码放土袋,中墩内放土袋 1 750 个,边墩内放土袋 560 个。为拦截橡胶坝充水过程中抛入橡胶坝坝端的土袋,边墩和中墩网笼的下游端面的宽度增加了 0.8 m,在加宽部分,增加了 2 根垂向钢管,在此端面上还加密水平方向的钢管,其间距缩小为 0.5 m。

位于橡胶坝两端的分隔栅用φ 12 mm 钢筋焊接而成,大小为(长×高)4 m×2 m,其顶部通过φ 50 mm 钢管紧固于边墩和中墩上,下部留有一定的自由度。其作用是限制所抛土袋位置,以避免土袋挤压橡胶坝袋影响其充起。

8.3.2.2 防冲褥垫铺设

防冲褥垫用 230 g/m^2 有纺土工布缝制而成,有效孔径 0.098 mm,纵向和横向的抗拉强度分别为 55.84 kN/m 和 52.68 kN/m,纵向和横向的延伸率分别为 31.20%和 26.40%。褥垫长度为 28.7 m,上游端宽度为 30 m,布设 5 条折径为 1.6 m 的大管袋,下游端宽度为 20 m,布设 2 条折径为 1.6 m 的长管袋。每条长管袋的右端接长 5.0 m 的袖管以便与泥浆泵相接。

土工布褥垫的上游端距边(中)墩上游端面 8.5 m,其下游端距边(中)墩下游端面 9.2 m。右边缘接边墩,左边缘接中墩。褥垫边缘及边墩、中墩的上下游根部均抛土袋,以增强褥垫防冲效果。

8.3.2.3 分水堰

分水堰坝轴线位于桩轴线延长线下游,相距 2 m。分水堰全长 20.5 m,位于渠道左侧,顶宽 2.0 m,底宽 10 m,高 1 m,由粉沙土填筑。与中墩相接处则采用黏土填筑,由人工夯实。上游坡面加黏土保护层。

分水堰及溢流区采用彩条布保护。彩条布上游端宽 22 m,距中墩上游端面 1 m,下游端宽 26 m,距中墩下游端面 9.2 m,左侧紧贴岸坡,右侧紧贴中墩,部分与防冲褥垫搭接。事先在彩条布的上、下游端及分水堰坡脚,挖宽、深各为 0.3 m 的沟,再铺设彩条布,沟内填土袋压紧彩条布。

8.3.2.4 钢浮箱结构

试验用钢浮箱尺寸(总长×总宽×总高)为 6 120 mm×3 415 mm×772 mm,其中浮箱箱体尺寸(长×宽×高)为 6 000 mm×3 000 mm×500 mm,总重约 2 500 kg。

钢浮箱的部件按构造和用途可以分为:①板材类:底板、甲板、侧板、肘板、隔仓板等;②骨架类:实肋板、肋骨、底桁材、横梁、甲板、桁材、桩孔围板、立柱等;③附属件类:系缆桩、连接座、连接销、吊环、仓口盖、通气管、充水管道等;④压袋装置:上压板、压袋底板、螺栓、螺母、垫圈、楔块等。

8.3.2.5 钢管桩

经计算分析,选取钢管桩为φ 152 mm×6 mm 无缝钢管,为施工方便,钢管桩采用两段接桩形式。下段桩长 4.5 m,其中桩尖长 0.5 m;上段桩长 2 m,其桩头附近有长形销孔,配有斜销块,可采用两根销子与下段桩连接。桩套为φ 168 mm×6 mm 无缝钢管,其内径为φ 156 mm。另外,由钢管桩静载试验得出每根桩最大抗拔力为 15 kN,小于设计最大上拔力。在实用中采用向浮箱内充入泥沙压载解决,当淤沙厚度为 0.2 m 时,桩可以满足抗拔力的要求。

8.3.3　控制系统设计

8.3.3.1　充水泵选择

选择4 PNL泥浆泵，其参数为流量 $Q = 150\ m^3/h$，扬程 $H = 15\ m$ 水柱，转速 $n = 1\ 450\ r/min$，功率 $N = 15\ kW$；另外备用高压清水泵充胀坝袋。

8.3.3.2　充水管道布置

泥浆泵从渠道上游抽水，经ϕ 100 mm管道分为两支，一支供浮箱，另一支供橡胶袋。即一支管道与浮箱水管接口相连，另一支管道经浮箱向橡胶坝袋充水，橡胶坝袋与浮箱有管接口用水带相连。控制阀在水泵出口处。

橡胶袋充水多少以橡胶袋充起高度表示。当袋充起到规定高度后，从排气孔喷出一水柱，水柱高度达0.4 m时认为橡胶袋内压达到设计内压。

8.4　堵口试验

8.4.1　试验概况

整个试验分为两个阶段，第一阶段为1999年7月19～31日，第二阶段为1999年8月1～11日。第一阶段主要解决动水条件下施工作业问题，先后试验了动水条件下浮箱定位、打桩、下沉，坝袋展开、充起等，坝前水深达到1.6 m，口门处流速达到1.5 m/s；第二阶段主要解决观测问题，即先将坝袋充起，再让其挡水，以观测坝下冲刷、钢桩和坝袋受力等情况。试验基本达到预期目的，试验过程见图8-2。

整个试验自始至终都得到了黄河水利科学研究院、黄河河务局领导的高度重视，有关领导亲临工地，多次听取了有关问题的汇报。试验当天，成立了指挥部，明确了现场总指挥、技术总负责等。指挥部下设8个组，每组均明确分工、责任到人，包括技术组、机械组、抢护组、打桩组、观测组、闸门起闭组、联络组、后勤组等。

8.4.2　试验步骤

橡胶坝施工主要工序流程框图见图8-3。主要过程如下所述。

8.4.2.1　准备阶段(7月19日至7月30日)

7月19日至7月20日，现场定位放线。

7月21日至7月28日，设备、人员到位，完成土方工程施工，进行桩的上拔力试桩。

7月29日，上午完成桩的水平承载力试验，坝袋与浮箱连接完毕、边墩及分水堰(含防冲措施)完工、泥浆泵就位、铺设土工布褥垫的浮桥搭好、节制闸关闭。晚20:00渠首闸闸门开启40 cm，无基流，流速约3 m/s，土工布被冲至左岸，关闭闸门，试验中止。

7月30日，上午先观察了渠道的冲刷情况，并进行了处理，将土工布褥垫归位后予以充填泥浆。逐渐打开赵口闸放水(节制闸关闭)，其间处理中墩后部河底冲刷并调整主流一次，待水位达到并稳定在1.1 m深时，逐渐关闭渠首闸。18:05开始从右岸进行第一节钢浮箱静水条件下定位、打桩。

(a)钢浮箱与坝袋连接

(b)分水堰防冲处理

(c)水上打桩定位

(d)橡胶坝袋展开

(e)钢浮箱充水下沉

(f)橡胶坝袋充水

(g)分隔栅处抛土袋

(h)橡胶坝充起到位

图 8-2　橡胶坝现场试验录像截图

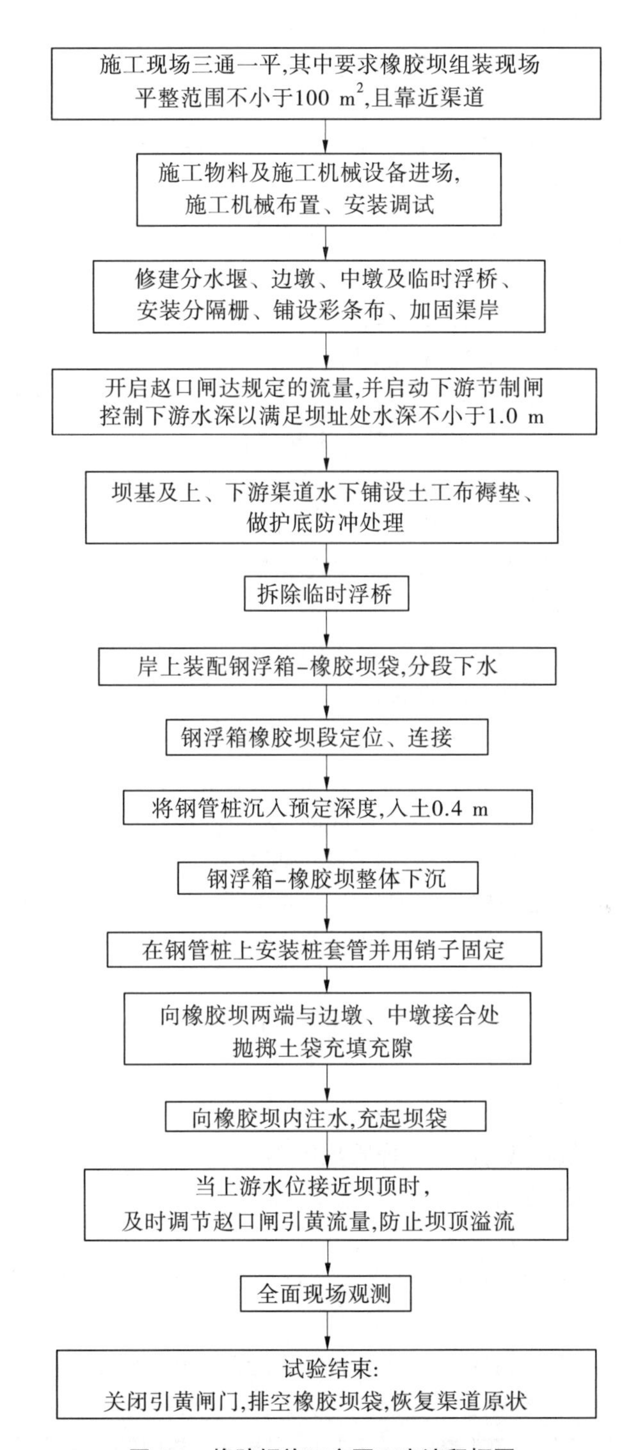

图 8-3　橡胶坝施工主要工序流程框图

8.4.2.2　演练阶段(7 月 31 日)

(1)静水定位打桩:7:30 开始演练第二节钢浮箱定位、打桩。

(2)动水定位打桩:8:00 打开赵口闸、节制闸,9:20 水深达到 1.2 m,流速达到 1.5 m/s,第三节钢浮箱动水条件下定位、打桩。11:30 打桩结束,拔除定位器,安装套筒,12:30 展开坝袋。

(3)浮箱下沉:12:33 开始钢浮箱充水下沉,12:38 浮箱全部沉入水中。12:44 开始套管定位,未出现大的问题。

(4)坝袋充起:13:05 开始坝袋充水,同时向坝袋与中墩、边墩之间的间隙抛土袋,并使土袋高度略高于坝袋高度。13:09,坝袋高约 1.2 m 时,连接处水流变急,在连接处进行了高强度抛土袋,至 13:12 暂停抛袋。经观察,中间坝袋充填正常,至 14:10 已充起,而两端坝袋充填速度明显下降。经查,左端坝袋泵出口处漏水、右端坝袋充填管道被石头堵塞,均直接影响了泵的充填压力。在检查的同时,换用高压清水泵,先后对左右岸坝袋进行了充填,效果十分明显。14:18 左岸坝袋充起,14:32 右岸坝袋最后充起。调节闸门至橡胶坝顶不溢流,现场试验第一阶段完成。其间,14:12 右岸边墩出现漏水,及时进行了抢护,未影响试验的正常进行。坝袋充气后,上下游水位差为 0.8 m,坝袋之间、坝袋与河底之间均不透水,桩位移较小,坝体稳定,试验基本成功。

8.4.2.3 坝袋、桩受力变形试验

8 月 1 日,观测放水后情况,鉴于水位未到设计高度,发现桩还有一些富余,同时已得到的观测资料又不足以说明桩等结构的受力情况,经研究确定第二阶段的试验方案。

8 月 2 日至 8 月 9 日,进行第二阶段试验准备工作。

8 月 10 日,上午安装观测仪器,下午 16:00 开始将坝袋充起至 1.5 m,各项观测工作准备就绪,16:25 开闸放水,待水深达 1.4 m 时,关闭闸门,开始观测。16:40 右边墩出现渗漏,将坝袋继续充起,Ⅰ、Ⅱ、Ⅲ坝袋的最终充起高度分别为 1.4 m、1.7 m、1.9 m,接着Ⅰ坝段坝下、Ⅰ和Ⅱ坝袋之间橡胶坝坝基均出现渗漏,并发展成贯穿上下游的漏洞,继续观测,17:16 由于Ⅰ坝段右侧坝基严重淘刷,导致钢浮箱严重倾斜,Ⅰ坝袋下沉至冲坑中,试验停止。

8 月 11 日又观测了落水后冲坑等有关情况,并转入试验总结阶段。

8.4.3 主要施工方法

为模拟堵口实际情况,渠道护底、橡胶坝施工和钢管桩打设均安排为水上作业。现将这三部分水上作业施工方法叙述如下,其余旱地施工方法不再介绍。

8.4.3.1 渠道护底水上施工方法

(1)在土工布褥垫上游 1 m 处,用 2~3 个钢浮箱和建筑用钢管组成 30 m 长的临时浮桥,用绞车固定。

(2)预先将土工布褥垫卷成卷。褥垫下游端卷在里边,上游端在卷外,将绑扎在褥垫下游端圆环上的绳索露出卷外。

(3)用 12~15 人将土工布褥垫卷置于临时浮桥上,并用绳索将褥垫卷的上游端固定于钢浮箱或钢管上。绳索长度以能将褥垫卷顺利置于渠底为度。

(4)由渠道两岸人员将褥垫下游端的绳索牵拉住,每边渠岸应用 4~5 人,绳索长度与之适应。

(5)将褥垫由浮桥上人员推入水中,同时两岸人员牵拉土工布褥垫向下游展开,并固定。

(6)用泥浆泵向褥垫两端的长管袋内注高浓度泥浆,泥浆浓度不小于 500 kg/m^3。

(7)拆除临时浮桥。

8.4.3.2 橡胶坝主要施工方法

1. 钢浮箱-橡胶坝段的移动定位和下沉

根据试验现场的实际情况,用设置在渠道两岸的四台钢缆绞车移动钢浮箱-橡胶坝段和定位,然后向钢浮箱隔仓内注水将浮箱调平。在钢管桩打设完成、钢浮箱-橡胶坝联结成整体后,开启水泵向钢浮箱内注水(泥浆),利用自重使之下沉。若发生卡桩现象,可利用绞车牵引或其他措施调整钢浮箱姿态。

2. 充起橡胶坝袋并向橡胶坝两端与边墩、中墩结合处抛掷土袋

为使橡胶坝袋两端不成皮球状凸起而漏水,在坝的两端橡胶袋外侧设置有钢筋分隔栅,在充起橡胶坝的同时向墩与坝之间的空隙抛掷土袋,使土袋高度始终稍大于坝袋充起的高度,以分隔栅不偏斜(或稍向坝袋方向偏斜)为度。同时要求三个橡胶坝袋以同样速度充起。

3. 打设钢管桩

在上游闸室位置设测桩基准线,安装一台经纬仪。在桩轴线左端安放一台经纬仪,用两台经纬仪即可确定桩的位置和桩的垂直度。

使用便携式打桩机和移动式桩架完成打桩工作。在打桩前,应利用钢浮箱内的小隔舱将钢浮箱基本调平,以利打桩和浮箱下沉。每根桩的打桩步骤是:①吊装定位,用经纬仪定位后将桩套入龙口固定;②安装打桩机并将下段桩打入河底;③连接上段桩;④重新安装打桩机,把桩打入规定深度。

每只浮箱上6根桩打完后,在其中两根桩上套上定位桩套固定浮箱位置,然后才能松开绞车钢丝绳。用绞车把第二只浮箱拉到预定位置,与第一只浮箱连接,移动桩架到第二只浮箱上开始打桩,依此类推。

8.4.4 试验结果

8.4.4.1 连接

据观测,这次试验中连接问题基本解决。坝袋之间、坝袋与钢浮箱之间、坝袋与河底之间均不漏水。坝袋与裹头之间采用钢筋分隔栅隔断并抛投装土编织袋的软连接方式也较成功。另外,这次裹头采取建筑用的架子管连接成网笼并在其内抛填装土编织袋形式也较成功,但需注意闭气及根部冲刷问题。另外,此次试验采取整体下沉方式,实战时很可能需要分组下沉,它们之间的连接问题尚需进一步研究。

8.4.4.2 打桩

此次打桩设备采用三门峡水工机械厂生产的便携式打桩机,并加工了专用的支架和定位器。在施工过程中,有定位器被浮箱桩孔卡住,用绞车拉移时又造成钢缆拉断,后经采用撬杠、岸上人工拉浮箱等方法将定位器拔出。但桩垂直度、入土深度(4 m)能够满足施工要求,平均每根桩所需时间为 17 min(含移动时间,7:30~11:30,共打桩 14 根),在打

桩机械、打桩速度、打桩工艺及可靠性方面还需改进。

8.4.4.3　下沉及稳定

第一阶段试验时，坝前水深为 1.6 m、口门处流速为 1.5 m/s，坝袋展开及浮箱下沉时都比较顺利，坝袋充起过程中振动也不大，充起后坝袋稳定。

第二阶段则因右边墩漏水、底部未做防冲处理及右坝袋未铺平等原因，导致右坝袋失稳。

8.4.4.4　冲刷

7 月 29 日傍晚，在动水条件下欲铺设土工布褥垫防止河底冲刷，但由于渠道无基流，闸门刚开启时，水深太小，渠道右侧有部分渠底未上水，过流区流场紊乱、水流湍急，褥垫卷左右两侧未能同步展开，导致动水铺设失败。次日改在无水时铺设，7 月 31 日的试验中，坝基未出现淘刷现象，土工布褥垫的抗冲效果尚好，但边墩与渠岸的接合部未严格处理，造成接触冲刷，出现一些小的漏水，经及时抢护，未影响试验的正常进行。

8 月 10 日试验时，重新填筑的边墩未采用钢管网笼结构，施工质量不高，右岸边墩土袋与填筑土的接合部未按要求压实，所用砂土的抗渗抗冲性差。橡胶坝挡水后，右岸结合部及土袋之间漏水严重，造成边墩蛰陷坍塌。右坝段的坝袋在重新安装时，由于右边墩下游端超宽，挤占坝袋空间，造成坝袋褶皱，坝下过流，坝基淘刷。另外，上、下游土工布褥垫被当地农民破坏，渗径太短，河底与钢浮箱、坝袋接触处发生渗透破坏，随即发展成上下游贯通的坝基冲刷坑。由于以上原因，坝下冲坑发展迅速，导致右坝袋下沉并浸没于水中，试验停止。测验数据表明：河底及裹头处如不采取防冲措施，上、下游水位差即使只有 1.08 m，也可使冲坑深达 1.8 m，并导致坝体失稳。

总之，水流对黄河河底、岸坡的冲刷问题一定不能低估，必须采取相应措施。

8.4.4.5　组织

由于是第一次做这样的试验，参战人员经验不足，操作不熟练，现场组织上也出现一些漏洞，各施工组之间配合还不够默契，尤其是当出现预案以外的情况时，处理速度太慢。另外，对冲刷问题对策还不多，准备也不够，影响了试验的正常进行。

本次现场试验重视安全问题，事先采取了防范措施。施工人员冒着高达 36 ℃的酷暑，且是在急流水中作业，但未发生人员安全事故。

8.4.5　现场观测资料及分析

8.4.5.1　水流速度、水上施工和防冲

本次试验坝前实际最大流速为 1.55 m/s。从水文观测资料看，整个施工过程实际流速基本达到该数值。仅在坝袋充起过程中上游水位抬高时流速才有所降低。但坝袋下游由于跌水作用，流速增大至 2.0 m/s 以上。

水流速度是橡胶坝围堰水上施工的重要因素。水流动水压力与流速的平方成正比。当水流流速为 1.5 m/s 时，钢浮箱上的迎水面单位面积（m^2）所受的动水压力为 1.125 kN。特别是当钢浮箱－坝袋沉入水中瞬间，过流断面减小，瞬时流速将有所增大。本次试验水深仅 1.2 m，钢浮箱高 0.5 m，因此钢浮箱－坝袋沉入水中后过流断面减少 40%多。假定流量不变，流速将增大 70%多。作用于钢浮箱上的总动水压力将达到 29.

76 kN。

实际上这一压力总是由钢管桩或上游两岸的卷扬机钢缆承受。如果只考虑由钢管桩承受,就很可能导致钢浮箱不能顺利下沉。所以试验设计考虑到这一情况,在围堰上游两岸各布置 50 kN 卷扬机一台。以便在钢浮箱-坝袋下沉过程中利用卷扬机拉动钢浮箱,使之与钢管桩脱离接触,顺利下沉。

虽然实测时未测出钢浮箱-坝袋下沉瞬间水流速度数据,以上分析只是推论,但是在打桩结束后,拔除定位器时发生了将 50 kN 慢动卷扬机钢缆拉断情况。由此说明即使是钢浮箱仍浮在水面,动水压力已经不小。同时表明把定位器置于钢浮箱桩孔中用以钢管桩定位的方法必须加以改进。

本次试验对河底采取了防冲措施。根据现场观测资料分析可见,围堰上游防冲措施是有效的,没有发生冲刷现象。但在防冲褥垫下游边缘发生溯源冲刷,最大冲深达到 1.8 m。估计这种冲刷难以避免,因此下游防冲褥垫应有足够长度,同时应尽快将橡胶坝充起。设计上应考虑坝高大于坝前水深以便能把水全部挡住,避免坝上溢流。

在放水过程中橡胶坝围堰左端的中墩基本上经受住了水流冲击的考验。应当指出,在放水初期,即在由渠道无水至渠道水深达到施工水深的过程中,中墩后侧发生冲坑并有压边土袋被冲走现象。其后又发生墩子后部下沉,纵向钢管连接处出现拉脱现象。此两种情况均在放水过程中得到控制,一方面是由于及时采取了加固抢护措施,另一方面也是渠道内水深增大后,主流趋于顺直,中墩后的侧向水流流速减小所致。

在此间观察到的又一现象是当水淹没土袋,流速大于 1.0 m/s 时,土袋很容易被冲走。由于及时加高了裹护中墩上游的土袋,裹头始终是安全的。但是右边墩的防冲处理未按设计图纸要求施工,在围堰上下游形成水位差后,发生接触冲刷,特别是第二阶段试验导致边墩坍塌,坝袋与钢浮箱下沉。

由此得到的教训是,防冲措施是橡胶坝围堰的成败关键问题之一,必须慎重对待。其中的技术问题如防冲措施的范围、防冲措施采用的有效压重、不同材质接合部防冲防渗处理、裹护物料的单体重量和上复压重均应根据可能发生的水流条件,特别是流速大小进行深入研究后决定。必要时应进行物理模型试验,以确保措施可靠。

8.4.5.2　围堰上下游水深和橡胶坝袋的受力状态与形状

本次试验橡胶坝袋设计参数为:坝高 1.8 m,上游水深 1.7 m,下游无水,坝顶内水压力 3.6 kPa。实际上,第一阶段试验上游水深 1.63 m,上下游水位差 0.5 m,坝袋高 1.65 m。第二阶段试验上游水深 1.4 m,水位差 1.08 m,坝袋高 1.8 m,坝袋顶出气孔喷水高 0.3 m 左右。两次试验均未达到设计的最危险情况。

从坝袋的应变观测结果看,坝袋随着充起过程,其环向为拉伸应变,而坝轴向则转为收缩应变。因此,坝袋的受力状态接近于平面应力状态。其原因很明显:坝袋为柔性,只能承受张力,不能承受压力;在开始观测前,坝袋已充有一定高度,且轴向有褶皱现象,随着坝袋进一步充起,褶皱部分被胀起,加上各段坝袋侧面是靠相互压紧而止水,引起轴向回弹;坝袋相对较短(坝袋长与底宽之比接近 2.0)。如果坝袋加长在坝之中段可能会趋向于平面应变状态。

从应变的数值上看,达到 5%左右,与胶布的极限拉伸数值(17%)相比较小。因此,坝袋张力应是不大。但由于不掌握胶布弹模和泊松比具体数值,还无法算出。

从坝袋现场实测剖面可知,坝袋在锚固点(坝袋与钢浮箱联结处)附近成陡降形状与理论分析接近。当坝袋高 1.8 m,上游水深为 1.5 m,下游无水,坝袋顶内水压力为 3.6 kPa 时,计算出坝袋剖面曲线在该点切线与水平线夹角余弦为 0.007 94,夹角为 89.5°,几乎垂直。

应当指出,按上述理论计算得出的不同水深条件下的坝袋剖面周长是不同的。本次试验计算实际采用的是上游水深为 1.7 m,其余条件同上,计算出坝袋周长为 10.364 m。欲严格地分析在此周长时坝袋在试验条件下的形状,需迭代计算,比较繁复。同时,河底也不平整,坝袋接地段的形状很难估计,欲精确计算出坝袋形状是比较困难的。但此问题在理论上有意义,因此应进一步研究。

但对于工程有实际意义的重要参数即坝袋张力 T、上游锚固点坝袋剖面曲线的切线与水平线的夹角 φ_1(用于计算钢浮箱所受的上抬力和水平拉力)却只与坝高、上下游水深和坝顶内水压力有关,而与坝袋形状无直接关系。因此,若现场条件与设计条件不符,只要坝袋河底未冲刷,可按下式立即算出:

$$T = \left(\frac{1}{2}P_0 H + \frac{1}{2}\gamma_w H^2 - \frac{1}{2}\gamma_w H_2^2\right) \tag{8-1}$$

$$\cos\varphi_1 = 1 - \frac{1}{T}\left(P_0 H + \frac{1}{2}\gamma_w H^2 - \frac{1}{2}\gamma_w H_1^2\right) \tag{8-2}$$

式中:T 为坝袋张力;P_0 为坝顶内水压力;H 为坝高;H_1 为上游水深;H_2 为下游水深;φ_1 为锚固点坝袋切线与水平线夹角;γ_w 为水容重。

8.4.5.3　钢管桩承载力与实际受力状态

根据理论分析,钢管桩同时承受上拔力和水平拉力。在现场使用条件下是打桩完成后桩立即进入受力状态,在进行桩承载试验时模拟了这一情况。结果桩所能承受的最大上拔力为 15 kN,水平力为 18 kN,两者均不大。

由钢管桩静载试验得知,钢管桩上拔承载力不能满足要求,因此在现场临时决定向钢浮箱充填泥沙 0.2 m(沉积厚度),并考虑钢浮箱的有效重量使钢浮箱稳定。

但在实际试验中,如上所述两个阶段试验均未达到设计值。非但如此,第二阶段试验河底还发生了冲刷,冲刷坑深达 1.8 m,导致坝袋下卧、钢浮箱下沉倾斜。因此,大部分钢管桩实际上不承受上拔力。在冲刷严重部位钢浮箱可能已经悬空,钢浮箱、钢管桩头位移达数十厘米,也就是说钢管桩已由主要承受上拔力变为主要承受水平力。按工程质量标准评价,这些钢管桩已经破坏。另外,由于中墩与坝袋之间的摩阻力以及受相邻浮箱下沉影响,相应部位钢管桩上拔力也很小。

还应指出,两个阶段试验相隔 10 d,其间钢管桩的承载力由于土的固结作用,应有较大增长而与实战情况不符,不能作为评价钢管桩承载力的依据。从设计角度应进行现场钢管桩承载力试验,并进行必要的理论计算。但现场情况复杂,未知情况也很多(例如地质条件等)计算结果与实际总有出入。虽然无基础橡胶坝围堰是临时工程,但关系重大,桩也应有一定的安全度,至于安全系数的取值则应进行研究,合理地规范。

8.4.6 尚需进一步解决的问题

此次试验虽取得了一些成果,但考虑到实战时,水深、流速、河底冲刷及险情等因素更为不利,因此离实战还有一定的距离。具体有以下几个问题。

8.4.6.1 水上定位问题

本次定位采用岸上安装四部绞车牵引钢浮箱的方法,如实战,则需在船上安装绞车,这又涉及船的定位,同时绞车拉力可能会更大。

8.4.6.2 河底冲刷及出险抢护

本次试验证实了河底冲刷问题必须解决,否则橡胶坝将无法稳定。但要解决动水条件下快速护底问题,还有一定难度。解决途径:除传统的抛大柳石辊、铺垫柴排或钢丝网片外,可以研究铺设土工布褥垫、化学灌浆等措施。

另外,橡胶坝围堰施工过程中,要及时做好堵口和抢护的准备工作,否则,一旦橡胶坝底出现漏洞等险情,抢护将极为困难。

8.4.6.3 钢浮箱的改进

钢浮箱应在满足强度的前提下尽量减轻重量,使之标准化。其相互连接方式和输水管道的连接及控制应进一步优化设计。控制钢浮箱下沉是今后应特别研究的技术关键。理想情况是下沉过程平稳、下沉速度可以控制、落点准确,若采用分段下沉,相连两段之间能够自动连接在一起,或者研究开发整体橡胶坝下沉的技术。

8.4.6.4 橡胶坝围堰的改进

通过本次试验,对橡胶坝用于堵口的有关问题有了进一步的认识,其结构形式、所用材料、充填物及施工工艺等有可能得到改进,具体说来有以下四点:①能否用舟桥部队的浮桥与钢浮箱相结合,这样既可减少钢浮箱的储备,也可使设计、施工规范化;②坝袋能否用轻质、高强的其他材料制作;③坝袋充填物可否改用高浓度泥浆,以增加坝袋稳定性,减小桩的直径和长度;④桩的结构形式、打桩机具和打桩工艺都应进一步研究,以提高打桩速度。

8.4.6.5 橡胶坝应用问题

据了解,黄河河南焦作河段河床为卵石层,底部冲刷问题不严重,但打桩却成了大问题;其下河道河床为冲积泥沙,打桩问题虽可解决,但冲刷问题解决有一定难度。因此,应进一步研究,使橡胶坝有更好的适应性。另外,橡胶坝如用于堵口,平时必须有大量的应用,这样才能保证堵口时在物料、技术上有保证。经初步分析,橡胶坝在用作活动式导流、护岸、非汛期生态用水调节等方面有着广阔的应用前景。

8.5 主要认识

通过前段试验研究,验证了无基础底板橡胶坝的设计理论和计算方法,检验了施工工艺和施工机具。由试验结果可得出结论:在围堰处最大流速不超过 3 m/s、橡胶坝前水深不大于 5 m 的条件下,橡胶坝围堰有可能作为黄河决口快速堵复的一种新技术,并具有速度快、止水效果好、节省材料等优点。但要实现以上目标,还需进行以下四个方面的研究工作：

（1）总体方案的研究。包括舟桥浮箱与橡胶坝浮箱连接装置的研制，浮箱、坝袋及其连接机构的规范化设计，钢浮箱与桩的快速连接装置的研制。

（2）底部冲刷沟处理及护底工程的新技术、新材料、新工艺的研究，并要进行检验其效果的大比尺物理模型试验。

（3）桩的结构形式、沉桩工艺及施工机具的研究。

（4）边墩、中墩的结构形式及动水条件下的施工工艺的研究。

参考文献

[1] 罗庆君，等. 防汛抢险技术手册[R]，1988.
[2] 辽宁省水利科学研究所，等. 橡胶坝技术资料选编[R]. 1980.
[3] 潘恕. 黄河决口快速堵复——橡胶坝围堰可行性研究总结报告[R]. 1999.
[4] 杨顺群，等. 黄河决口橡胶坝堵口研究前期工作设计简要报告摘要[R]. 1999.
[5] 潘恕，常向前，陈为. 无基础底板橡胶坝计算方法研究[R]. 1998.
[6] 潘恕. 系缆橡胶坝分析方法研究[R]. 1999.
[7] 何鲜峰，陈为. 钢管桩水平承载力计算书[R]. 1998.
[8] 何鲜峰，等. 定位桩受力变位分析及沉桩方案[R]. 1999.
[9] 余咸宁，等. 钢浮箱组合底板式橡胶坝结构方案[R]. 1999.
[10] 陈为. 大堤与围堰结合部钢质挡土墙方案研究[R]. 1999.
[11] 余咸宁，许雨新. 橡胶坝围堰快速堵口现场试验设计报告[R]. 1999.
[12] 潘恕，许雨新. 橡胶坝围堰快速堵口现场试验施工组织设计[R]. 1999.
[13] 中华人民共和国水利部. 橡胶坝技术规范：SL 227—1998[S]. 北京：中国水利水电出版社，1988.
[14] 中华人民共和国船舶检验局. 内河钢船建造规范(1991)[M]. 北京：人民交通出版社，1991.
[15] 汪自力，陈银太. 橡胶坝快速堵口现场试验总结报告[R]. 1999.
[16] 王卫红，何鲜峰，王帅. 橡胶坝快速堵口现场试验观测资料分析[R]. 1999.
[17] 潘恕，余咸宁，王卫红，等. 江河堤防决口快速堵复橡胶坝围堰技术试验研究[R]. 2000.
[18] 潘恕，汪自力，余咸宁，等. 橡胶坝围堰快速堵口技术试验研究[J]. 人民黄河，2000(9)：26-28.

第 9 章　软体坝堵口施工组织设计方案与可行性分析

本章以黄河中牟平工堤段决口为例编制了软体坝堵口施工组织设计方案,主要内容包括施工组织管理、物资设备需求以及施工进度分析等,进一步论证方案的可行性。

9.1　施工组织编制说明

中牟堤段决口时间假定为 8 月 1 日 14 时,洪水流量过程线见图 5-6。正式施工时间定为流量 4 000 m^3/s 以下,此时洪水位已退到滩面以下,时间是 8 月 4 日 6 时。此时断堤头应已裹护完成。鉴于堵口的特殊紧急情况,各项工作考虑为全天候 24 h 工作。施工场地布置在堵口坝址上游两岸各 500 m 范围内,堵口工程布置见图 4-1。

9.2　施工组织管理

9.2.1　施工队伍建制

软体坝主体施工是一项技术性较强的抢险工程,应当有专门的施工队伍建制。要求施工队伍骨干人员技术熟练并能一专多能,可以带领一班临时工人开展工作。平时队伍只有少量专业人员,抢险时可以临时组织扩大队伍。按施工性质分为陆上施工队和水上施工队,每支施工队由队长指挥,下面可以分成小组。

(1)陆上施工队主要承担陆地上的各种施工,包括浮箱、坝袋等的卸车,浮箱排列、连接,坝袋锚固,下水等工作。一般可以有几个组同时工作,加快施工速度,保证不影响水上作业的速度。

(2)水上施工队承担水上各种施工,包括拖航运输软体坝到位,水上分组连接,打桩,管道连接,观测设备,加桩套和锁紧夹子,软体坝下沉、充起等工作。水上施工队是软体坝抢险的主要技术力量,一般水上施工不允许未经培训的人员参加。目前主要依靠解放军舟桥部队协助完成水上作业工作。

9.2.2　现场调度指挥

控制室作为现场调度室和指挥部的执行单位。指挥长的一切命令指示均从控制室发出,从而避免了杂乱的指挥。必要时可以派人到第一线指挥工作,但也要随时和控制室保持联系,决不允许私自决定改变施工方案和进程,以保证整个系统的有秩序作业。

9.3　物资设备需求计划

9.3.1　材料、器材需用量计划

构筑软体坝、隔离墩、挑水坝、浮桥和护底防冲、填冲沟所需的材料、器材见表 9-1。

表 9-1　黄河堵口工程材料、器材需用量计划

序号	料物或器材名称	规格尺寸	单位	数量	单项工程名称	说明
1	软体坝袋	坝高 7 m、长 9.6 m	只	50	软体坝	实用 30 只
2	钢浮箱 1	4.8 m×1.2 m×0.8 m	只	1 510	软体坝、隔离墩、护底工程、填冲沟、挑水坝、浮桥	实用 1 470 只
3	钢浮箱 2	1.8 m×0.3 m×0.8 m	只	256	挑水坝	
4	键销		只	7 300	软体坝、隔离墩、护底工程、填冲沟、挑水坝、浮桥	实用 6 793 只
5	钢管桩	ϕ 219×8 mm，长 19 m	根	690	软体坝、隔离墩、挑水坝、浮桥	实用 640 根
6	桩套	ϕ 245×8 mm，长 1 m	只	260	软体坝	实用 240 只
7	型钢 1	10 号工字钢，长 8 m	根	500	隔离墩	实用 450 根
8	型钢 2	10 号工字钢，长 4 m	根	1 200	挑水坝	实用 1 024 根
9	建筑脚手架钢管		m	22 000	隔离墩	实用 20 000 m
10	钢管扣件		个	12 000	隔离墩	实用 9 000 个
11	盖板	2.4 m×1.4 m×0.15 m	块	256	挑水坝	
12	隔离栅 1	8.0 m×18.0 m	个	4	隔离墩	
13	隔离栅 2	5.0 m×18.0 m	个	2	隔离墩	
14	铁锚		只	528	护底工程、填冲沟、挑水坝	
15	锚索 1	5 t，200 m	根	400	护底工程、填冲沟	
16	锚索 2	5 t，1 000 m	根	192	挑水坝	
17	充气式软体排	30 m×70 m	块	50	护底工程、填冲沟	实用 42 块
18	软体排夹板	2.0 m	只	1 500	护底工程、填冲沟	实用 1 260 只
19	铅丝石笼	1.5 m^3/个	m^3	11 200	土石进占坝	
20	土枕袋	3.0 m^3/个	m^3	5 600	土石进占坝	
21	土袋	编织袋	只	576 000	隔离墩	实用 500 000 只

续表 9-1

序号	料物或器材名称	规格尺寸	单位	数量	单项工程名称	说明
22	绳网	容积 1.0 m^3	个	2 400	隔离墩	实用 2 000 个
23	土工格栅	2.1 m×1.0 m	块	1 024	挑水坝	
24	水		m^3	30 000	软体坝	实用 28 800 m^3
25	土料		m^3	104 700	隔离墩、护底工程、填冲沟、土石进占坝	实用 97 340 m^3

9.3.2　主要机械设备计划

主要机械设备包括场内和场外两大类，进场主要机械设备见表 9-2，场外运输用车计划见表 9-3。车辆应统一科学调度，加快周转，以尽量减少调用车辆数量。

表 9-2　堵口工程进场主要施工机械设备计划(场内)

序号	机械设备名称	规格型号	单位	数量	说明
1	水文测量船		艘	2	
2	舟桥汽艇	190 马力	艘	16	
3	挖泥船	80 m^3 绞吸式挖泥船	艘	10	
4	打桩机	DD3.2 型，锤重 320 kg	台	16	
5	起重机	汽车吊，10 t，15 m 臂长	台	6	
6	下水气囊		套	10	
7	绞车	10 t	台	4	用电
8	空压机	3 m^3/min		6	用电
9	冲锋舟		艘	16	
10	照明船(车)	车：4 kW/辆 船：10 kW/艘	辆 艘	40 10	
11	移动式皮带机	500 m^3/h，20 m 长	套	20	运送用作隔离墩土袋
12	柴油发电机组	40 kW 移动式	台	10	

表 9-3　堵口工程运输用车计划(场外)

单项工程名称	软体坝	隔离墩	护底防冲填冲沟	挑水坝	合计
载重量(t)	5	5	5	5	20
辆次	320	116	96	165	697

9.4 施工进度

9.4.1 各单项工作所用时间估算

将整个堵口施工工序划分为许多单项工作,每一个单项的总工作量、单元工作需用时间和单项工作所需用时间见表 9-4。需要说明:堵口土石坝进占工作量另有施工队伍完成,所需时间不包括在内;填充隔离墩以所用装备不同而有区别,规定 24 h 完成;架设浮桥可采用解放军舟桥部队装备,时间还可缩短;使用 1 组(三艘)汽艇工作的累计时间为 207 h。

表 9-4 单项工作需用时间估算

序号	工作内容	工作量	需用时间(h)		说明
			单元工作需用时间	单项工作需用时间	
1	从上裹头进占堵口土石坝	29 600 m^3			
2	从下裹头进占堵口土石坝	29 600 m^3			
3	坝址处测河底地形	8 h	1	8	用水文测量船(测深仪或 ADCP)
4	软体排充气、充泥浆	42 块	4	168	用挖泥船
5	铺设护底软体排	16 块	3	48	
6	铺填冲沟	26 块	3	78	
7	设置边隔离墩	2 个	4	8	
8	设置中隔离墩	2 个	4	8	
9	软体坝陆上组装	30 组	3	90	
10	软体边坝段水上定位(包括运输)	20 个坝袋	1.5	30	
11	软体中坝段水上定位(包括运输)	10 个坝袋	1.5	15	
12	沉桩	360 根	0.33	120	
13	填充边隔离墩	2 个		24	
14	填充中隔离墩	2 个		24	
15	架设浮桥单元	10 段	2	20	
16	坝袋下沉前检查,接水电	30 组软体坝		4	
17	软体坝下沉,下桩套固定	240 根		3	
18	坝袋充起	30 个坝袋		6	

9.4.2　施工时间分析

在接到堵口命令后,应立即组织车辆装载堵口器材开赴决口现场,到达现场后立即开始陆上准备工作,包括软体排充气、充泥浆,组装隔离墩浮箱和软体坝。这些工作都应在正式堵口前陆续完成,保证堵口开始后工作不受影响。因此,这些工作所用时间不计入堵口时间之内,即在 8 月 4 日 6 时前完成。

软体坝水上定位打桩时间包括在施工方法中,详见 6.7 节;充填隔离墩在堵口附属工程技术研究中,详见 7.2 节。这些工作和其他工作同时进行,时间不再重复计算。

堵口工程拟定动用解放军一个舟桥分队,共计 16 艘汽艇,可编为 5 个水上运输小组。由表 9-4 分析可知,舟桥汽艇出动 1 个小组共计需时为 207 h,而 5 个小组则只需 41.4 h,约为 2 d;软体坝袋下沉前检查等工作 4 h,软体坝下沉下桩套固定浮箱 3 h,坝袋充起 6 h,又需时 13 h,共计为 1 d;水文测量船测水下地形和修路也计为 1 d。总计为 4 d 时间。因此,可推出由堵口工程于 8 月 4 日 6 时开始至 8 月 7 日 15 时挡水,由溃口时间计算共用时间 6 d 加 1 h,各项工作施工进度控制见图 9-1。由于在时间计算时留有一定余地,只要计划安排得当,上述目标应能实现。

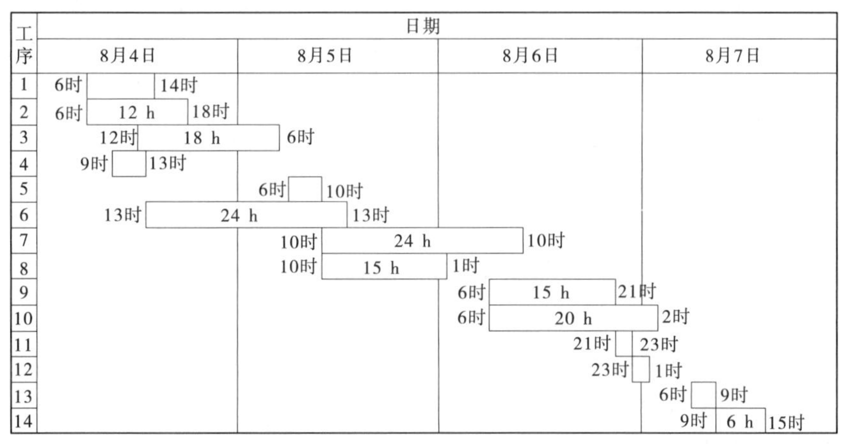

工序名称:1—坝址处测河底地形;2—铺设护底软体排;3—铺填冲沟;4—设置边隔离墩;5—设置中隔离墩;6—填充边隔离墩;7—填充中隔离墩;8—软体边坝段水上定位;9—软体中坝段水上定位;10—架设浮桥;11—接水电;12—坝袋下沉前检查;13—软体坝下沉;14—坝袋充起

图 9-1　施工进度图

9.4.3　复堤工程进度要求

软体坝挡水后,坝下游基本上已成静水,应立即组织人力、物力迅速在软体坝后再筑土堤一道与原土石进占坝相接。土坝高 7 m、坝顶宽 10 m、边坡 1∶3、长 450 m,计 88 000 m^3 土石方,24 h 内完成。

9.5　软体坝围堰堵口可行性综合分析

通过水工模型试验、现场堵口试验和大量的分析计算研究并吸纳传统堵口技术的精华,例如采用柔性材料、护底防冲以及堵口工程布局原则等,提出的软体坝堵口技术研究成果是一个可行的方案,具体体现在如下几个方面:

(1)施工速度快。

根据黄河下游典型河段堤防溃口对策预案给定的流量条件4 000 m^3/s 下开始全面堵口施工,其工程包括软体坝主体工程、护底防冲、左右岸土石坝修筑等,历时4 d(96 h)。从溃口时刻计算为145 h。这是黄河上的特殊情况,而国内其他江河堵口时河底的冲刷深度、口门宽度一般小于黄河,工程程序还可简化,时间更短。在这么短的时间内堵复决口是可以基本达到汛期快速堵口要求的。

(2)具有装备的可实现性。

除本书提出的软体坝袋、钢浮箱需预制备用(但都不复杂,均为国内能生产的产品)外,所用材料主要为钢管桩、土工合成材料、绳索、锚具、型钢、建筑用脚手架钢管等,均为常用产品,易于采购。所用主要施工机械设备如:挖泥船、打桩机、起重机、皮带机、空压机、水文测量船、绞车等均为常用机械,黄河水利委员会(简称黄委)还可自行解决一部分,也可从社会上临时征调。部队在人员、设备(如舟桥汽艇、冲锋舟)方面可给予支援。下水所用的气囊已广泛用于造船行业,是成熟产品,且用量有限,也不成问题。

(3)施工条件的可实现性。

设计允许的施工水流速度不大于3.0 m/s(相应于4 000 m^3/s 流量),这是舟桥汽艇安全工作的流速。此外,堵口工程施工组织以中牟堤段溃口为例,充分考虑了黄河下游典型河段堤防溃口对策预案给定的水流条件和《口门区水力特性和冲淤特性试验研究》提供的水深、流速、刷深等因素,并考虑了软体坝挡水后的水位回升,比较符合实际情况。

(4)有效降低汛期堵口风险。

汛期堵口的困难主要在于汛期流量大,堵口时口门区水流冲刷加剧。软体坝堵口技术较传统堵口技术具有先进性还表现在口门区冲刷程度最轻。在大部分施工时间内钢浮箱浮于水上,吃水仅0.2 m左右,坝址处过水断面减小不明显,流速不会显著增大,根据坝袋充起时间计算,仅需6 h,甚至更短时间即可挡水,口门区冲刷时间大大缩短。

(5)改进余地大。

软体坝围堰堵口技术在一定的条件下能满足汛期快速堵口的要求,所该技术还处于初级阶段,尚需做大量优化、细化工作,发挥日益完善的防洪体系作用,充分利用水陆空运输优势,积极吸纳新材料、新结构、新工艺,以便尽早将此成果转化为实用技术与实用装备。

参考文献

[1] 潘恕,余咸宁,许雨新,等. 堤防堵口软体坝围堰技术研究[R]. 2000.
[2] 余咸宁,谢志刚. 软体坝围堰装备与施工技术[R]. 2000.
[3] 潘恕,余咸宁,许雨新,等. 堵口附属工程技术研究[R]. 2000.

第 10 章　动水堵口实例及主要认识

本章给出动水堵口和截流的案例,以便开阔思路,因地制宜优化堵口方案。汛期堵口或截流都是在动水条件下完成的,而有些动水条件变化随机性大,如本章介绍的黄河下游滩区蔡集生产堤堵复面临的河势变化的不确定性;有些比较有规律,如本章介绍的孟加拉国锁坝截流工程面临的潮汐水流。本章还梳理了长江大堤九江段溃口的资料,包括溃口原因、堵口方案和过程实录、复堤方案,旨在分析沉船堵口的特点。堵口虽然强调因地制宜,但有一些原则是不变的,本章在探讨水陆空联合作业等新技术应用的基础上,也提出了动水堵口方案的优化途径及一般原则。

10.1　黄河下游滩区蔡集生产堤决口堵复

10.1.1　险情及灾情概况

2003 年,黄河流域发生了历史上罕见的严重秋汛,黄河下游经历了长时间的洪水考验。洪水持续时间之长,发生险情之多,抢险任务之重,均为多年少有。在这次洪水过程中,黄河下游发生了多处重大险情,其中蔡集险情最为严重,抢险环境最为复杂,生产堤决口影响之大,参加抢险人员之多,涉及面之广,是黄河防汛抢险的典型代表。

2003 年 9 月 18 日凌晨,渠堤在与蔡集控导 28 坝上跨角相连处决口,口门宽 25 m。渠堤决口后,水流从蔡集控导 35 坝上首漫过,兰考北滩开始进水。21 日,闫潭闸渠南滩地开始大面积漫滩。26 日 12 时,滩区进水已达老君堂格堤,30 日,通往滩区的道路全部冲断,兰考北滩、东明滩区全部被淹。滩区平均水深 2.9 m,最深达 5 m。受淹面积达 1.85 万 hm^2,淹没耕地 1.68 万 hm^2,谷营、焦元、长兴 3 个乡(镇)152 个自然村 11.42 万人被水围困,共转移人口 3.21 万人,9 738 户的 36 191 间房屋损坏,1 733 户的 4 252 间房屋倒塌,谷营、焦元、长兴 3 个乡镇 152 个自然村供电中断,冲毁桥涵闸 262 座,损坏机井 491 眼,损坏供电线路 179 km、通信线路 225 km,多处路面受冲被损。11 月 15 日,滩区进水基本排完,滩区积水 58 d,进水量约 16.21 亿 m^3,最大蓄水量(10 月 7 日)约 5.69 亿 m^3。滩区受灾情况见表 10-1。

表 10-1　东明南滩、兰考北滩受灾情况统计

滩区名称	淹没面积(万 hm^2)	淹没耕地(万 hm^2)	滩区受灾人口(万人)	外迁人口(万人)	避水台上人口(万人)	房屋受灾情况				直接经济损失(亿元)
						损坏房屋		倒塌房屋		
						户	间	户	间	
兰考北滩	0.45	0.40	1.74	1.15	0.59	628	2 251	122	338	0.35
东明南滩	1.40	1.28	9.68	2.06	7.62	9 110	33 940	1 611	3 914	7.20
合计	1.85	1.68	11.42	3.21	8.21	9 738	36 191	1 733	4 252	7.55

10.1.2　出险原因

10.1.2.1　河势变化导致河势持续上提

蔡集控导工程连续上延的原因就是该段河道多年来宽、浅、散、乱，主溜摆动不定，河势不断上提。尤其是 1995 年以后，河势上提发展更为迅速，至 2003 年汛前主溜已经上提至 19 坝。如图 10-1 所示，2003 年 9 月 15 日，蔡集河势急剧变化，主溜快速向南滚动，于 9 月 17 日 17 时塌至生产堤，9 月 17 日 20 时滩区生产堤被冲决，9 月 18 日凌晨，渠堤决口，水流从蔡集控导 35 坝上首低洼处进入滩区。蔡集控导工程 28 坝~35 坝自下而上依次着溜。之后，随着河势继续上提，蔡集 32 坝~35 坝开始正面着溜，至 10 月 1 日，由于口门流路刷深、河势持续上提，33 坝~35 坝开始持续遭受大溜顶冲。河势变化情况见图 10-1 所示，详见表 10-2 所列。

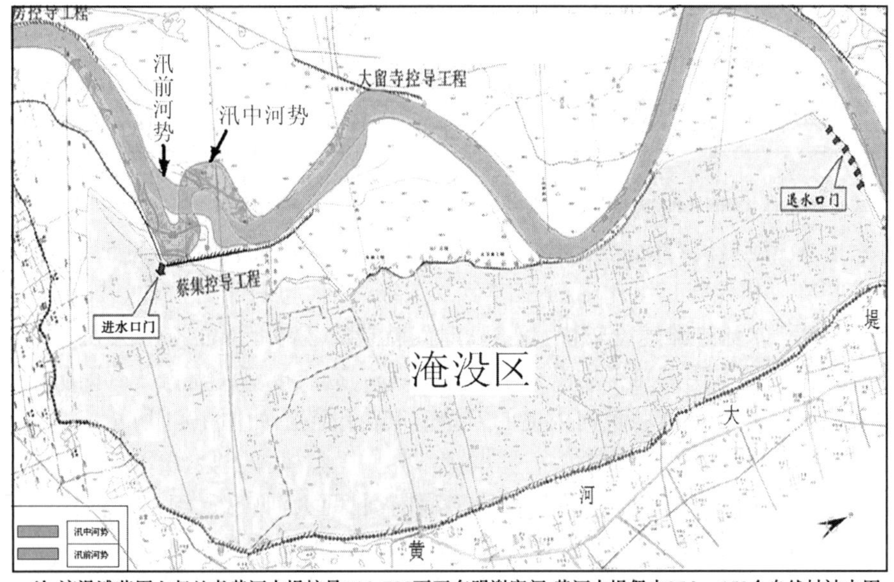

注：该漫滩范围上起兰考黄河大堤桩号146+700下至东明谢寨闸，黄河大堤偎水35 km，152个自然村被水围困，淹没面积1.85万hm^2。

图 10-1　蔡集河势变化及漫滩淹没图

10.1.2.2　小流量、长历时洪水造成丁坝持续大溜顶冲

2003 年 9 月，受“华西秋雨”的影响，黄河发生了罕见的秋汛，为避免黄河下游洪水大面积漫滩，小浪底水库进行控泄运用，将花园口站原本要达到 5 000~6 000 m^3/s 的下泄流量控制在 2 500 m^3/s 左右，该流量级洪水在黄河下游持续时间长达 80 多 d。由于长时间、同流量级洪水的集中冲刷，受河心滩的影响，蔡集河段出现畸形河湾，并急剧恶化，造成 32 坝~35 坝受持续大溜顶冲长达 1 个月之久，直接威胁到控导工程整体安全，随时都有垮坝的可能。

表 10-2 2003 年蔡集控导工程河势变化表

日期		夹河滩水文站流量（m^3/s）	工程水位（m）	工程靠河情况			
月	具体时间段			大溜坝号	边溜坝号	漫水坝号	偎水坝号
9	15~16 日	2 260~2 320	72.28~72.23	10 坝~15 坝	8 坝~9 坝 16 坝~19 坝		8 坝~19 坝
9	18~20 日	2 450~1 440	72.26~72.03	8 坝~14 坝	6 坝~7 坝	15 坝~19 坝	6 坝~19 坝
10	1~2 日	2 390	71.72	4 坝~10 坝 34 坝~35 坝	24 坝~35 坝	11 坝~19 坝	4 坝~19 坝 24 坝~35 坝
10	21~25 日	2 320~2 530	71.45~71.50	3 坝~10 坝 33 坝~35 坝	31 坝~32 坝	11 坝~19 坝 24 坝~26 坝	3 坝~19 坝 24 坝~35 坝
10	26~27 日	2 490	71.54	3 坝~10 坝 31 坝~35 坝		11 坝~19 坝 24 坝~30 坝	3 坝~19 坝 24 坝~35 坝

10.1.2.3 “二级悬河”加速漫滩速度

兰考北滩漫滩口门对应堤沟河高程较滩唇高程低 4.34 m，横比降达 5.5‰，而大河纵比降只有 1.7‰，横比降是纵比降的 3 倍多，“二级悬河”形势十分严峻。2003 年 9 月 18 日，洪水漫滩后，水流进滩速度较快，仅 5 d 时间就造成兰考北滩漫滩水深 0.5~1.5 m，第 10 天时兰考北滩和东明南滩平均漫滩水深已达 3 m，造成黄河大堤 35 km 堤防偎水，偎堤最大水深达到 5 m，严重威胁黄河大堤的安全。其淹没范围如图 10-1 所示。

10.1.2.4 生产堤位置过于靠前

兰考段两道生产堤均修建于蔡集控导工程前面，距大河较近，河势向南滚动后，生产堤很快被顶冲塌入河中形成决口。由于生产堤的临背河落差达 1.5 m 左右，致使水流进滩速度快，沿滩区渠道急速行流，防汛道路全被冲断，并开始冲刷滩地形成沟槽，致使口门不断刷深，流量逐渐加大。口门迅速加宽，滩区积水深度越来越深，偎水堤段不断延伸，严重影响蔡集工程、滩区村庄群众和黄河大堤的安全。

10.1.2.5 新修控导工程抗冲能力不足

29 坝~35 坝是 2003 年新修工程，7 道坝均为旱地施工，根石深度不足。2003 年 9 月 20 日 33 坝~35 坝靠溜后，由于根石基础浅（一般在 2~3 m），河床下切，险情发展迅速。尤其 35 坝直接受大溜顶冲，大面积坦石迅速下蛰，临河 30 m 的未裹护段土坝基不断坍塌入水，埋设于迎水面的土工布直接遭受大溜顶冲。

10.1.3 险情发展及抢护过程

2003 年 9 月 1~17 日，蔡集控导工程险情多数发生在靠大溜的 13 坝~19 坝，表现为根石走失、坦石下蛰等一般险情。由于蔡集控导工程 14 坝~19 坝在秋汛初期抢险将其上面的备防石用尽形成“空白坝”，兰考黄河河务局又及时从蔡集控导联坝调运了 3 000 m^3

石料进行补充。经过紧急抢护,险情逐步得到控制。

9月18日,夹河滩水文站流量在2 400 m^3/s,蔡集工程28坝上首的渠堤被洪水冲垮,水流从工程上首串沟进入滩区。小浪底水库9月18~24日进行了控泄,24日夹河滩流量减小至110 m^3/s左右。

9月24日,口门宽度已经发展到58 m,滩区水深0.5~1.5 m,通往蔡集控导工程的所有道路全部中断,蔡集控导工程成为四面环水的孤岛。

9月25日,夹河滩站流量减小至100 m^3/s,河南、山东两省组织官兵1 500人、群众4 000人抓住时机,进行封堵。1 d之后,大河流量迅速增加至2 500 m^3/s,河势继续右滚,流路刷深,口门过流量不断加大,第一次口门封堵未获成功。

10月1日,口门过流量达到820 m^3/s,占大河流量的1/3左右,工程联坝背河开始遭受水流冲刷,洪水直接威胁黄河大堤和滩区村庄的安全。1日6时,利用谢寨防沙闸向大河排水,流量约120 m^3/s。3日14时,在老君堂工程上首生产堤炸口2处,宽约50 m,流量约30 m^3/s,向大河排放滩区进水。截至8日12时,共炸口7处,宽约500 m,向大河排放流量约700 m^3/s。

10月1~6日,33坝~35坝持续受大溜顶冲,尤其是35坝从下跨角到迎水面未裹护段120 m长的坝体都遭受大溜或回溜的冲刷,坝前水深达12 m以上,连续出现根石走失、坦石下蛰险情,大面积坦石迅速下蛰入水。当时,由于连续降雨,联坝道路泥泞不堪,抢险料物运输中断,到了"弹尽粮绝"的境地,工程随时有被冲垮的危险。

10月7~10日,天气好转,料物运输逐步恢复,通过不断抢护,险情趋于稳定。10月10~12日,兰考县出现大风降温、暴雨的天气,联坝道路虽采取了防雨措施,但料物运输仍无法正常进行,34坝、35坝仍小险不断,抢险石料供应紧张。10月13日,天气好转,料物运输逐步恢复正常,经不断抛石抢险加固,到10月15日,工程险情得到控制。

10月7日18时,菏泽东明临黄堤177+500~177+650段背河柳荫地发现长150 m、宽8 m的地带有少量清水渗出,至9日11时20分,渗水发展到177+500~178+200段,其中177+500~177+700段(长200 m、宽20 m)比较严重,采用碎石、土工布等进行了反滤处理(见图10-2)。

10月10~12日,兰考、东明地区降大暴雨,并伴有5~7级北风,阵风8~10级,兰考9.35 km的偎水堤段和偎水险工受风浪淘刷,出现坍塌;东明上界至谢寨河段6段堤防工程长5.02 km出现严重的风浪坍塌险情(见图10-3),坍塌高度0.6 ~2 m;49道滚河防护工程出现长7.3 km的坝坡坍塌,坍塌高度0.3~4.5 m,其中20^{+3}坝、25坝和33坝等破坏尤其严重,部分坝的背水面坝坡全部坍塌入水,最严重的坝顶塌入水中1 m多宽。

10月7日,成立兰考抢险救灾指挥部后,指挥部从各地组织人员、料物、准备对口门进行第二次堵复。

10月20日下午,全部完成了整个交通线和蔡集3号、4号、5号码头料物装卸场。

10月24日下午,研究确定了堵口方案,并付诸实施。

10月29日0时,蔡集口门合龙,滩区进水阻断。

11月15日,滩区排水基本完成。

图 10-2　2003 年东明堤段渗水抢护

图 10-3　2003 年东明堤段洪水漫滩风浪淘刷

10.1.4　口门堵复准备

2003 年 9 月 25 日,夹河滩站流量减少至 100 m^3/s,河南、山东两省组织官兵 1 500 人、群众 4 000 人抓住时机,进行封堵。1 d 之后,大河流量迅速增加至 2 500 m^3/s,河势继续右滚,流路刷深,口门过流量不断加大,第一次口门封堵未获成功。10 月 3 日 14 时,在山东东明老君堂工程上首生产堤炸口两处,宽 50 m,排放滩区积水。

10 月 7 日成立兰考抢险救灾指挥部后,指挥部从各地组织人员、料物、准备对口门进行第二次堵复。滩区串沟口门堵复工作由河南省副省长王明义担任总指挥,组织部队、黄河专业队伍、群防队伍近万人参加堵口。为加快运料速度,在黄委专家组的建议下,指挥部先后在东坝头险工、禅房控导工程、生产堤断头处、蔡集控导工程等处建设码头，抽调河南黄河河务局两支水上抢险队、开封市地方海事局、某舟桥团、民船等共一百余条船只负责水路运输；开封市抢修口门西侧1号、2号两条临时道路，保证20 t以上大型设备直接通往口门，1 500名官兵会同河南黄河河务局抽调的机械设备和300余名技术骨干先行进入加固阵地。

根据指挥部专家技术组的安排，对已基本确定的串沟堵复方案进一步细化，并编写施工组织设计方案。鉴于黄河河势多变且难以预料的情况，抢险堵口专家技术组根据现场条件，分析了河势可能产生的三种大的变化：一是比较有利情况，即主溜远离口门，口门处水势平缓；二是尽管流量小，但主流顶冲口门，口门处流速较大；三是介于以上两者之间情况。为确保在80 h内堵复决口，专家组又重点对最不利的河势情况下的方案进行了细化分析，并在现场与有关指挥部成员进行了反复沟通。

2003年10月28日清晨6时，堵口开始，由于河势改变，口门处河势变得比较平稳，对堵口非常有利，各种大型机械化设备从口门两侧同时进占，由于口门处无急流，抛投料物的有效率很高，进占速度大大加快。当口门填堵余有近10 m宽时，黄河河势又大变，主流靠近口门，但由于事先有所考虑，铅丝笼准备充分，加之河底已相连起到了护底作用，故未对工程进占造成大的影响。经过全体参战人员的共同努力，口门于29日零时合龙，共历时18 h。此后又对口门段进行了加高加固并采用土工合成材料和散土进行了闭气处理。尽管在方案中一再强调“堵口容易闭气难”，但因落实方面的原因，11月5日0时左右仍出现了较为严重的渗水、管涌险情，后经散土及放淤抢护加固，于11月10日22时结束。

10.1.5 第二次堵口实施

10.1.5.1 前期工程

1. 打通水、陆交通线

为了确保第二次堵口成功，必须打通口门西岸的交通线，且能形成一个迂回道路，为此在指挥长王明义的带领下，经现场勘察确定一条道路进行加宽加固。由于时间紧急，为快速打通道路，当即决定调中原油田的钢管排架在基础较差的地段铺放。同时由某部某旅负责从五号码头到口门西侧抢修长600 m的交通便道，作为后期堵口的空车道。与此同时，指挥部研究决定，打通封丘禅房控导工程第二条水上通道。临时水陆交通设施布置见图10-4。

指挥部决定下达后，开封政府负责对原生产堤进行修复，作为抢险交通的1#路，于10月16日完工。为保证20 t以上机械设备直接通行蔡集，沿口门西侧滩面部分渠堤，又修建了2#路。10月20日下午修筑完成。同时部队用人扛土袋修筑的长600 m、顶宽4 m、平均高1.5 m的土袋堤也修建完成，形成了一个比较完整的交通迂回干道。

10日8时下午，指挥部决定由河南水利厅牵头，河南黄河河务局配合，并得到新乡市政府大力支持，负责打通封丘大堤13.2 km至禅房控导工程的泥结石道路和料物供应任务，并承担禅房码头修建任务。由于各项措施得力，从10月9日开始，到11日上午9时，第二条水上交通线打通，该条水上交通路线仅5 km，大型设备主要的抢险料物，可以直接从禅房码头上船，大大提高了送料的速度。同时扩宽了送料区域。封丘县的大量柳料通

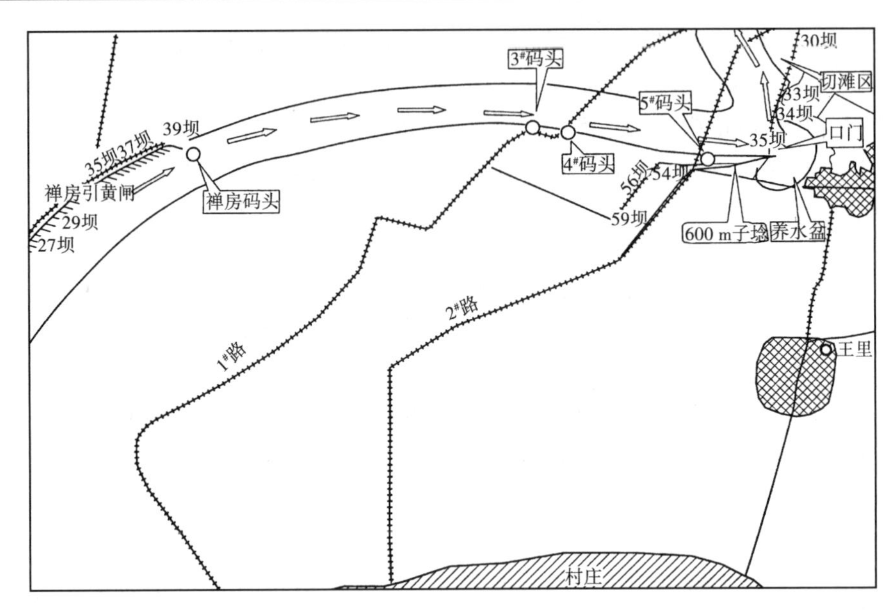

图 10-4　供料码头及道路布置图

过该水上交通线，源源不断地送到堵口现场，为抢险堵口前期运送石子、柳料、大型机械设备，起到了至关重要的作用。至 10 月 20 日下午，全部完成了整个交通线和蔡集 3#、4#、5# 码头料物装卸场。

2. 口门两岸前期守护

口门东岸在料物极其短缺的情况下，从船运的软料做埽扩大裹头，将原来不足 10 m 的岸头扩大到 20 余 m，为大型设备直接推进提供了方便，与此同时，开封市政府在原来泥泞的蔡集连坝上抢修道路，解决了阴雨天道路泥泞问题。

10 月 18 日，河南黄河河务局抢险专家高兴利提出了在没有修通道路之前可以先在西岸抛柳头（柳树树冠）缓流落淤，这个建议随即得到了指挥长王明义的批准，并任命高兴利为抛笼挂柳项目总指挥。于是，一场抛笼挂柳的战斗打响了。河务部门封丘、台前两支专业抢险队分别与某部官兵密切配合在船上进行抛笼挂柳，其具体做法是：在船上装铅丝笼，笼内放桩，桩上拴 6 根绳，然后将每条绳与柳头或柳捆相连。最后抛笼，柳头随即而下。抛笼挂柳一直持续到 10 月 24 日 8 时，采用此种办法在西岸起到了很好的效果，第一天抛笼挂柳后，第二天两岸落淤出滩近 10 m，同时流速大大降低，为后来进占提供了便利条件，也大大降低了作业难度。到 10 月 24 日 8 时，口门宽度 79 m。向水中抛投范围 40 余 m，抛铅丝笼挂柳共计 104 船，每船 8 000 kg，共计 83. 2 万 kg，另有 100 辆奔马车，每车 300 kg，计 3 万 kg，共计抛柳 86. 2 万 kg。

3. 浮桥架设

为使口门两岸交通便利，有利于堵口的统一指挥调度，指挥部决定请舟桥部队架设浮桥，于 10 月 20 日完成浮桥架设。浮桥架设后，原来西岸的两支机动抢险队调到东岸，为抛铅丝笼挂柳大大提供了方便，也为钢管桩作业提供了平台。

4. 西岸土工布护岸

10 月 19 日，口门西岸在挂柳后落淤效果非常明显，已出滩 10 余 m，某部参谋长带领的某旅已抢护了平台。就在此时,因上游河势急剧冲刷,西岸裹头上游滩岸坍塌,如不及时采取措施,西岸裹头以及抛柳落淤的阵地可能被冲失,口门也会因此而加大,情况非常紧急。河南黄河河务局抢险专家组组长高兴利立即与某部参谋长研究部署部队在两岸裹头上游侧铺土工布护岸(见图10-5),防止冲刷,稳住西岸裹头。

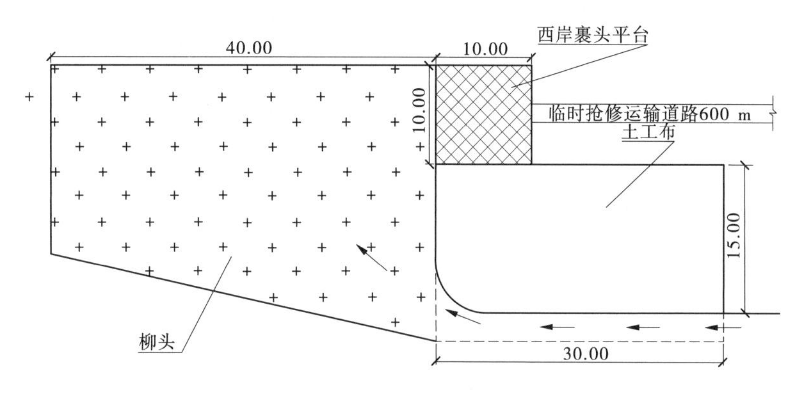

图10-5　西岸土工布护岸、抛柳头、裹头布置图　(单位:m)

10月20日上午7时,由抢险队技师刘恒等负责技术指导,某部旅长带领部队扛起长30 m、宽25 m的丙纶机织布做成的大土工布,在西岸裹头上游河水中抛投成功,从此西岸裹头稳定了。此时口门断面及流速分布见图10-6、图10-7(距离起点为东岸下裹头),口门最大冲深达16 m,最大流速达5.5 m/s。

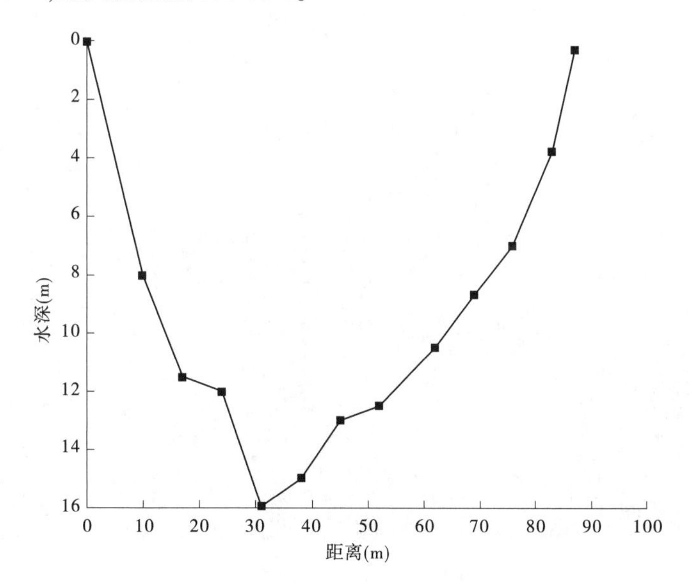

图10-6　10月20日实测口门断面图

5. 透水钢管桩

为了使口门流速减缓,指挥部决策,由大桥局在口门处打两排钢管桩,钢管桩直径40 cm、桩距2 m、排距2 m,从口门西侧向东侧挺进,钢管桩距西岸埽体2 m,原计划将整个口门贯通两排钢管桩(见图10-8)。可是由于水流淘刷较深,在完成16 m时,也就是打进第

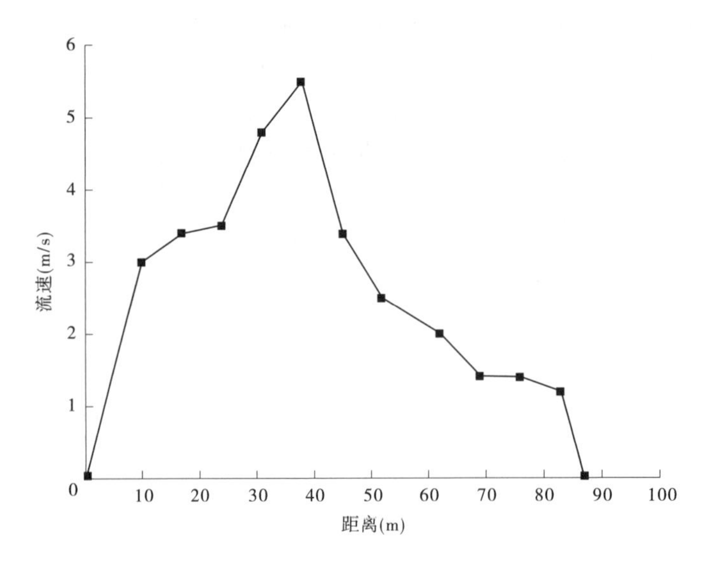

图 10-7　10 月 20 日实测口门流速分布

8 根桩时，水深达 15 m，这样一根钢管桩需 30 余 m，打到水中 15 m 以上。尽管如此，钢管桩受水流的冲击力，摆动很大，自身不能稳定。因此，钢管桩停止作业。共打钢管桩两排 16 根，长 16 m，这些钢管桩为后期施工进占提供了便利。

图 10-8　吊打钢管桩现场

6. 背河透水月牙堤

为了减小口门的冲刷深度，时任河南省水利厅厅长提出了在口门背河侧抢修透水月牙堤，指挥长王明义立即批准并由张海钦全权负责。

10 月 21 日开始，沿口门下游向外辐射 500 m 为半径的透水月牙堤开始抢修。具体方法是将抛下的柳捆用铅丝固定在桩上，然后桩与桩相互连接，其目的是缓流落淤，减少口门过流,但是水中打桩难以操作,且在溜势较急的地方桩打上后,经不起冲刷,很快冲失。

10.1.5.2　**进占堵口**

1. 西岸裹头平台抢护

10 月 21 日,开始在口门西岸抢修的 600 m 土袋临时运输道路上预先抢修了长 10 m、宽 10 m、高 1.5 m 的裹头平台。其方法是:在裹头平台四周打长 3.0 m、直径 15 cm 签桩 32 根,间距 0.7~1.0 m,采用长 6.0 m 松木杆横拉三道形成厢体,在厢内抛柳秸料及土石袋压固,以防主溜、回溜冲刷,该方法埽工叫"厢修护崖等埽",目的是防治水流淘刷,及早占领抢险阵地。

2. 进占方案

10 月 24 日 17 时,任指挥部抢险专家组组长的黄委副主任苏茂林等与有关抢险专家召开了堵口进占专题会议,研究决定了堵口方案(见图 10-9):

(1)占体以口门西岸裹头平台为依托,开始进占可采用柳石混杂的方法,在水流流速较缓、水深较浅的浅水区完成进占任务,估算长度约 10 m。

(2)水中进占在水深超过 6 m 时,流速较大必须采用捆厢船截溜堵口技术。

(3)进占埽宽视水深而定,开始可控制 12 m,埽体进占临河侧抛笼固根,背河侧抛石袋加固,顶宽 4 m,石袋外边抛土袋闭气,顶宽 4 m。

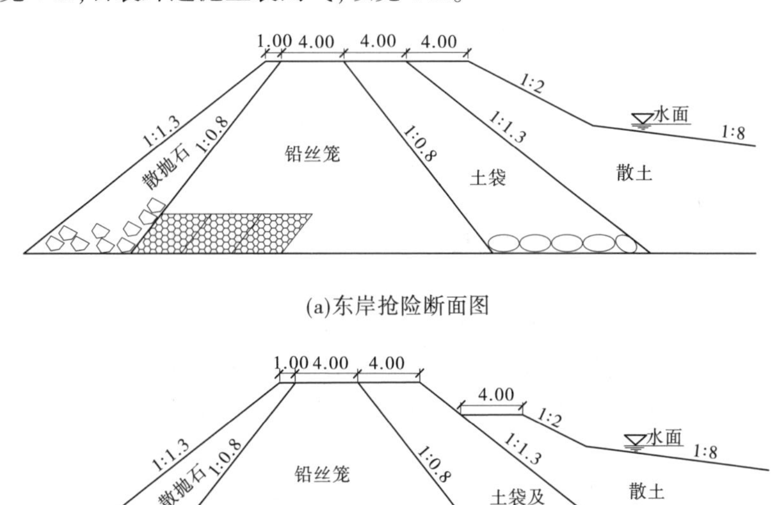

图 10-9　抢险断面设计图　(单位:m)

3. 浅水进占

10 月 24 日,全部完成了裹头平台和土工布护坡,抛铅丝笼挂柳措施也完成,开始黄河埽工水中进占,由于大量的柳枝在口门处,对于进占十分有利。8 时,濮阳抢险队开始在浅水区直接抛柳进占,此时大量柳秸料从打通的道路上直接到西岸埽体上,进占速度很快,到 25 日上午 8 时,完成了进占 10 多 m 的任务。

4. 水中进占

10 月 25 日 8 时开始水中进占,其方法同传统埽工技术。为加快进占速度,便于协同作战,采取了黄河专业抢险队、部队、群防队伍三位一体,由河南黄河河务局副局长王德智直接指挥,采取四班制轮班作业,各班三方人员不变。

10.1.5.3 埽体进占的几个主要技术环节

1. 堵口进占生根

由于蔡集堵口进占临背皆水,靠临时抢修嫩滩道路进行生根十分危险,为确保安全,采取了“三次生根”方法,安设底钩绳和占绳,第一次从临时道路裹头平台生根,挖槽宽 0.5 m、深 0.5 m,根桩 6 根拴底钩绳,6 副绳入槽内,底钩绳根桩外临河方向设横杆连接(横杆 2 根,长 6 m,直径 15 cm;用 2 m 木桩 6 根,打在横杆外靠紧,起到缆绳前拴根桩稳固的作用),然后底钩绳用土覆盖向下拓展,接第二次生根绳。

第二次生根在临河方向向下 10 m 处,即在进占下方,然后挖槽,横杆连接,用 2 m 木桩 6 根。方法同上,第三次生根在第二次生根临河方向向下 10 m,由于大量石料在埽体上,无法生根,采取了铅丝笼固基生根的办法。即在石垛上利用挖掘机挖槽:长 10 m、宽 2.5 m;铺设 5 个铅丝笼,放上两根 6 m 松木横杆,底钩绳拴于笼内的长松木杆上。而后占绳、过肚绳按 0.5~0.7 m 间距依次拴死在横杆上。人工装笼捆扎紧固,最后挖掘机封盖铅丝笼,生根完成。

2. 水中进占

图 10-10 为进占埽体基本断面。进占的方法同传统进占技术,第一占进了 8 m,埽宽 12 m。埽前水深 12~15 m,四坯完成。分别采用了连环五子九次,连环棋盘九次和连环扁七星家伙桩技术。

第二占进占 15 m,坝前水深已超过 15 m,因此进占体宽加大到 15 m。口门流量达 820 m^3/s,流速 2.8 m/s。

第二占的进占技术,家伙桩同第一占,只不过是原计划进 10 m,就进行裹头,因埽体进占前爬,最后达到 15 m,治理埽体前爬的主要措施是在埽的前沿打上骑马桩,同时将埽体内家伙桩绳与在临河侧装铅丝笼内装桩和绳相接,再抛铅丝笼入水,这样使埽体的牵拉作用加大,效果甚佳。

在进占的同时,埽体背河侧大量的石袋源源不断地运到口门,随时进行石子袋跟埽加固,基本上达到埽体进占速度,石袋后戗的顶宽 6 m。埽体加固充分发挥了机械的作用,自卸车卸下后,推土机随后推至到位,解决了靠战士肩扛的加固措施,部队的主要任务是拉柳枝进埽。

由于后戗及时帮宽加固,加之原来抛的大量铅丝笼和柳头,为埽体的稳定起到了至关重要的作用。原来担心第二占长达 15 m,大溜冲刷水深达 15 m,流速 2.8 m/s,这么庞大的埽体是非常危险的。因为如此大的浮体随时都有被冲垮的危险,之所以三次生根,其目的也在于此,即使这样,在第二占的第三坯进占中还拉断了一根底钩绳。

3. 合龙动员、方案交底、明确责任

10 月 27 日 15 时,指挥长王明义在口门东侧召开动员大会,首先黄委副主任苏茂林

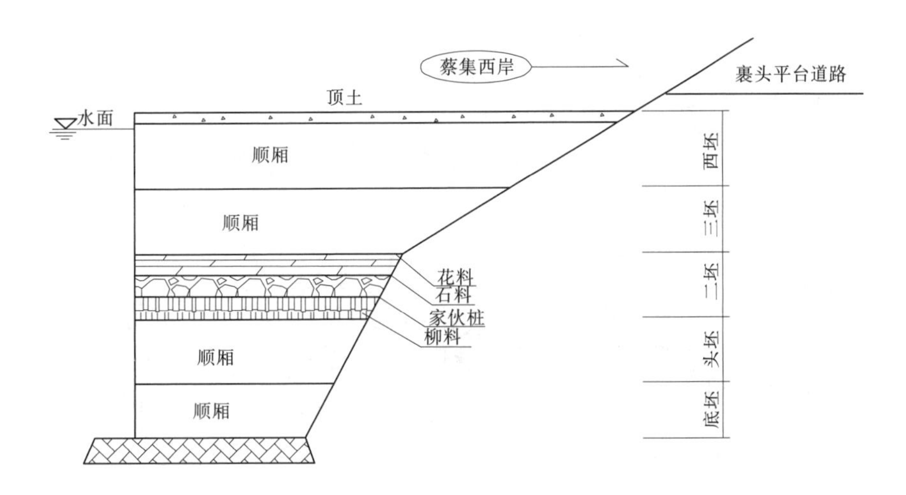

图 10-10　西岸埽体进占剖面示意图

宣布堵口实施方案(见图 10-9),王明义强调七个问题:

(1)堵口方案已经确定,请两岸以方案为基准实施堵口。

(2)口门剩余 47 m,35 坝已试验进了 5 m,实际剩余 42 m。

(3)明确东岸、西岸各自第一责任人等。

(4)明确后勤责任人,保证东坝头码头、禅房码头供应。

(5)交通问题,决不允许出现交通中断、堵塞。明确 2 号路通道(6.5 km)责任人、1 号软料通道责任人、道路维护责任人。

(6)明确责任,严明纪律,要求 80 h 决战,保证堵复取得成功。

(7)尊重科学,听从河务部门的技术指导。

4. 金门合龙

10 月 28 日 6 时,西岸水中进占裹头刚刚结束,王明义指挥长在东岸指挥亭下达了金门合龙的命令。一场惊心动魄的金门口合龙开始,东岸主要是河务部门专业抢险队的大型抢险设备,推进速度快;西岸是地方政府组织的社会车辆,大小不一,车况不一,但因车多,加之打开了 20 多 m 宽的转盘通道,进展速度总体不差(见图 10-11)。此时小浪底水库已控泄,堵口时进水流量仅 10.3 m^3/s,加之河势大变,35 坝前头仅靠边溜,32 坝靠大溜,因此进展也打破原来常规,石子袋、铅丝笼以及土袋齐头并进,于 29 日 0 时合龙。指挥长王明义宣布堵口成功,于是两岸的解放军战士、专业抢险队员、群防队员及各级政府官员和群众振臂高呼“我们胜利了”……长达近 1 h。

10 月 29 日整体进行加高加固,至 30 日 8 时,已加固到与联坝坝顶高程一致,一道长 100 m,顶宽 8 m 的堤坝完成了,但尚未进行背河闭气加固。

5. 闭气加固

由于工程仅仅加固了一道铅丝笼透水坝,当小浪底水库开闸放水后,11 月 1 日 11 时水位上升,背河开始冒水。随着水位的不断升高,渗水量越来越大,此时开始两岸倒土闭气,由于临背水位差较大(水位差约 2.5 m),最大管涌直径达 1.5 m,冒出水面 0.5 m,情

图 10-11　大型机械进占现场

况十分紧急，若不是铅丝笼占体，此种管涌早已决口溃坝。

在这关键时刻，指挥部副指挥长赵勇向指挥长王明义建议需尽快在背河侧修筑养水盆，抬高水位，缓解管涌险情，同时加大背河闭气力度，并建议采用泥浆泵淤填的办法进行闭气。指挥长王明义完全同意赵勇的建议，令时任开封市委书记孙泉砀和市长马上组织修作养水盆，于是立即调动开封市五县一区，即兰考、开封、尉氏、通许、杞县、开封郊区上万名干部群众，在口门的背河侧修筑了长 1 100 m、顶宽 5 m、底宽 7 m 的养水盆围堰，抬高了 2 m 水位。缓解了口门处的管涌冒水量。

与此同时，河务部门在口门处临河侧用丙纶机织布，采用两布包土袋的办法，即在坝顶上打桩，伸底钩绳将大土工布长 30 m、宽 25 m 从岸顶一直铺放在船上，然后抛土袋向下压布，该布压到底后，背河管涌立刻封堵住了。但是，由于在布外抛铅丝笼、石袋将布压断，透水管涌又直冒水。

11 月 7 日，河南黄河河务局局长赵勇调动开封、郑州、濮阳、新乡、焦作等地河务部门 40 余台泥浆泵连续苦战 7 个昼夜，于 11 月 14 日最终将口门彻底闭气。险情得到完全控制，蔡集堵口取得了全面胜利。

10.1.5.4　堵口成效与用工用料

蔡集串沟的堵复，解除了洪水对滩区和大堤的威胁，同时为灾区人民尽快恢复生产提供了保障。但是由于蔡集口门冲刷较深，实测最大水深达 16 m，使上游河床粗沙淤积在滩地内，在口门附近的 4 km^2 范围内，滩地平均淤高 1.5 m 左右，且是河床粗沙，严重影响当地群众的农业生产。因此，在堵口的次年春天一起大风，到处是风沙满天飞。

据不完全统计，堵口共用柳料 312.39 万 kg，石料 16 208 m^3，总投资 6 450 万元，详见表 10-3。

表 10-3　堵口用工、用料情况统计

类别	柳秸料（万 kg）	石料（m^3）	铅丝（m^3）	麻绳（m^3）	木桩（根）	编织袋（条）	土工布（m^2）	麻袋（条）	钢管（40 cm）
数量	312.39	16 208	36 160	32 650	10 570	935 100	48 000	59 612	26 根
类别	钢管（10 cm）	钢管（5 cm）	木板材（m^3）	土工网（m^2）	石子（m^3）	合金网兜（个）	塑料布（m^2）	竹笆（块）	钢笼（个）
数量	1 880 根	200 根	30	40 000	34 450	810	172 500	9 200	182
类别	钢模板（块）	煤渣（m^3）	土方（m^3）	机械（台班）	冲锋舟（班次）	大船（班次）	三轮车（台班）	人工（工日）	
数量	8 480	3 505	106 100	13 930	6 633	4 844	4 542	244 682	

10.1.5.5　合金网笼在抢险中的试验情况

在蔡集现场，10 月 27 日安排了合金网笼吊装试验（见图 10-12）。合金网笼与传统的铅丝网笼相比有以下特点：一是合金钢丝强度高，所做网笼承重最大可达 10 t 重；二是合金钢丝不锈蚀，便于储存保管，用合金网制成的石笼抛入水中后，不易散脱，可适当延长河道工程寿命；三是网笼工厂化生产，现场装龙方便，可用吊车吊运到位，便于机械化操作。合金网笼所具有的机械化施工的特点，将引发抢险操作方法、料物存放位置、抢险队机械配置、工程管理办法等一系列的改变。

图 10-12　合金网笼吊装试验

10.1.6　主要认识

蔡集串沟的堵复,解除了洪水对滩区和大堤的威胁,为灾区人民尽快恢复滩区面貌提供了保障,效果十分明显。蔡集串沟截堵有许多值得总结的经验、教训,从技术方面分析,可得出以下几点认识。

10.1.6.1　**成功的经验**

(1)切实可行的堵口方案是堵口成功的基础。指挥部制定了采用“南北合围、东西对进”的策略,依靠科学调度,将传统进占和现代施工技术有机结合的堵口方案,终于使堵口任务提前完成。

(2)水库的科学调度为堵口成功创造了条件。小浪底水库自 10 月 26 日 16 时起,采用控泄 130 m^3/s 和全部关闭泄水孔、洞两种控制运用方式,自 11 月 3 日起 2 d 左右的时间再次减少三门峡、小浪底水库下泄流量,以满足蔡集串沟口门截堵、闭气、加固的要求。

(3)地方政府、部队、黄河专业队“三位一体”是抢险的最好形式。在“三位一体”体系中,黄河机动抢险队是骨干力量,群众防汛队伍是基础力量,在蔡集串沟截堵过程中,“三位一体”体系作用得到了充分发挥,为夺取堵口的全面胜利提供了组织保证、队伍保证、技术保证。

(4)大型机械设备在抢险中起到突出作用。载重 20 t 的自卸汽车、D85 型大马力推土机、挖掘机、装载机、汽车吊等大型工程设备是今后抗洪抢险的主力。这些设备在抢险料物运送和大网笼、大土工包进占中都发挥了人力无可替代的作用,以抛笼为例,机械化抛笼速度较人工抛笼提高了几十倍。

(5)传统抢险技术仍广泛应用。几千年与黄河洪水斗争积累下来的丰富抢险经验,至今仍是主要的抢险手段。尤其在采用这些技术时,结合现在的具体情况,尽量使用机械代替人力会使这些传统抢险技术发挥更好的作用。这些技术包括:①抛铅丝笼挂柳沉沙落淤。柳树头枝叶繁茂,很容易抓底,兼之其柔韧性较强,树叶稠密,黄河的大量泥沙受柳阻挡,附着上去,很快淤沉下来。近代黄河堵口历史上,曾于 1933 年在长垣冯楼堵口工程中作透水柳坝缓流落淤,又于 1934 年在封丘贯台堵口工程中,以铁锚铅丝挂柳成坝,用浮坝落淤法滞留。本次在口门西岸采用了抛笼挂柳措施,挂柳的第二天,两岸落淤出滩近 10 m,同时流速大大降低,挂柳效果明显,其一是快速缩短口门,其二是为埽体进占奠定了基础。②埽体堵口进占。柳秸料有一定的弹性,比用石料修筑的水中建筑物更能缓和水流的冲击和阻塞水流。尽管埽体有体轻易浮、容易腐烂、不易使用于长久性工程等缺点,但河势发生突变,堤岸受大溜顶冲,就地取材,用埽工抢护,能够在很短时间内发挥很大效能,且具有经济实用的优点。在蔡集口门西侧,水流相对平缓,使用埽体进占,并向决口水深处依次推进,充分显示出进占时速度快、用料省的优点。③闭气。在新修的口门临河侧抛投大量散土混合小石子的方法进行闭气,在背河修筑顶部高于临河最高水位的养水盆。

(6)泥浆泵淤填压渗。在养水盆修筑完成后,河南黄河河务局紧急抽调 40 余台泥浆泵一起在蔡集控导工程背河侧往养水盆内抽沙落淤,进行压渗闭气。这种方法比单靠清水来提高养水盆水位好,因为既降低了临背水位差,又充分利用了黄河泥沙起到压渗、闭气、加固的作用。

(7)现代抢险技术和传统抢险技术二者的有机结合。根据现场工况、险情,合理选用新材料,把现代抢险技术和传统抢险技术二者有效结合,使险情抢护取得较好的效果。

土工布的护滩及护河底作用在顺河街控导工程和东坝头控导工程中曾经成功运用,蔡集抢险中在口门西侧铺设土工布护滩,效果甚佳,保住了西岸裹头进占的安全,使之成为整个西岸裹头的一部分。钢排桩临河侧挂土工布减弱水流对西岸埽体的冲刷、口门堵复后在临河侧铺设土工布防渗起到了闭气的较好效果。

10.1.6.2 **应加强的措施**

(1)防汛道路建设应加强。蔡集抢险中道路问题最为突出,主要表现在:①防汛道路年久失修,路况差。通往蔡集工程的防汛道路修建于 1998 年、1999 年,路长 12 km。道路自修建后由于缺少专项维修资金从未进行修缮,路面凹凸不平,多处损坏,未漫滩前,抢险车辆通行缓慢,洪水漫滩之后,很快就被冲毁。②通往控导工程的防汛道路数量少、不闭合。③联坝道路未硬化。蔡集工程 33 坝~35 坝抢险物资运送必须经过蔡集联坝,但是由于联坝未进行任何硬化处理,因连续抢险,天阴多雨,联坝道路被车辆碾压后泥泞不堪,大型运料车辆通行困难。④堤顶道路未硬化。2003 年山东东明堤段堤顶未进行硬化,当年山东黄河 804 km 临黄堤还有一半未硬化。⑤黄河大堤与沿黄公路连接的道路少、路况差。当时黄河下游黄河大堤与沿黄公路网连接的硬化道路和上堤辅道硬化都较少,且不少道路多年失修,路况很差,未能形成的上下左右贯通的防汛交通网络,不满足防汛抢险需要。

(2)添置能通过重载车的快速钢管排架临时路面。在今后大型机械化抢险施工中,必需的措施是运输道路通畅。汛期的农村道路,尤其是滩区的道路,往往会出现道路泥泞、承载力不够等影响车辆正常行驶的情况。这次使用了中原油田的钢管排架,迅速铺设一条能通过大型重载车辆的临时道路。道路交通是一项最关键的抢险设施。今后每个市局都应储备一定数量的快速钢管排架。

(3)专业抢险队伍设备亟待增强:黄河专业机动抢险队凭借丰富的抢险经验、大型抢险设备、在蔡集抢险过程中极大提高了抢险速度,减轻了人工劳动强度,及时为抢险前线运送物资,为争取抢险战机赢得了时间。因此,专业抢险队的机械化程度成为今后决定抢险成败的关键因素。

但是,蔡集抢险所抽调的大型抢险设备均是从多支机动抢险队挑选出来的,而剩余部分大多属设备老化、超期服役,很难正常运转。专业机动抢险队的装备亟待增强:一是增加各机动抢险队大型抢险设备数量;二是更新设备。各机动抢险队所配备的设备最早的将近十年,这些设备到现在已到基本报废程度,已很难适应现在的抢险需要,同时,当时配备的部分型号设备由于生产年代较早,后来已停产,维修时相应的配件已找不到,所以这些设备只有等待报废;三是各专业抢险队需配备特种抢险设备。如在调动抢险队过程中,托运大型抢险设备的平板车很难及时找到,成为调动设备环节的一个重要影响因素。

(4)加强水上抢险队建设:在蔡集工程因所有陆路通道中断时,河南黄河河务局在紧急情况下调用开封、濮阳两支水上抢险队的多艘大型船只,从禅房码头和东坝头码头向蔡集工程及时运输石料、碎石、麻料、铅丝网片、后勤生活物资和运送抢险队伍前往增援,确保了蔡集工程在最艰难的抢险时期稳定了险情。但是,由于水上抢险队船只配备时间较早,大多为 20 世纪 70 年代配备,已过了报废期,属超期服役,船只结构已经严重老化损坏,在险情抢护中很容易出现安全问题,且数量有限,其救援航行速度慢,从濮阳调运的自动驳,航行整整四天四夜才赶到蔡集抢险现场,因此大大降低了应发挥的作用,所以急需更新水上抢险队的船只配备,加强水上抢险队建设。平时可用作水上作业平台,有利抛石到位。

10. 1. 6. 3　存在问题

(1)切滩导流。为改变河势、减小口门流量,预想采取爆破,辅以挖泥船清除淤泥的办法切掉滩地。该项措施在蔡集堵口中的效果不佳,主要原因如下:一是黄河滩地地质条件复杂,有些是层淤层沙,仅层淤层沙也有千变万化,所以要想达到设计的爆破深度是非常难的;二是位置选择非常难以准确把握,爆炸后有可能很快又淤起来,而且很难使炸掉的泥沙携带入主溜。

(2)大型透水管桩。蔡集抢险过程中,原计划在龙门口的上游侧打两排直径 40 cm 的钢管桩,从口门西岸向东岸推进,最初钢管桩基础埋深 8 m,水面以下 8 m,随着向口门中轴线挺进,水深加大,其入土深度也要求加大,在打第 8 根桩时,水深达到 15 m,入土深度必须达到 15 m 以上,打桩困难,而强大的水流已使桩本身的稳定成了问题,钢管桩被迫停止。在随后埽工进占过程中,在钢管桩周围抛投石块、土袋、铅丝石笼等料物,为迅速堵口起到了一定的辅助作用。由于黄河下游河床土质差,水流速度大,冲刷快而深,植桩技术复杂,在没有充分研究前,使用时必须慎重。

(3)浮桥架设。单就浮桥在整个堵口过程中的作用,效果是明显的,不能说架浮桥是不成功的措施。但是,架设浮桥的作用必须明确,架设位置也必须合适,尽量减小其不利的方面。本次为方便 20 多 t 的吊车在口门前埋置钢管桩,沿口门轴线在西侧架设浮桥。若没有浮桥,钢管桩作业就不可能实现。浮桥架设也使长达 1 个月的蔡集孤岛抢险后勤生活问题得到彻底解决,更方便了口门的水文测验以及各级现场指挥调度和埽体的施工作业。浮桥的架设,为前期西岸裹头平台修作、土工布护岸,提供了方便条件,尤其是在西岸整个抛柳头缓溜落淤的作业中,浮桥起到了至关重要的作用。但在浮桥架设后,是否会有一定的负面影响,如由于浮桥架设,使口门处流速增大,刷深口门。今后应进一步研究、完善这种抢险技术。

(4)透水月牙堤。使用了大量的树冠(俗称柳树头),在背河侧构建了沿口门下游向外辐射 500 m 半径的透水月牙堤,即沿拟定的路线抛柳落淤,以期提高背河水位,降低口门过流量。该项措施在过去的黄河传统治理措施中是有采用的。但是本次挂柳太稀疏,难以缓溜,落淤效果不太理想。

(5)土工布应用。土工布的护滩曾经成功运用,效果甚佳。但在口门堵复后背河侧出现管涌而铺设土工布进行反滤时,未能达到理想的效果,采用土工织物反滤导渗时,应根据土质颗分试验结果,选取保土性、透水性、防堵性符合《土工合成材料应用技术规范》(GB/T 50290—2014)要求的土工织物。由于现场条件复杂,且无土质颗分试验结果。因此,当用于反滤导渗时应持谨慎的态度,对土工布的应用要因地制宜。

10.2　孟加拉国 Nalian 河软基河床网箱混合截流技术

10.2.1　工程概况

Nalian 河位于孟加拉国沿海的 Khulna 地区,为改善当地饮水资源条件,在该河上规划修建一座锁坝,构成内河淡水库。坝址选在 Nalian 河入 Shibshashi 河河口 1 km 处(见图 10-13),以免除 Shibshashi 河潮汐流入对 Nalian 河周边地区淹没的侵害。在锁坝右岸修建了导流渠和配套的 DS10 排水闸(闸底板高程-1.20 m),截流时可起到分流作用以减少口门流量,截流后可通过海水倒灌方式控制锁坝上游水位在 0.00 m 以减小上下游水头差,正常运用期用于控制锁坝上游水位不超过防洪高水位 3.00 m(见图 10-14)。

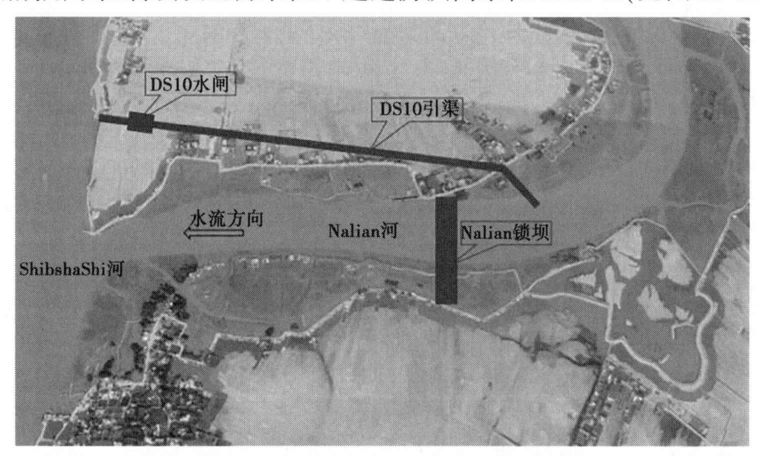

图 10-13　Nalian 河锁坝平面布置示意图

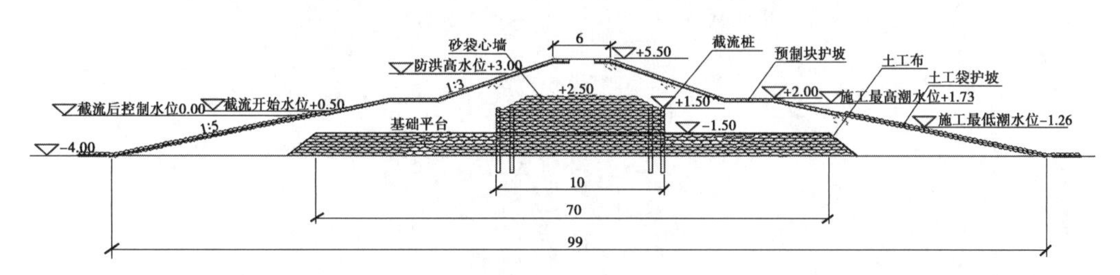

图 10-14　锁坝横断面设计图　(单位:m)

该工程区域位于亚热带季风型气候带,全年分为冬季(11 月至翌年 2 月)、夏季(3~6 月)和雨季(7~10 月),其中冬季和夏季又统称为旱季(枯水期)。旱季最小潮差 2.34 m(-0.94~1.40 m),雨季最大潮差 4.48 m(-1.51~2.97 m),持续时间约 6 h。受潮汐影响,Nalian 河水流湍急,且工程所在地石材资源匮乏,历史上该河曾两次建设锁坝工程,均因截流失败而告终。

鉴于该锁坝上、下游最大水位差只有 4.51 m 且历时较短,设计为砂袋心墙土坝并填筑抗渗抗冲性能良好的粉细黏土,能够满足坝体渗流稳定要求(见图 10-14)。采用截流与建坝一体化施工,坝长 500 m,高 9.5 m。河床为松散粉土和塑性黏土,0~-7.5 m 承载力极低,标准贯入击数为 1~2;-7.5 m 以下为中密度黏土,标准贯入击数为 15~30。在锁坝下游侧进行护坡处理,以应对 Shibshashi 河潮汐淘刷。

对于大流量、软基河道在最后合龙龙口处常因流速过大、冲刷坑深、抛投料物单体重量不足难以稳定而导致截流失败。本节以孟加拉国 Nalian 河锁坝截流为例,因地制宜综合考虑技术经济因素,提出了适用于软基河床的网箱混合截流方案,按照该方案成功实现截流,保证了锁坝运行的安全性,并大幅度降低了工程造价。

10.2.2　网箱混合截流方案

所谓网箱混合截流方案,是基于平堵和立堵相结合的混合堵方案,即先通过平抛砂袋护底增强龙口处抗冲能力并形成基础平台,再在平台上沿坝轴线上、下游两侧打截流桩并绑扎竹格栅形成网箱,最后在网箱中采用人工抛填砂袋进占实现截流(见图 10-14~图 10-16)。采用人工抛填砂袋的网箱混合截流技术,一方面可充分利用当地廉价的劳动力资源和自然资源,扩大就业,减少机械设备使用对环境污染,具有较好社会效益。另一方面解决了当地石料匮乏问题,与传统的混凝土块体截流法相比,节约直接成本近 80%,经济效益显著。

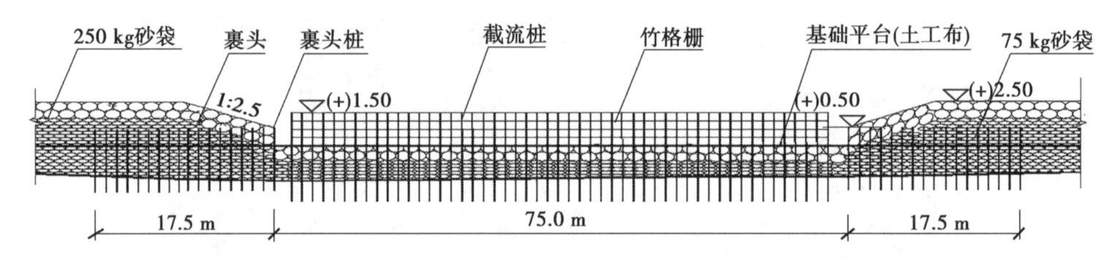

图 10-15　锁坝截流龙口纵剖面图

图 10-16　人工运输砂袋抛投网箱立堵现场

该方案涉及动水铺设土工布等一系列关键技术,实施历时 13 个月,其间要考虑各阶段施工时机选择、施工工艺及工程量等因素,需分三期实施(见图 10-17)。一期建立起截流基础平台,采用平行抛投砂袋挤淤固结对河床软基进行处理,顶部高程按-1.5 m 控制,既减少口门的潮汐过流量,也增强基础的抗渗抗滑稳定性;二期在截流基础平台上铺设土工布增强平台抗冲性,修筑裹头,填筑与两岸连接段的戗堤并闭气,组合截流桩、竹格栅形成网箱;三期准备砂袋,组织劳动力演练,最后人工抛投砂袋合龙。其中,一期截流基础平台填筑耗时 2 个月,经历 6 个月自然沉降固结期之后再进行平台找平与防护。

图 10-17　锁坝截流施工关键时间节点

10.2.3　截流关键技术

10.2.3.1　一期截流平台填筑高程与宽度选择

综合考虑坝址地质和水力条件,预留截流龙口底宽沿坝轴线方向为 75 m(见图 10-15),桩号 0+270~0+345 区间。将一期基础平台与抛投挤淤施工合并进行,平台采用驳船抛填完成后使其自然挤淤、沉降和固结,作为后期截流施工的基础,顺坝轴线按河宽 273 m 布置。综合考虑砂袋的抗冲稳定性、施工过程可操作性以及后期截流底部平台的抗滑稳定要求,确定平台抛填顶部顺水流方向宽度为 70 m、高程为-1.5 m(见图 10-14),既能满足 75 kg 砂袋的稳定性要求,也便于 50~100 t 驳船在较高水位时的抛投作业。有关计算如下。

1. 不同重量砂袋抗冲刷流速计算

砂袋抗冲刷流速 v 可根据经验式(10-1)确定,即

$$v = K\sqrt{2g(\gamma - 1)d} \tag{10-1}$$

式中:稳定系数 K 取 0.90;砂袋容重 γ 取 1.22 t/m³;球化粒径 d 取 0.36 m;重力加速度 g 取 9.80 m/s²。经计算 75 kg 砂袋(长 96 cm×宽 56 cm,装满 80%封口)的抗冲刷流速为 1.12 m/s,这是当地人工能够运输的最大袋重。当水流流速增大时,应增加砂袋重量或采取拦护措施。

2. 龙口流速分析

根据水文资料,选取每年 1~2 月潮差较小时段对截流有利。按照工程进度,截流选

择在2020年2月低潮期实施。龙口设计底宽为75 m、底部高程-1.5 m、两侧坡比1∶2.5，根据上游水位由宽顶堰公式计算截流龙口过流量Q：

$$Q=\sigma\varepsilon mB\sqrt{2g}H_0^{1.5} \tag{10-2}$$

式中：σ为淹没系数，取0.98；ε为侧收缩系数，取1.00；m为流量系数，取0.34；B为龙口平均过水宽度，m；H_0为龙口上游水头，m。

起始截流水位0.5 m时，龙口平均过水宽度为80 m，取下游水位0.16 m，计算得到龙口流速为2.09 m/s。该流速下，抛填75 kg砂袋已不满足稳定性要求。随着截流龙口的收窄，以及下游退潮水位的下降，堰顶从淹没出流逐步转变为非淹没流，流速将继续增大。因此，须采取相应的拦截防护措施控制截流砂袋的流失。

10.2.3.2　截流基础平台土工布动水铺设技术

1. 土工布铺设准备及工艺流程

截流基础平台填筑完成并经历6个月的自然沉降固结期后，需对其进行找平和土工布防护。铺设土工布既可增强平台（砂袋）的抗冲能力，也有助于后期填筑料沉降变形的均匀性。找平作业分三步进行：①在潮位平稳期进行断面测量，绘制冲刷沟位置，计算预抛工程量；②在高潮的平潮期，对冲刷沟单向渐次抛填250 kg重砂袋，粗略找平；③在低潮的平潮期，对冲刷沟抛填的砂袋进行人工移动精平。

基础平台始终处于淹没状态并受一天两潮等水力条件影响，据此确定动水铺设土工布范围、有效压重、搭接宽度、端头碎石裹袋单体重量和打桩固定方式等。在船体上通过加工改造搭载了土工布铺设及可移动定位设备，完成淹没状态水流条件下的土工布铺设作业。采用GPS实时定位技术，用铰锚机进行移动船位，当船体定位边线和设定单元幅铺设区起始边线重合时进行铺设作业。铺设工艺流程见图10-18。

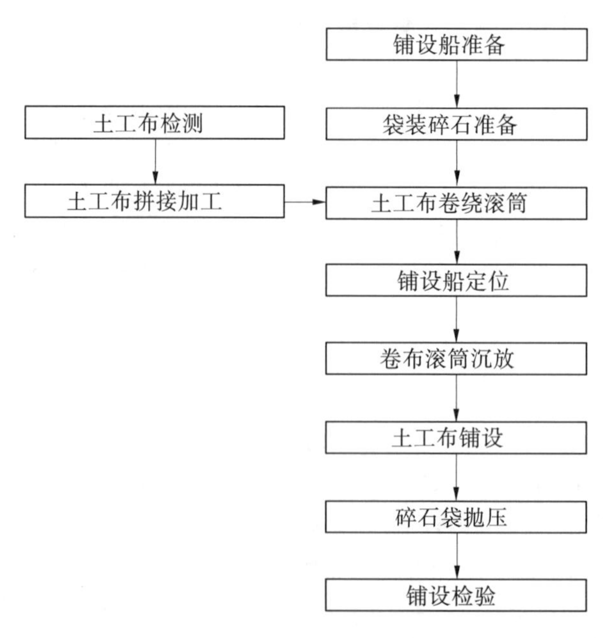

图10-18　土工布铺设工艺流程

2. 土工布铺设技术要点

(1)船体定位以后,在起始位置利用卷扬机放下土工布端头内装碎石袋的裹头到基础面并打桩固定,裹头两端用细绳绑上浮漂(见图 10-19)。

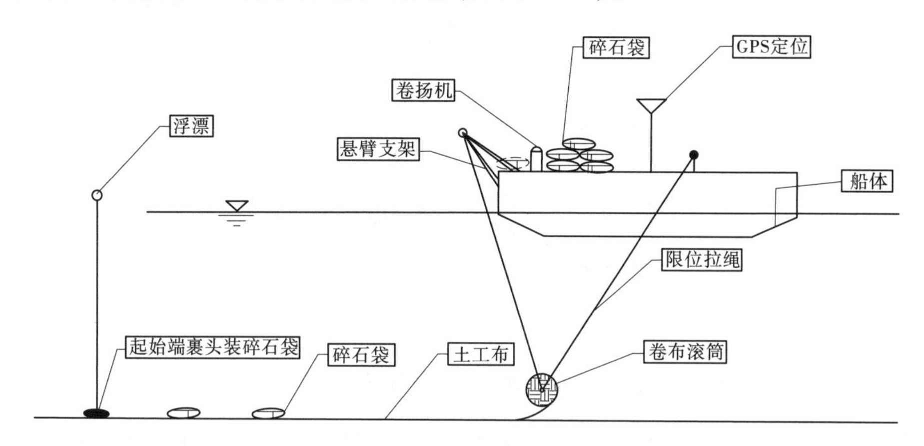

图 10-19　水下铺设土工布示意图

(2)移动绞锚机开始进行水下摊铺。四个主锚机同步进行,两个拉紧,两个放松,确保轨迹和铺设路线一致。

(3)铺设过程中每 3 m 投抛碎石袋镇压已摊铺的土工布。

(4)铺至末端时收起滚筒吊索,吊离水面。利用土工布末端两侧预卷绳索确定末端位置,打桩固定,再抛填 170 kg 砂石袋镇压。

(5)相邻两幅土工布连接采用水下搭接,搭接宽度不小于 1.5 m(见图 10-20)。

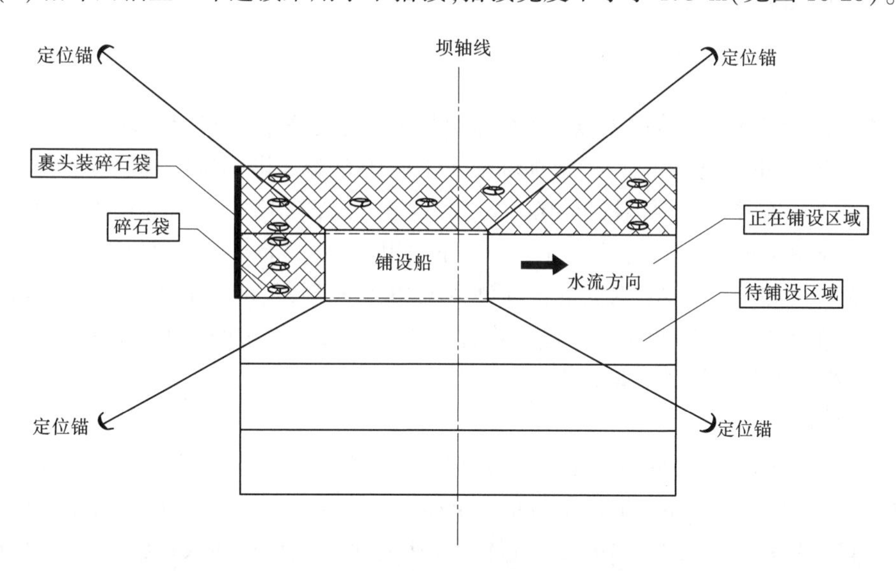

图 10-20　土工布水下搭接示意图

10.2.3.3　龙口裹头技术

为使龙口裹头施工在较低流速条件下进行,采用先修筑裹头再填筑与两岸连接戗堤的工序。裹头采用沉桩拦护砂袋形式,沉桩沿裹头外轮廓线分 2 排弧形布置(见

图 10-21),排间距 2 m。具体步骤如下:

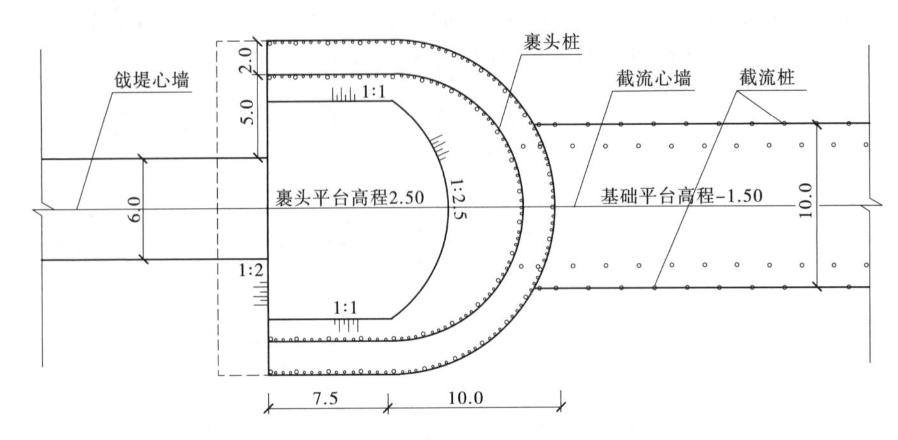

图 10-21　龙口裹头桩、截流桩平面布置示意图　(单位:m)

(1)沉桩。沉桩使用木桩(ϕ18 cm,长 6 m),采用 600 t 定位船和小松 PC200 挖掘机施打,桩顶高程控制在 0.5 m,并用竹管连接固定成整体。

(2)填平。两排桩之间以及裹头范围内再抛填 75 kg 砂袋至桩顶平。

(3)堆袋。从裹头圆弧顶桩开始向两岸方向以 1∶2.5 的坡比填筑 75 kg 砂袋形成锥台状,水面以上砂袋用人工分层码放,表面三层用 250 kg 砂袋码放至高程 2.5 m。

(4)连接。将砂袋锥台与两侧戗堤心墙密实对接,最后在戗堤范围内两侧填土,高程暂控制在 3.0 m,按照设计宽度填筑到位,作为备存截流砂袋平台及截流交通场地。

10.2.3.4　网箱截流技术

1. 截流网箱施工

1)截流桩布置

截流桩是网箱型截流的主框架,是截流竹格栅生根之基,应具备足够的整体性和抗滑能力。根据经验并经现场测试,确定坝轴线上下游各布置 2 排截流桩,桩顶高程为 1.5 m(见图 10-21)。外排桩采用钢桩(ϕ160 mm、壁厚 4.5 mm),长 9 m,悬臂长 3 m,入土 6 m。内排桩采用木桩(ϕ180 mm),长 6 m,入土 3 m,间距 1 m。上下游最外排桩间距为 10 m,排桩纵向间距 1.5 m。另外,钢桩沉桩前灌入 C20 水泥砂浆,既提高了钢桩的抗弯能力,也增加了自重减少漂浮对打桩的影响。在此基础上通过上下游两排桩的连接提高网箱的整体性,在箱体外侧抛投砂袋增强网箱的稳定性。

2)截流桩沉桩

沉桩前先在两岸戗堤放出 4 排桩的方向线,然后采用 GPS 坐标定位配合方向线精确施打,桩顶控制高程 1.5 m。沉桩平台借助 600 t 定位船,八字形抛锚定位,挖掘机施打,沉桩穿过砂袋层后进入土层。沉桩时桩体三侧绑扎水平定位拉绳或在已打桩上绑扎延长线式钢管作为定位线(抵抗水流)实施平面定位,桩顶附近绑扎吊绳于挖掘机斗内,活扣控制,位置确定后挖掘机按压桩顶使桩尖就位。沉桩难点是穿透基础砂袋层,先采用挖掘机斗向下叩击的方式使桩定位稳固,然后解除定位绳,使用斗背平面敲击使桩渐进穿过砂袋层。

3)截流桩连接

沉桩完成后,在基础平台表面用铅丝拉紧,确保截流网箱骨架的整体稳定性。

4)竹格栅绑扎

竹格栅是网箱混合截流设计的次骨架,按照阻隔砂袋和抗弯能力要求控制格栅纵横间隔,见图10-16(b)。通过试验选用ϕ8 cm 竹管,交接点采用电钻打孔,18 cm 长土钉铆固。考虑竹格栅阻水对截流边桩的压力及振动影响,竹格栅绑扎分两期进行。一期在沉桩后低潮位将下层1.5 m高的竹格栅绑扎到上下游的截流边线桩内侧,二期在施工截流时随截流进度超前绑定到相应的位置。

2.网箱抛填砂袋实施合龙闭气

网箱抛填砂袋采用人工运输方式由两岸同时进行(见图10-16),根据现场填筑宽度、运距及人员行走顺畅性等因素制订劳动力组织方案。2020年2月17日9:33上游水位落到高程0.5 m,截流开始,人流队伍推进以不涉水为原则,11:37上游水位降至高程-0.49 m,历时2 h 4 min,成功合龙断流。截流过程实测水位、龙口宽度、流速以及计算流量等指标见表10-4。

表10-4　截流过程水力学指标

时间(h:min)	水位高程(m)		水位差(m)	龙口水深(m)	龙口宽度(m)	实测流速(m/s)	计算流量(m^3/s)	说明
	上游	下游						
9:33	0.50	0.16	0.34	2	80	1.98	316.80	龙口底部高程-1.5 m
10:05	0.20	-0.23	0.43	1.7	54	2.21	202.88	
10:34	-0.10	-0.65	0.55	1.4	29	2.43	98.66	
11:08	-0.40	-1.21	0.81	1.1	8	2.69	23.67	
11:37	-0.49	-1.28	0.79	1.0	0	0	0	

合龙后,为应对涨潮,平行分层码放加高。达到高程1.5 m时,再在上下游外桩之间攀拉第二层铅丝,对箱体进行二次加固。当日16:27加高到设计高程2.5 m,截流成功,总历时6 h 54 min,抛投约9万个砂袋。截流箱体心墙完成后,把剩余的备存砂袋抛填到截流桩的外侧作为截流网箱的安全支撑;为减小截流坝体两侧的水位差,利用涨潮潮水通过导流渠反向灌水将上游水位控制在高程0 m,然后采用自卸汽车运输含水率适中的塑性备土料对称填筑心墙两侧进行闭气。

10.2.4　截流料物准备与人员演练说明

10.2.4.1　截流砂袋的型号选择及储备

1.砂袋型号选择

由于本次截流采用软式截流法,通过分析论证拟采用抛填75 kg砂袋作为人工截流填料比较适宜,可操作性强、效率高。

2.龙口一次截流砂袋工程量计算

合龙段从底部-1.5 m填筑到2.2 m(2月最高潮,1.7 m),两端坡比为1:2.5,心墙平均长度 84.25 m(高程 2.2 m 处长度 93.5 m、高程-1.5 m 处长度 75 m),心墙断面面积 10×3.7=37(m^2)(上部梯形断面按矩形计),截流龙口所需砂袋理论工程量为:$V=37\times84.25=3\ 118\ m^3$,折合 75 kg 砂袋数量为 8.9 万袋。备用砂袋取 1.3 的安全系数,实际备料 4 053 m^3,折合 75 kg 砂袋数量为 11.6 万袋。

3. 砂袋储备

备料场选取在左右岸裹头后侧,两岸对称备料,使截流时人工运距尽量短。备袋时注意及时覆盖,防止化纤袋老化。

10.2.4.2　劳动力组织及演练

通过对现场心墙填筑宽度及运距研究,为提高效率,拟采用以下劳动力组织方案并进行演练。

(1)截流心墙 10 m 宽,按照 4 个编组通道划分,每个通道 2.5 m,每个编组通道分 3 个队列,每个编组队列两进一出,分 3 个人行道实施。

(2)每岸 4 个编组,共 8 个抛填队列(见图 10-22),两岸即 16 个填抛队列实施抛填。

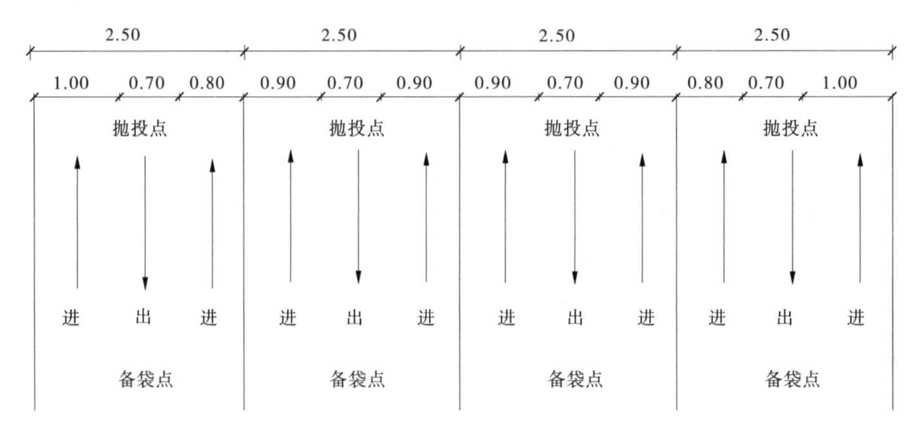

图 10-22　截流抛投编组示意图　(单位:m)

南岸备袋长度 53 m(距离龙口弧顶点),北岸备袋长度 49 m,按形心到形心计算,南岸平均运距 27+38=65(m),北岸平均运距 25+38=63(m)。

队列人行走间距按 0.9 m 算,平均队列需要人数:

①南岸队列平均人数:65÷0.9=72(人);

②北岸队列平均人数:63÷0.9=70(人);

③南岸 8 个队列所需人数:72×8=576(人);

④北岸 8 个队列所需人数:70×8=560(人);

⑤打袋上肩人员人数(每队 2 人分两班):16×2×2=64(人);

合计劳动力用量:576+560+64=1 200(人)。

(3)抛填强度推算。假定竹格栅拦阻效果正常,截流袋按 9 万袋推演计算。

①每队列按 1 袋/3(s · 人)推算:

$$16\times3\ 600\div3=19\ 200(\text{袋/h})$$

$$90\ 000\div19\ 200=4.69(\text{h})$$

②每队列按1袋/4(s·人)推算：

$$16\times3\ 600\div4=14\ 400(袋/h)$$

$$90\ 000\div14\ 400=6.25(h)$$

③每队列按1袋/5(s·人)推算：

$$16\times3\ 600\div5=11\ 520(袋/h)$$

$$90\ 000\div11\ 520=7.80(h)$$

(4)截流前将队伍提前集中编组,分别发不同颜色的队旗和袖箍,进行现场预演操练,以便于管理和发号施令,队列规范有序,提高效率。

(5)实际截流历时约7 h,基本达到1袋/4(s·人)的抛填强度,与预期目标基本一致。

10.2.5　主要认识

网箱混合截流技术适用于软基河床。采用砂袋替代重型块体可有效解决石材匮乏区抛填物料问题,降低了技术难度,便于施工组织,可因地制宜进行改进,具有较好的适用性和广阔的推广应用价值。其技术要点为：

(1)软基河床抛填砂袋构筑截流基础平台,并预留6个月的自然沉降固结时间,是保障进占体抗滑和抗渗稳定性的前提。

(2)基础平台铺设土工布,对基础平台和后期截流均可起到防冲保护作用,是截流成功的关键。同时土工布的良好抗拉及延展性能使二期填筑心墙沉降变形更加均匀,有利于坝体稳固。

(3)由截流桩和竹格栅为主、次骨架形成的网箱,可有效避免抛填砂袋流失,降低抛填截流材料的损耗,有利于人工作业。

(4)75 kg砂袋满足1.12 m/s流速时的抗冲抛投稳定性要求。当流速增大时,应增加砂袋重量或采取拦护措施。

10.3　长江大堤九江段溃口堵复

10.3.1　基本情况

1998年8月7日，九江市长江干堤$4^{\#}\sim5^{\#}$闸口间的堤段发生了溃口险情(溃口段平面图见图10-23)。溃口宽度达62 m,是1998年重大险情之一。对于溃口段的总体情况，长江水利委员会于1998年11月会同有关单位进行了调查。但由于时间滞后和情况变化,难以得到溃口当天准确完整的现场资料，但对于堤段的基本状况和溃口的过程有了一定的了解，具体汇总如下：

(1)溃口堤段兴建于1968年,1998年以前未发生过重大险情,但每年汛期下游坡脚渗水较严重。

(2)1996年在堤防临河侧兴建一座码头时,修建围堰挖开了上游堤脚的覆盖层,深达3.7 m,回填材料含有块石等强透水材料,未曾恢复地表原状。

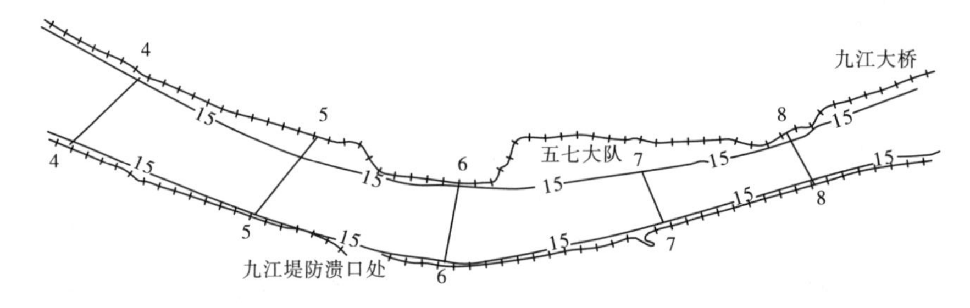

图 10-23　九江市防洪堤溃口段平面图

(3)1998 年江西段长江干堤在溃堤前已经超警戒水位运行 45 d,最高水位 23.03 m(1998 年 8 月 2 日),溃口时江水位 22.87 m(1998 年 8 月 7 日)。

(4)溃口发生前该堤段下游坡后有较多杂草和菜地,无法观察高水位期间堤坡堤后地表变化以及险情发生前的渗透变形迹象。

(5)堤后有一污水塘,距堤脚 2~20 m,原为永安河故道,塘水位不详。根据地形条件和当时塘水需抽排入江的情况,估计不低于 18.2 m,不高于 19 m。

(6)首先被居民隔塘发现险情的堤段部位为堤防下游坡脚处,当时该处出现了 3 个冒水泉眼,流水声响亮,水柱高约 20 cm,孔径不详。1 h 后堤顶塌陷,出现 2 m 左右大坑,随后发展为溃口。

(7)堤防没有发现白蚁和其他有害生物。

(8)勘探资料和溃口前后水下地形测量表明:该堤段处于凹岸,外滩有较薄的黏性淤积覆盖层,厚 0.7~1.0 m。溃口上游侧和下游侧的探槽和钻孔揭示,堤身填土为砾质和粉质黏土,密实度不均匀,渗透性较弱。堤身与原地面接合处有不连续的粉质壤土层,密实度也很不均匀,其下部为堤基粉质黏土。整个弱透水层厚度约为 12 m,在弱透水层下部为渗透性较强的砂、砾 、卵石层,见图 10-24、图 10-25。

(9)堤防下游面设有浆砌块石挡土墙,其渗流和工程性能目前尚无设计和竣工资料可查。调查发现,墙体内部不密实,但墙体下游面勾缝严密,溃口时墙表面无漏水现象。挡土墙底部与堤基接合不紧密,夹有一层较薄的粉质壤土层直至下游坡面,上游槽至下游槽土层厚度为 0~35 cm,位于最先发现出险的部位。

10.3.2　溃口原因分析

10.3.2.1　初步判断

通过对资料的分析,溃决原因可初步判断如下:

(1)地形测量显示该段堤防处于凹岸,江滩有落淤,表明汛期长江对岸坡没有特别的淘刷作用,可排除溃口原因为江水动力淘刷引起的破坏。

(2)九江堤防土体的矿化分析指标和抗剪强度指标表明,土质条件较好,且下游堤坡设有浆砌块石挡土墙,正常条件下,堤坡不易产生强度破坏,由此可排除溃口原因为堤身剪切失稳引起的破坏。

(3)由于没有生物迹象,可排除溃口原因为生物造成的堤防结构性缺陷而引起的破坏。

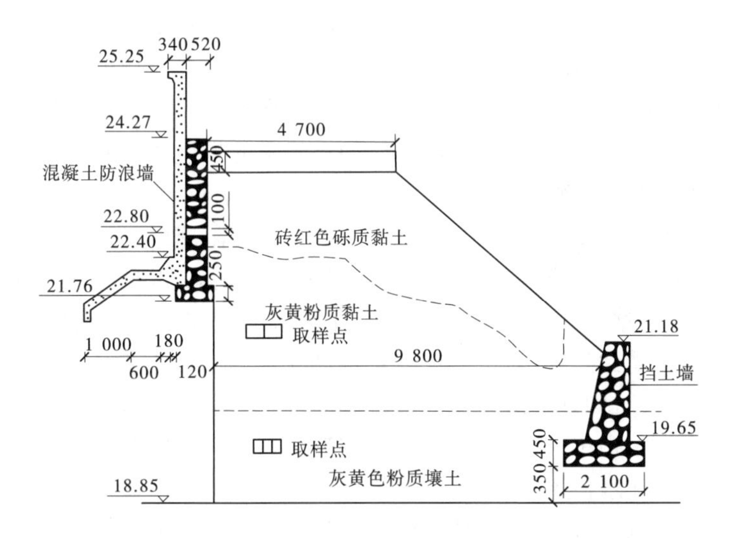

注:图内高程为吴淞基准=黄海高程+1.884 m

图 10-24　九江大堤溃口上游探槽地质剖面示意图　(单位:高程,m;尺寸,mm)

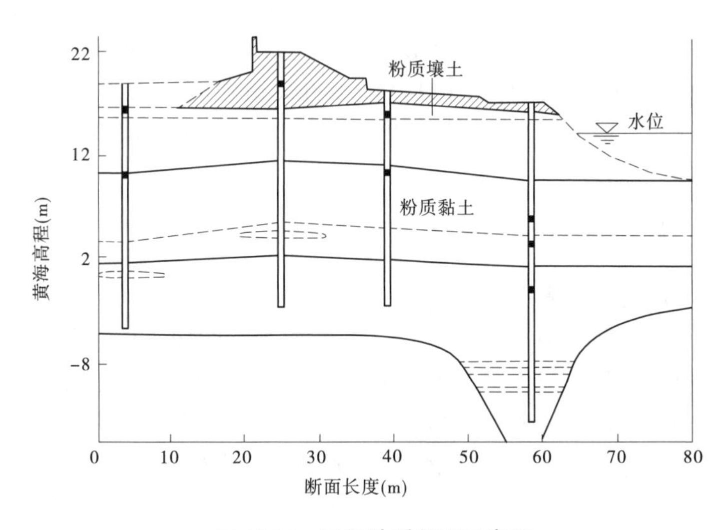

图 10-25　工程地质剖面示意图

(4)试验表明,该堤段堤身填土不均匀,上游槽粉质黏土试样与下游槽同类土试样的渗透系数相差 10 倍以上。堤基与堤身之间的粉质壤土薄层除层厚和渗透性分布不均匀外,其渗透系数大于粉质黏土,抗渗性能低于粉质黏土,并处于堤防最敏感的出逸段,因此在堤防整体结构中是工程性质最差并可能产生渗透变形的土层。可见这段堤防在渗透稳定方面确实存在薄弱环节。

10.3.2.2　渗流计算结果分析

针对该段堤防在渗透稳定方面存在的薄弱环节(挡土墙底部与堤基相交点),按勘查资料及土料特性试验成果,对相应边界和土层渗透性参数进行选取,进行了数十种工况的二维稳定渗流有限元计算,对计算结果分析得到以下认识:

(1)挡土墙下部的粉质壤土土层厚度小、抗渗强度低, 是导致堤防溃口渗流破坏的首发部位和通道；下游挡土墙出口段渗透性低，增大了出口处的渗流力，影响了堤防整体渗透稳定；堤身粉质黏土填筑质量差和上游坡脚开挖后未予以复原加固，加剧了堤防的渗透变形。另外，高水位持续时间长且超过 21.5 m 后，受这些不利因素的综合影响，堤防下游坡脚的出逸比降逐渐接近和超过临界比降，使该处首先发生渗透变形；由于得不到及时加固和治理，随着江水位的继续增高，土体流失量逐渐增多，渗透变形范围渐渐向堤内发展，逐渐形成渗漏通道，直至堤身出现空洞，引起上部塌陷、整体失稳以至溃决。

(2)在汛期，因堤防下游部位渗透变形而造成局部渗透破坏的现象应引起高度重视。有效的抢险方法是“上堵下排”，随意挖掉上游保护层或堵住下游出逸面都是不可取的。这一点在现实中往往受到忽视，对于如何处理堤防下游部位更是缺乏认识。当汛期堤防上游侧难以保护时，及时做好下游渗流出口的导渗、反滤也能收到显著效果。

(3)在汛后堤防加固中，改善下游的出口状况应得到充分的重视。研究表明：即使像九江溃口段的堤身和江水位条件，在改变下游出口段的结构和渗透性后，坡脚承受的出逸比降也可显著降低，使堤防由渗透破坏转化为渗透稳定。这种措施易于实现，成本较低，其恰当的材料和结构形式应予深入研究。

(4)研究中的一些假定，如溃口段上游边界开挖前后的准确形态下游挡土墙的渗透性参数等，是根据推断而采取的。作为溃口研究是有效的，总体上不会偏离问题的本质，但与实际会有一定出入。另外，计算条件不可能精确重现溃口段的种种原貌，勘察和试验工作的深度也有所局限，特别是计算采取稳定流模型带来的误差，均有待于今后在类似的研究中得到完善。

10.3.3　堵口实施方案与过程

10.3.3.1　口门发展及堵复概况

1998 年 8 月 7 日 13 时 10 分，九江市 4～ 5 号闸孔间的城防长江干堤出现重大险情，经在场的防汛人员和解放军战士全力抢护无效。不久，堤顶中间突然塌陷成洞，5 m 宽的堤顶顷刻全部塌陷。溃口很快发展到 36.9 m 宽，进水流量超过 300 m^3/s，第二天发展到 61.1 m 宽(见图 10-26)。最大进水流量超过 400 m^3/s，最大水头差达 3.4 m；未闭气前钢木构架组合堤承担落差约 2.0 m，闭气后最终水头差 3.1 m。

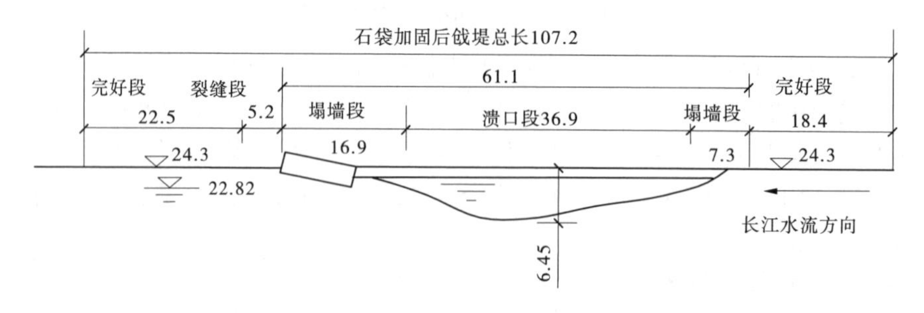

图 10-26　溃口段立视图　(单位：m，均为实测值)

在党中央、国务院直接领导和江西省委、省政府直接指挥下，很快制订了科学的堵口方案。针对溃口处水头差集中，水势凶猛的特点，按截流、堵口、闭气三个阶段；分沉船、抛填截流戗堤、搭填钢木构架石袋组合堤、码砌石袋后戗台、水下抛土铺盖五个步骤实施堵口工程。

溃口当天下午在溃口处靠江侧沉船 10 艘(其中 2 艘经溃口冲入大堤背河侧)。然后沿沉船外侧下插拦石钢管栅、抛钢筋笼及块石护底,采用平堵方式大量抛投块石直至出水面。于 8 月 9 日形成截流戗堤(见图 10-26)。8 月 11 日 19 时基本完成沿溃口架设的钢木构架石袋组合堤。8 月 12 日 18 时 30 分完成石袋后戗台临时断面,堵口成功。8 月 13 日完成加宽、加固后戗台。8 月 14 日开始在截流戗堤与组合堤中间水下抛土闭气。8 月 15 日晨闭气成功,基本不漏水。

参与堵口抢险的解放军、武警官兵共达 2.4 万人,在堵口现场同时施工人数达 5 000 余人。共填筑土石 9.71 万 m^3,耗化纤袋 176.4 万条、钢材 80 t。

这次堵口是在我国最大河流长江上,又是在超过历史最高洪水位的全流域大洪水期间取得成功的。做到了安全抢险,无一人死亡,仅用 2 d 时间完成截流,3 d 时间完成堵口,2 d 时间完成后戗台,2 d 时间完成闭气。

在这次堵口中, 科学决策 、科学指挥、制订的科学堵口方案和采用的多项创新技术,对快速、安全堵口起了极其重要的作用。

10.3.3.2　堵口实施方案

堵口实施方案分沉船、截流、堵口、后戗加固、抛土闭气五步实施(见图 10-27、图 10-28)。

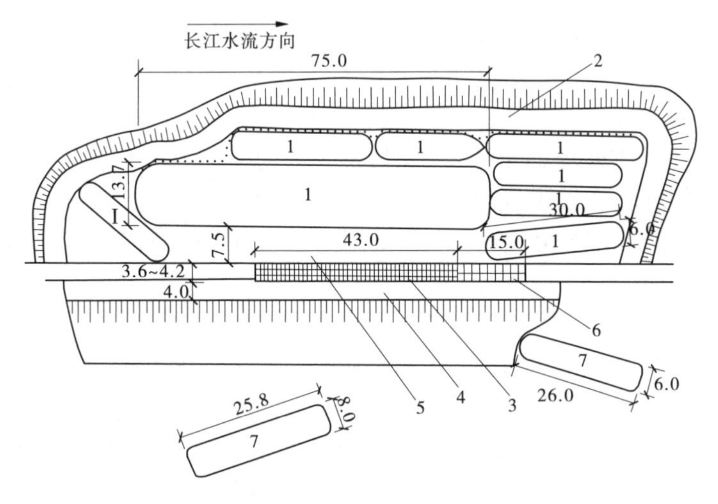

1—沉船;2—截流戗堤;3—堵口组合堤;4—后戗台;5—水下抛土铺盖;6—残堤保护段;7—冲进溃口船舶

图 10-27　堵口工程平面布置　(单位:m, 均为实测值)

1. 沉船初堵

沉船可以快速减小溃口处的过流量及流速,从而减缓溃口被冲刷加宽、加深的速度,沉底的船舶又是堵口抢险施工平台、现场指挥部和拦石钢管栅的上部支撑体。首艘沉船长度宜大于溃口宽度,尽可能选用平底驳,以增大沉船接底长度,减少通过船底的过流量。第一艘船沉后,仍存在的较大过流缺口,可以继续下沉较小船只封堵。因沉船越多,沿其外围形成截流戗堤的轴线越长,工程量越大。因此, 沉船只要求堵住较大过流缺口即可。九江堵口中,最大沉船长达 75 m,且满载 1 650 t 煤。其他均为载重 70~150 t 船舶。

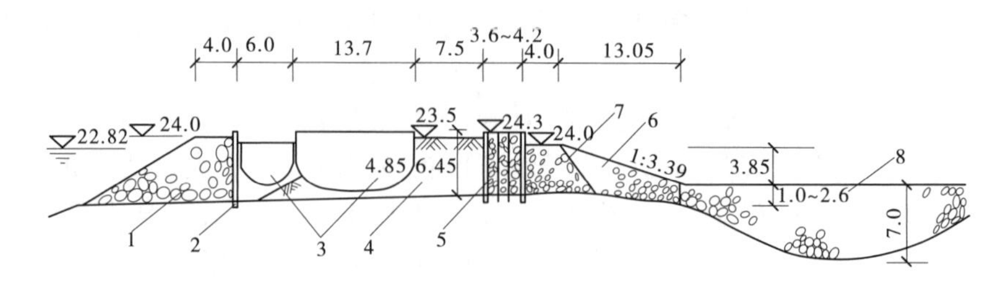

1—截流戗堤(实测长度 186 m);2—拦石钢管栅;3—沉船;4—水下抛土铺盖;5—钢木构架组合堤(实测全长 43 m,包括堤头保护为 58 m);6—石袋后戗台;7—临时断面线;8—冲刷坑及填塘固基

图 10-28　堵口工程结构断面示意图　(单位:m,均为实测值)

2. 钢管栅拦石形成截流戗堤

溃口经沉船初堵后,流量和流速仍较大。参照在乌江渡围堰工程中首创的钢栅抛石改流技术,沿沉船外侧下沉钢管栅拦截抛石,形成截流戗堤(见图 10-28)。

钢管栅由高 6~8 m、宽 1.5 m 左右的钢管排架组成。其重量适中,可以人力在现场拼装、下沉;整体性好,入水后的水流阻力小,又为平面二维结构,不易被运料船舶撞坏。钢管排架采用直径为 50 mm 的建筑脚手架钢管(万能杆件)拼装。竖向高度为 6~8 m,每 5 根为一片(每根间距 0.3 m)。水平方向配 2 根钢管,采用钢制活扣在现场连成一片钢管排架。人力将其沿沉船外侧用力下插入河床内,上端倚靠在沉船外舷上。相邻两片钢管排架间距控制不大于 0.3 m,形成完整拦石钢管栅,有效地防止人工抛填块石流失。形成的截流戗堤隔断了长江与溃口的直接水力联系,其联系仅为通过堆石堤的渗水,从而控制溃口处流速在 2 m/s 以下,确保堵口工程安全、顺利进行。

在处理溃口上下游残堤的土质堤头时,由于人力所能抛投的块石质量在 100 kg 以内,将其直接抛护堤头,会被水流冲走。为此,在两侧残堤堤头先行施工钢管构架,并向水中进占 2 m 左右,插打钢管 70 余根,并用水平联系杆件固接成拦石钢管构架,内抛块石及石袋,稳住了口门。

3. 钢木构架石袋组合堤

采用原北京军区某集团军的钢木土石结构组合堤堵口新技术。先在溃口处搭设由钢管及木桩组成的空间三维构架,内抛填石袋,形成组合堵口堤。这种堵口方式,可人力在水面以上施工,能适应溃口处的水深变化,组装后整体稳定性好;未抛填料前,阻水面小,有利于减小施工水流阻力。抛填时,钢木构架起拦石作用,抛入填料又进一步稳定和加固钢木构架,从而可以承担一定水压力。迎水及背水侧均为直立坡,为水下抛土铺盖提供了较大空间和长度。由于均系人力搭设,适于溃口处流速不大于 2 m/s、水深不大于 8 m 的情况。

施工时,采用长 6~8 m、直径 50 mm 的脚手架钢管及木桩,从两侧残堤堤头,向溃口中间逐步打桩固定(木桩打入河底内不小于 1.5 m,钢管不小于 1.0 m),形成内外 4 排钢管、3 排木桩、沿堤轴线间距 1 m 的空间钢管、木桩组合构架,并用纵、横方向布置的钢管水平连系杆、背水侧斜撑及迎水侧拉杆增强其整体性和稳定性。沿构架迎水、背水侧竖插钢管加密至间距不大于 0.3 m,以有效地拦截抛投填料。采用立堵方式抛投石袋,出水后人工码砌,直到设计高程,形成顶宽 3.6~4.2 m、高 4.85~6.45 m 的堵口组合堤。

4. 石袋后戗台

后戗台布置在钢木构架组合堤背水侧(见图 10-27),用于增加组合堤闭气后承担全部水头的结构稳定性和渗透稳定性。设计顶宽 4.0 m,边坡按满足接触渗径要求定为 1∶3,主要由石袋码砌。

石袋由编织袋内装粒径 40 mm 以下的碎石 30~40 kg 组成,便于人力运料和施工,采用人工码砌,形成的坝体结构紧密,又不需碾压,有利于实现高强度填筑和水下填筑;便于加高加宽,形成的坝体整体性好,又有一定透水性,自稳性强。

5. 水下抛土铺盖

水下抛土铺盖位于钢木构架组合堤与截流戗堤之间。采用人工水下抛投当地坡积黏土,直到出水面高度不少于 1.0 m,形成防渗铺盖。这种闭气方法只需在水面已形成的组合堤及排架上向水中倒土, 因此施工简便、安全,技术要求不高;水面施工场面大,抛设施工速度快;水下抛土土体柔性大,能与岸坡和已形成结构结合一体,适应地基变形能力强。由于抛入水中黏土会自行崩解, 不须专门处理残存在铺盖范围内的抛填料、铁件,便能通过固结作用,达到良好的整体防渗效果。

要使水下抛土铺盖达到闭气止漏效果,必须使水下抛土体在施工期具有崩解、密实条件,运行期不被水流及渗透水破坏。为此,抛投区流速要小于 0.5 m/s,土体块径不超过 10~20 cm。抛填土料宜选用一般黏土、亚黏土及天然含水率较高的塑态肥黏土。

10.3.3.3　堵口经过

1998 年 8 月 7 日,13:10 发现重大喷土、喷水险情。很快形成 10 m 宽喷口。推入一辆 150 型双排 6 人座载重汽车,被急流冲走。溃口发展到 36.9 m,用一艘 25.8 m×8 m 水泥趸船及一艘 26 m×6 m 铁驳船驶入溃口,亦被冲走。溃口继续被冲深,估计流量超过 400 m^3/s。当日 15:00 左右,调用一艘长 75 m、满载 1 650 t 煤的大型煤驳船(长航甲 21025 号),利用 2 艘拖轮分别固定在驳船首尾控制船行方向。接近溃口时,抛首锚控制下淌速度。准确定位搁置在距溃口迎水侧,净距 3~7 m(见图 10-27)。该船中部搁在残存油码头浆砌石挡土墙上,大部分船底未能接触河底,溃口过流量仍达 300 m^3/s 左右。又继续采用氧炔切割破口法充水沉船 5 艘堵住较大缺口,溃口处过流量有所减小。沿沉船上、下游侧抛投块石、石袋护底。

8 月 7 日晚,开始沿沉船外侧下沉钢管排架。由于钢管数量少,仅部分沉船外侧设置了拦石钢管栅。

8 月 8 日,集中力量将截流戗堤上游侧抛出水面,下游侧亦有部分抛石出水面。中部过水流量大的部位抛投大型钢筋笼块石护底。实践表明,大型钢筋笼之间容易形成大渗漏孔洞,不宜多用。溃口上、下游两侧残堤继续坍塌,分别达 7.3 m 及 16.9 m,溃口顶宽达 61.1 m。为防止溃口进一步扩大,在两侧残堤堤头,向水中进占 2 m 左右,插打钢管共 70 余根,形成拦石构架,内抛块石及石袋,稳住口门。

8 月 8 日傍晚,大批钢管运抵现场。当晚沿沉船外侧全线下插钢管排架,形成一道完整拦石钢管栅。抛投块石流失量急剧减少。9 日上午截流戗堤基本全线抛出水面。实际施工水深一般 3~5 m,局部达 6~8 m。

8 月 9 日 9:00,开始沿溃口两侧残堤打木桩及钢管、固定水平连系钢管,向溃口中心进占,施工钢木组合构架。经 29 h 30 min 安装进占,共用 2 000 余根钢管、1 000 余根木桩,于 8 月 10 日 13:30 合龙。与此同时,向已形成构架的底部抛投块石及装石麻袋,中、上部抛填石袋,直至出水面。因石料供应不足, 抛填强度难以满足构架内快速填料要求。利用已沉煤驳船对钢木构架设置拉杆加固,背水侧增设钢管斜撑加固。

8 月 10 日,继续采用石袋、砂袋及粮食袋加宽、加高截流戗堤,至下午形成最大底宽达 19 m、顶宽 4 m、高出水面 1 m,最大高度达 8 m、长约 186 m 的截流戗堤。溃口过流量降至 100 m^3/s 以内。

8 月 11 日 10:00,组合堤内过流缺口仅 10 m 宽。此时上游侧残堤堤头背水侧出现渗浑水,立即组织战士集中力量在残存堤头及组合堤背水侧水下抛投块石,出水后码砌石袋加固,渗出浑水现象基本消失。后戗继续向溃口中心进占不到 10 m,组合堤内未填石袋的缺口过流形成的回流流速大,战士在水中站立困难,后戗难以再进占。背水侧抛石护底,又缺乏块石;而抛大型装碎石麻袋,人力难以抛远,撞松钢管斜撑,也难以进行。经核算,钢木构架合龙,未抛土闭气前,承担水头差约 2 m,石袋填至 24 m 高程情况下,抗滑安全系数可达 1.4。现场观测竖向钢管仍基本插人河底内,迎水面拉杆工作正常,背水侧斜撑有受力变形情况,但钢木构造无明显变形。继续向钢木构架内抛填石袋进占。当日 19:00,构架内抛填石袋的中、下部已合龙,仅顶部剩余宽度不到 2 m,水深不足 0.5 m 小缺口仍在过流。

8 月 12 日,集中主要力量抢填后戗台的临时断面(顶宽 4 m、边坡 1:0.5,见图 10-28),以加快堵口速度。当日 13:00,钢木构架内石袋全部合龙,并抢填到 24 m 高程,形成钢木石袋组合堤。16:25 开始后戗临时断面缺口封堵,对于集中渗漏部位,采用大型钢筋笼及钢管栅栏石。至 18:30 封堵成功。背水侧的冲刷深坑顿时成为静水。

8 月 13 日,集中力量按后戗台外坡 1:3要求加宽、加固。至 8 月 14 日 6:30 完成后戗台填筑任务。

8 月 14 日上午,潜水员检查组合堤迎水面水下情况,发现水底堆积有倒塌的混凝土块、流入铁件及抛填料;但组合堤内石袋间无集中渗漏通道。11:00 开始沿组合堤迎水侧抛砂(用砂量 1 m^3/m)并用 0.4 MPa 压力水枪将抛在混凝土块、铁件上的砂冲到水底,以形成反滤。然后水下抛投黏土。为便于装船运输及人力搬运,在土料场将黏土装入编织袋并不再封口,溃口现场向水下抛投区抖出袋内黏土。至 16:40,下游侧黏土铺盖开始露出水面。8 月 15 日 7:00,水下抛土铺盖全线出水。后戗台背水侧渗水点全部消失。此时组合堤及其后戗台实际承担水头差 3.1 m。

8 月 17 日开始回填溃口背水侧形成的冲刷坑(最大冲深 7 m、长 50 m)及水塘至 20 m 高程。8 月 20 日 18:00 完成填塘固基。

10.3.3.4 堵口水力参数与工程量

(1)堵口施工期间长江干流流量及水位实测值见表 10-5。

表 10-5　堵口期间流量及水位实测值

日期	长江流量(m^3/s)	九江市水位(m)	溃口处水位(m)
8月7日	65 300	22.82	22.90
8月8日	66 800	22.82	22.90
8月9日	68 000	22.81	22.89
8月10日	68 000	22.82	22.90
8月11日	67 000	22.77	22.85
8月12日	68 600	22.74	22.82

(2)堵口工程量。按实测结构尺寸计算的各部位工程量见表 10-6。

表 10-6　各部位计算工程量

部位	填料	工程量(m^3)	
		分部	小计
截流戗堤	主要为块石,其次为石袋	15 624	21 006.1
钢木构架组合堤	主要为石袋,少量块石	1 161	
加固后戗	主要为石袋,少量块石	4 221.1	
水下抛土铺盖	黏土	8 618.4	8 618.4
填塘固基	块石,少量碎石	35 000	35 000
总计			64 624.5

10.3.4　溃口段复堤方案

10.3.4.1　复堤方案概述

溃口段为临时抢险工程,填料复杂。其上、下游残存堤防亦存在堤外挡墙墙基不稳固,堤身填筑质量差、堤基未处理、堤基表层存在粉质壤土层等问题,必须拆除重建。溃口段设计挡水位 23.39 m,堤顶高程 25.39 m,采用倒 T 形钢筋混凝土防洪墙结构,底板埋置高程 16.88 m,总高度 8.51 m,其中伸出地面悬臂高度 4.51 m,墙后不填土(见图 10-29)。两侧连接段采用 L 形墙,背水侧填土(见图 10-30),以清楚显示溃口部位。基础为格栅状深层搅拌桩,穿过含有淤泥质土的灰褐色粉质黏土,直达粉细砂层。

10.3.4.2　复堤段渗流控制设计

钢筋混凝土防洪墙结构渗流控制关键是底板与地基土之间防止接触冲刷及地基渗流稳定。复堤段第四纪地层总体属二元结构。上部 10~11 m 属相对不透水的黏性土层,以下为厚达 20~25 m 砂性土透水层,与河道水力相连。但上部粉质黏土内夹有淤泥质土、粉细砂夹层或透镜体,易形成渗流通道,堤内外无完整天然铺盖。水平层状沉积形成水平向的渗透系数远大于垂直向渗透系数,渗流容易沿水平方向流入堤背水侧。特别是表层含有渗透稳定性极差的粉质壤土。计算表明,若不挖除,当江水位涨到 21.38 m 时,水平

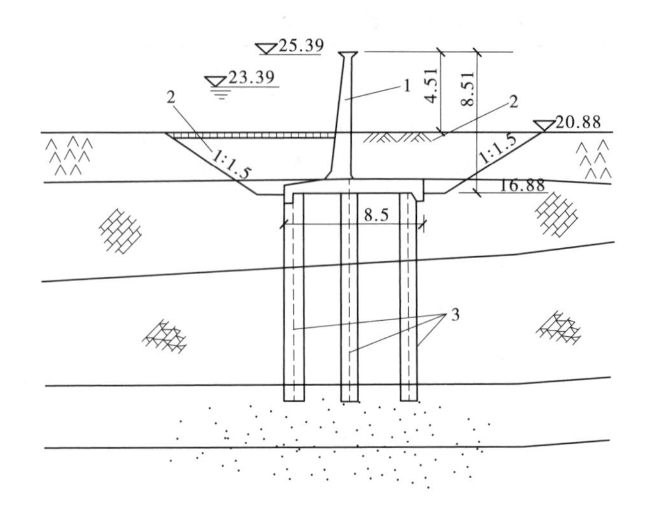

1—防洪墙;2—回填黏土;3—格栅状深层搅拌桩

图 10-29　溃口段地基及复堤结构图　（单位:m）

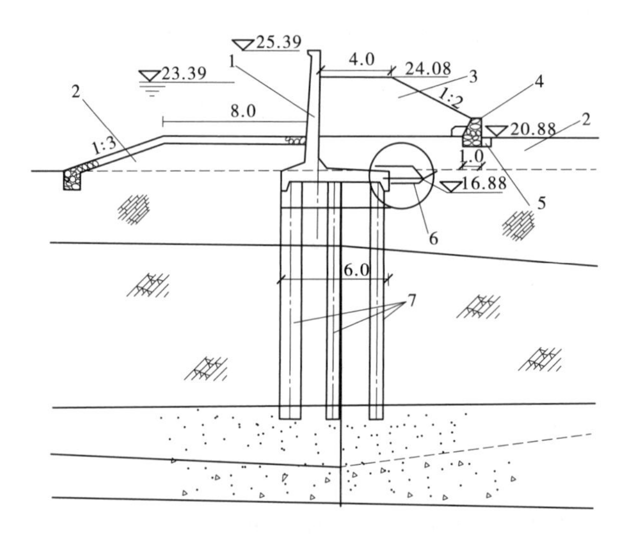

1—防洪墙;2—回填黏土;3—墙后回填土;4—挡土墙;5—排水沟;6—CEBI 土工网;7—格栅状深层搅拌桩

图 10-30　下游连接段地基及复堤结构图　（单位:m）

逸出坡降达到临界坡降;涨至 22. 87 m 时,水平逸出坡降达到 2. 62,已远超过破坏坡降。1998 年 8 月 7 日,水位涨至 22. 87 m,这是引起溃口的主要原因。

1. 地基渗流控制措施

结合防洪墙对地基不均匀沉降控制要求,挖除溃口处全部临时堵口填料及两侧连接段的表层粉质壤土,将防洪墙底板设置在 16. 88 m 高程上。底板以下含有粉细砂及淤泥质软土夹层的粉质黏土,采用连锁深层搅拌桩形成截流帷幕,桩底伸入下部粉细砂层内不小于 0. 5 m。溃口段背水侧形成的跌塘及残存水塘全部回填至地面高程。处理后的地基为典型二元结构,由于上部有足够不透水层,故深部粉细砂及以下砂砾层不致发生渗透破坏。

2. 接触面渗流控制措施

为了防止与防洪墙底板接合部及下埋粉质黏土产生接触冲刷，防洪墙底部设置的垫层，材料选用当地含砾黏土，垫层面上浇筑 10 cm 厚混凝土整平层。整平层上浇防洪墙底板。防洪墙后回填土，回填土体坡脚处设浆砌石挡水墙，墙外侧设置排水沟（见图 10-31）。

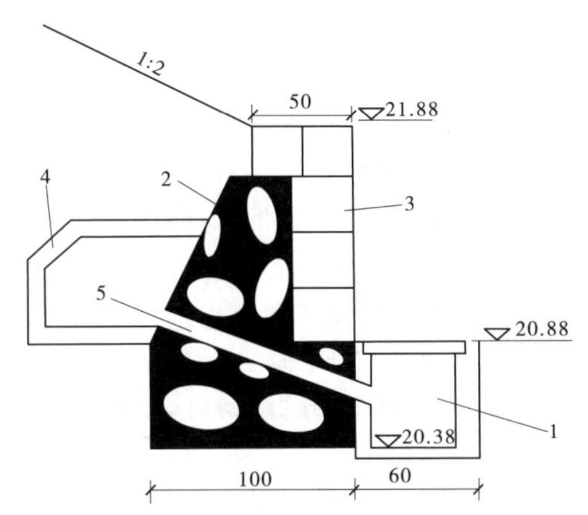

1—排水沟；2—浆砌石；3—条石砌面；4—砂及碎石反滤层；5—PVC 管（$d=10$ cm）

图 10-31　排水沟结构图　（单位：m）

10.3.4.3　复堤段地基处理设计

钢筋混凝土防洪墙按 15 m 长分块，墙采用 PVC 止水带止水。当横向和纵向总位移差大于 13 mm 时，便有可能撕裂止水带，且影响墙体美观和安全，故应控制相邻块防洪墙接头间沉降差不大于 10 mm。沉降计算表明，溃口段及其下游连接段含有淤泥质土等软土层，若不进行地基加固处理，局部地段允许承载力小（仅 80～90 kPa），剩余沉降量可达 120 mm，相邻块差异沉降可达 18 mm。

为了控制沉降量，提高和均化地基承载力，结合迎水侧黏性土层内粉细砂夹层的截渗处理要求，采用格栅状加固形式的深层搅拌桩加固黏性土地基（见图 10-32），使深层搅拌桩在软土地基中连成一个封闭整体，以提高防洪墙整体刚度，增加抵抗不均匀沉降能力。

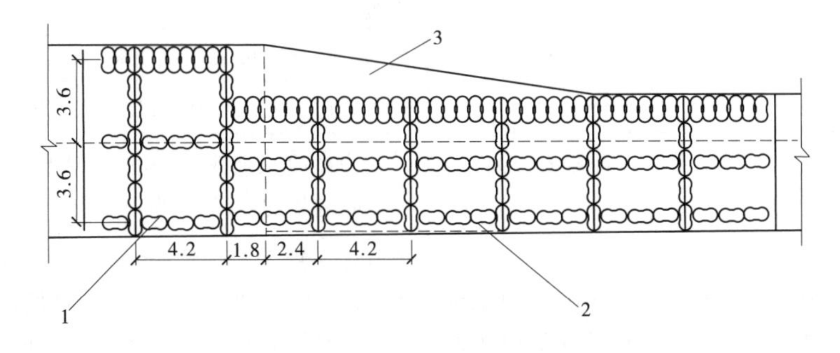

1—溃口段搅拌桩；2—下游连接段搅拌桩；3—防洪墙底板

图 10-32　格栅状深层搅拌桩平面布置图　（单位：m）

10.3.4.4　防止堤后填土裂缝措施

溃口的上下游连接段防洪墙后均需填土。为避免新填土产生不均匀沉降裂缝，在防洪墙背水侧底端铺设 CEBI 土工网(见图 10-30)，将其平铺浇入防洪墙底板内 30 cm，待混凝土达到设计龄期后，再填筑土工网上下黏土，两层土工网之间填土厚 60 cm。土工网另一端按 1∶1边坡折起包裹上层填土，再在上面继续填土。

10.3.5　主要认识

10.3.5.1　关于堵口与截流的异同

决口的堵口与河道截流虽然都是截断水流；但截流是在人们预先设定的龙口抛投物料截断水流，使河水全部改由其他水道(束窄的河床、隧洞、底孔、涵管等)宣泄；而堵口是抢险工程，决口部位难以事先预测，通过堵口工程阻断河水流入决口，使其回归原河床。决口处往往陆路交通断绝，难以采用大型施工机械，残存的土堤极易被冲刷。因此，大江大河中的堵口工程比截流工程更为艰巨和困难。它们的异同点如表 10-7 所述。

表 10-7　截流与堵口的异同点比较

截流	堵口
可以事先进行水力学计算、截流试验，了解截流当中流态及流速变化情况	时间仓促，无计算试验及完整设计成果，往往缺乏地形、地质资料，只能凭经验估计
截流龙口是人为抛投戗堤段所形成，有一定宽度和水深，龙口在进占过程中逐步缩窄、水深变浅	是水流漫顶、漏洞或淘刷形成，深度和宽度发展难以预估。决口在堵口初期仍不断加宽、加深
截流日期可根据工程进度及要求、水文及水力学条件、施工准备情况选定，一般为枯水期。截流时间长短可根据已有截流设备、劳动力等情况选择	决口日期和地点无法预计，且多在汛期洪峰或高水位情况下发生，必须尽快堵住。堵口时间越长、困难越大、损失越重
截流龙口一般为正面进水，进入龙口的水流较平顺	决口一般为侧向进水，口门处水流流态散乱，有强烈回流，漩流淘刷
可以采用大型施工机械施工，主要为自卸汽车运料、抛投	堵口现场主要靠人力，往往只有水上交通，填料主要靠船运
遇易冲河床，可事先进行龙口护底保护	溃口处流速大，难以护底，其背水侧形成冲刷深坑
两侧戗堤堤头在截流前可做好裹头保护	两侧残存土堤堤头抢做裹头保护，难度大
多采用立堵抛投方式	多采用平堵或平立堵结合抛投方式
抛投材料已备齐，可采用大型混凝土四面体、大块石及钢筋笼	人力抛投只能采用 100 kg 以下块石、石袋，全为临时筹集的、容易获得的材料
龙口流态一般由淹没流进入自由流，上游水位随进占逐步抬高。下游水位一定，上下游水头差由小到大	水流一般为自由流，当堵口时间过长、淹没区水深过大时，后期有可能进入淹没流。迎水面水位与河水位一致，基本不变。背水面水位由初期的低转为高，随堵口工程进占又降低，水头差由高到低，又由低到高

10.3.5.2　堵口设计与施工原则

九江长江江堤决口属溃决,形成的溃口冲刷率较漫决大;封堵溃口时,必须充分估计溃口处水流集中、流速大的特点,遵循下述设计、施工原则。

(1)由于溃口现场难以使用机械及起吊设备,以人力施工为主。

(2)速度是关键。堵口措施设计应有利于三班制、平行流水作业、全面施工。

(3)确保人身安全。由于溃口流速湍急,堵口施工应能在水面以上进行,并逐步创造静水闭气条件。

(4)堵口工程争分夺秒,难以提出完整设计图纸及技术要求。因此,主要设计技术人员必须亲临堵口施工现场,做好技术指导,根据变化的实际情况修改、完善实施方案以及质量控制措施。

(5)采用的截流、堵口、闭气方式,应有利于逐步减小溃口处过流量及流速。前一步工序为后一步工序创造人力能施工的条件。

(6)溃口流速大,又无法采用机械化施工,抛投料必须人力能搬动抛投。因此,截流及堵口要有拦石装置,防止或减少急流冲走抛投料。

(7)每施工一步至抛投料出水后,必须尽快进行加宽、加高、培厚,增加结构稳定性和渗透稳定性。

(8)为防止溃口进一步扩大,必须尽快进行溃口两侧残堤堤头保护,且其保护措施不应影响堵口结构安装和抛填施工。

10.3.5.3　经验与体会

在我国最大的河流长江上,超过九江市历史最高洪水位22.20 m条件下,做到了安全施工,无人员伤亡,仅用2 d时间完成截流、3 d时间完成堵口、2 d时间完成后戗台、2 d时间完成闭气。不仅减少巨大淹没损失,确保了九江市的安全,也为我国截流与堵口技术发展,提供了极其宝贵的理论与实践经验。

(1)长江堵口是一场人与大自然惊心动魄的搏斗,充分体现了人的因素第一,科学堵口的重要性。人民解放军和武警官兵是这场堵口战斗的主力军。

(2)制订堵口方案,必须坚持理论、实践经验与溃口现场实际情况相结合的原则。快速、安全施工是堵口成功的保证。因此,堵口施工既要步步为营、平行流水作业,又要做到前一工序为后一工序创造快速、安全施工条件。

(3)为减少堵口困难,必须自始至终注意溃口两侧残堤堤头保护和背水侧加固,防止出现沿残堤绕渗及溃口加宽、加深。

(4)沉船应尽可能选用平底船。第一艘沉船宜选用满载的大型船舶。为防止拦石钢管栅被运料船撞击移位,其上部出水部分宜采用钢管或型钢将各片钢管排架连成整体钢管栅,以增强其抵抗船舶撞击力的能力。运料船与沉船间应设置定位构架,维持2~3 m净距,以利下插钢管排架及抛石截流。

(5)堵口工程的实用抛填量及材料耗量远大于计算值。为确保高强度施工,应备足主要堵口材料。

10.4　堵口新技术展望

10.4.1　遥控式静压连续桩施工系统

10.4.1.1　技术特点

钢板桩技术在国内外已应用较多,应用范围包括码头、水运航道、公路铁路、水利、建筑等各领域,其用途大致分为永久性结构物和临时性结构物两个方面;应用形式如防波堤、导流堤、围堰、截渗墙、挡土墙、护岸、护墙、码头等。1998 年长江大水后日本提供援助,在长江大堤建造了钢板桩截渗墙堤防加固工程。1999 年国际水利技术展览会上展示有一种名称为"遥控式静压连续桩施工系统"的日本高新技术,有望在黄河河道堤防的治理和防洪抢险中发挥重要作用。该系统主要包括压桩机(KGK-130C4)、超低空 Y 形吊车、自动桩顶运桩车和激光照准仪等。该系统操作情景如图 10-33 所示。

遥控式静压连续桩施工系统又称为遥控机器人钢板桩连续压入施工新工法,是钢板桩施工工艺方法的革命。该系统有以下主要特点:①技术先进性:应用先进的无线遥控和液压控制技术完成沉桩和拔桩作业,充分体现了自动化、机械化、远距离控制的高新技术水平;②环境保护性:工作时无振动、无噪声、无钻孔,施工占地面积小、结构紧凑、易搬运,用此设备还可以对已建的钢板桩工程撤除和改建;③运行经济性:具有独特的结构,可以在地面也可以在水面上施工,桩机无须借助起重机吊运,自己在压入的桩顶上行走,可省去栈桥、平台等辅助工程,无须其他辅助机械设备,节省大量工程费用,降低工程成本;④施工快速性:高度自动化控制,远距离无线遥控作业,集运桩、吊桩、压桩于一体,大大提高施工效率,压入速度 2.7~7.5 m/min、引拔速度 2.2~21.8 m/min;⑤安全可靠性:作业时,该系统的卡脚紧夹在桩上后再进行压桩和拔桩作业,因此绝对安全,不会翻倒,不受桩长限制,桩体压入的方向、垂直度都可以通过遥控器细微调整,能方便地进行圆弧、转角等高精度施工,同时还可以随时获得桩的承载力数据,确保工程质量。桩机品种有多种选择的余地,可以根据黄河的需要选择适合的类型。

10.4.1.2　在重大险情抢护中的应用

经济社会的发展对黄河下游防汛抢险技术提出了更高的要求,依靠机械化、专业化队伍抢险已成发展趋势,但目前专业机动抢险队还缺乏必要的手段和装备,尤其是先进的可以抢大险的设备。遥控式静压连续桩施工系统可望在以下重大险情出现时发挥作用:

(1)堵口抢险:堤防决口需要迅速堵复时,需要首先考虑裹头技术以防止口门的扩大。用钢板桩在决口口门堤防的两个断头处向后退十余米位置迅速栽入钢板桩,制作堤防断头的裹护工程,应是较有效快速的一种方法。用钢板桩裹护的堤防断头,抗冲刷能力好,也可为下步用钢板桩进占的堵口方案提供牢固的支撑点。

(2)漏洞抢险:堤防出现漏洞,尤其是深水漏洞时,目前还没有有效的方法。如用钢板桩在临河侧快速制作一道临时围堰或截渗墙,对防止漏洞扩大,效果将会很好。

(3)"横河""斜河"抢险:当出现"横河""斜河",大溜顶冲堤防时,也缺乏很有效的抢护措施,这时如在顶冲段用钢板桩快速制作一道墙,或在适当位置快速修建挑流堤调整河

(a)水中抢修板墙

(b)修筑板桩护岸工程

图 10-33　遥控式静压连续桩施工系统作业模拟情景

势,可有效防止冲塌险情的进一步扩大。

10.4.1.3　在河道整治工程中的应用

在河道整治工程方面,临时的护滩工程,临时导流堤坝,透水桩坝的施工等方面采用此项技术也有其优越性。在黄河下游需要变宽浅河槽为窄深河槽而又不能影响泄洪的河段,用钢板桩技术再辅以其他技术建设控导工程,小水时能起到束窄河道的作用,大水时也允许漫顶而不毁坏,因此也可望成为一种很好的治河工程技术,甚至可能成为一种新的不抢险坝。

10.4.1.4　适用性及运行维护

黄河下游河床的地质情况和堤防工程的土力学特性适合这种静压式植桩施工方法。可以充分发挥设备的作用。另外平时设备还可在基坑支护等许多工程的施工中应用,既可锻炼队伍,也可创造效益,用于设备的正常维护。因此,该项技术可望提高黄河机械化抢险和河道整治机械化施工的水平。

10.4.2　浮体码头作业平台与抛投工法

10.4.2.1　工程背景

由于黄河不通航,船只较少,抢险也缺少水上作业平台,直接影响料物抛投效率和到位率,进而影响抢险效果和用料控制。本节介绍一种水位变动情况下快速修建水上作业平台的整套抛石方法——感潮河流混凝土预制块抛投护岸施工工法。

孟加拉国海堤改良工程,采用预制块抛投护岸形式。由于施工区域每日受涨落潮流及高达 2~4 m 潮差影响,给预制场码头建设、预制块装船、运输、不等高度驳船作业平台的对接并实施预制块转运、抛投船定位、移位、机械抛投等各项工作带来一系列极其复杂的技术难题。预制块规整,其抛投采用石块的抛投施工方法显然是不科学的,经现场试验研发了感潮河流预制块抛投护岸施工工法。

10.4.2.2　工法特点及适用范围

1. 工法特点

(1)采用拼装式浮体码头进行装船,规避了潮汐影响,减少了窝工;同时浮体码头结构简单,拆装方便,可重复使用,可节约临建成本。

(2)利用抱夹机升降装载功能,消除了水上不同高程作业平台间必须依靠搭板连接的常规交通方式;取消交通连接搭板后,节省了运输船甲板上抱夹机会车及转弯调头空间,增加了装载量,提高了运输效率,节约了运输成本。

(3)大型平板驳配合拖轮运输,机动灵活,运输效率高,加快了施工进度,缩短了工期。

(4)机动卷扬机配合 GPS 精准定位,能够做到抛石到位,确保了抛投护岸施工质量。

(5)施工分段作业面采用网格法分配预制块,抱夹机精准码放,小型挖掘机推抛,具有功效高、数量准确、质量保证、安全可靠等特点。

(6)全机械化施工,杜绝了人海作战碰伤、落水等引起的工伤事故,降低了施工安全风险。

2. 适用范围

适用于水深大于 1.5 m、风力小于 4 级、浪高小于 0.5 m、流速小于 2 m/s 等自然环境条件下沿海地区的圩区堤岸防护、河道的滩涂保护、航道冲刷防护等,对内陆地区大江大河进行堤岸防护也有参考价值。

10.4.2.3　工艺流程

工艺流程见图 10-34。

10.4.2.4　关键环节

1. 浮体式码头建造

为满足潮位上下浮动 4 m 的条件下不间断施工要求,经过多次试验论证和验算,研发建造了由 18 m 长钢构桥和浮体(12 m×8 m×0.8 m)相拼接形成的拼装式浮体码头(简称浮体码头,见图 10-35)。浮体码头与岸上道路柔性连接,水面浮体采用八字缆绳与岸上

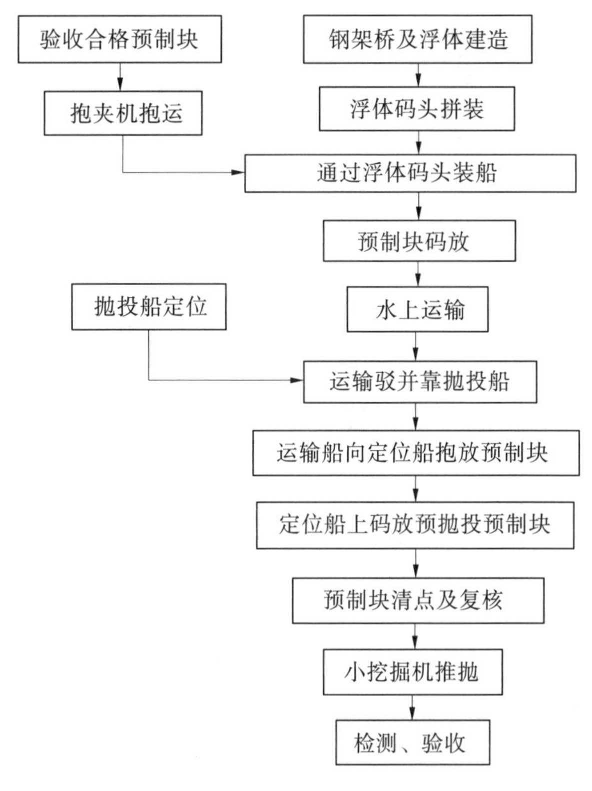

图 10-34　工艺流程

定位桩连接固定，以抵抗涨落潮水流对浮体码头的冲击力。浮体码头满足了预制块全天候装船需要，避免了窝工，并在 5 个预制场推广使用，极大地推动了抛投护岸及预制块护坡工程的施工进度。

2. 预制块装船

验收合格的预制块，用抱夹机抱起，沿浮桥行走到浮体，在浮体上把预制块直接抱放到与浮体紧靠的平板驳运输船上（见图 10-36），两个船体间的动态高差巧妙利用抱夹机抱夹的升降功能完成作业，消除了浮体与船体之间必须依靠常规搭板连接的交通运输方式，降低了船舶的直接建造成本，而且装船与码放的两个抱夹机之间运输过程不存在路线交叉，节省了会车及转弯的回旋空间，增大了驳船甲板的有效使用面积，增加了装载量，提高了运输效率。

3. 预制块码放

浮体码头上的抱夹机将预制块抱放到运输船边缘后，运输船上的抱夹机将其抱起转运，分类码放到运输船上的指定区域，一放一抱，过程衔接非常流畅。

4. 水上运输

水上运输基本采用一拖一驳的组合方式。当运输距离在 5 km 以内时，可采用一拖两驳的搭配方式，即重船送到抛投点停靠好定位船后，拖轮返回预制场码头，拖另外一艘装好的运输船发往抛投点，替换掉前一艘已卸载的运输船。即重船就位后，拖轮拖空驳船返回预制场，如此反复，灵活性和机动性大大增加，可减少拖轮使用数量。

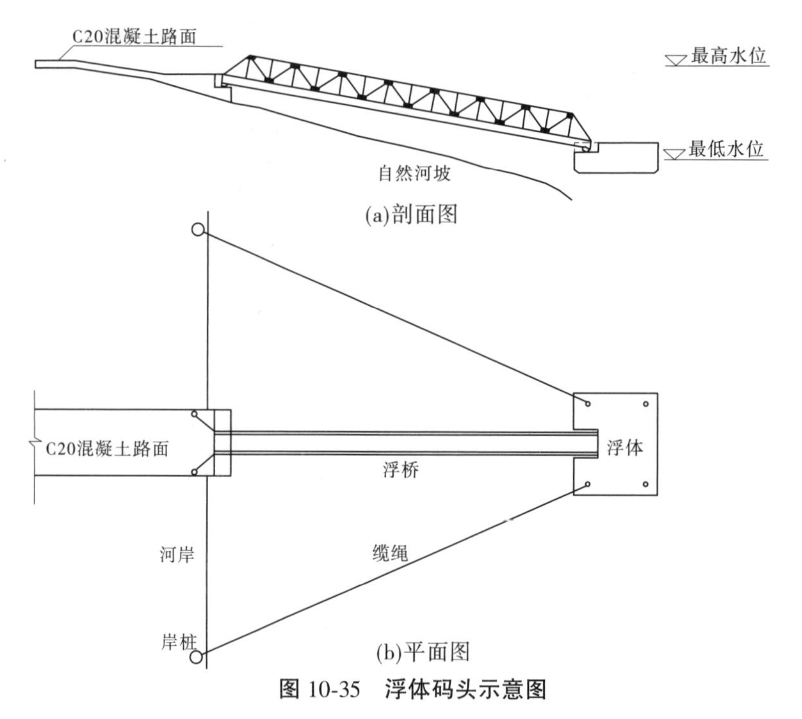

图 10-35　浮体码头示意图

航运速度一般控制在 7 km/h 的经济航速内,并根据不同的预制场位置合理调配运输拖轮与驳船的搭配,近距离配小功率拖轮,远距离配大功率拖轮,近程低速、远程中速的合理组合基本满足现场抛投循环运输的需要。

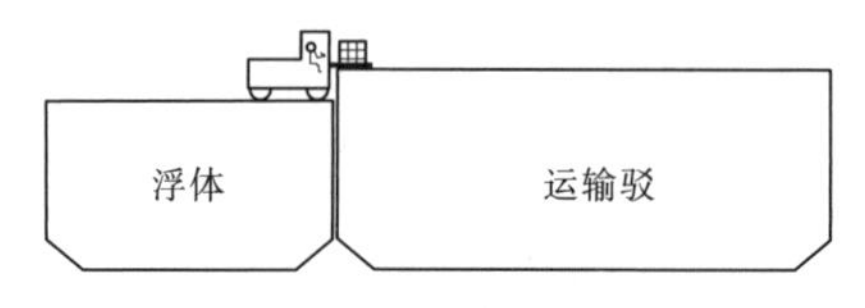

图 10-36　抱夹机装船示意图

航运时间选择在顺潮流方向行驶,一天两潮刚好满足一艘运输船一天两趟运输能力,缩短了运输时间,节约了油料消耗。

5. 抛投船定位

抛投船定位主要包括两个方面:一是粗略定位,利用 GPS 定位系统使定位船大致调整到抛投预定位置。二是精准定位,这是整个抛投过程的关键操作工序,直接关系到抛投护岸的质量;精准定位是利用定位船上 4 台机械式带人工微调功能的卷扬机收放 4 个八字缆配合 GPS 定位系统来完成(见图 10-37),确保每个工作面起始位置的准确无误。

6. 抛投施工

1) 施工分段

施工分段就是将海堤抛投护岸工程每一个设计抛投段划分为若干个施工区段,因此分段合理性对实施抛投作业十分重要。现场一般根据抛投定位船的船体长度满足现场施工实际需要且又便于操作的原则进行划分,本工程分段长度为 20 m(见图 10-37)。

2) 测量放样

抛投施工一般遵循"先深后浅,由脚到岸"的原则实施。定位船定位时先在施工分段设计坡脚抛投位置通过 GPS 定位系统放出大样,并用浮标作为标志定出大致位置,定位船就位后则利用 GPS 定位系统准确测量定位;抛投前网格的测量定位,为了便于控制采

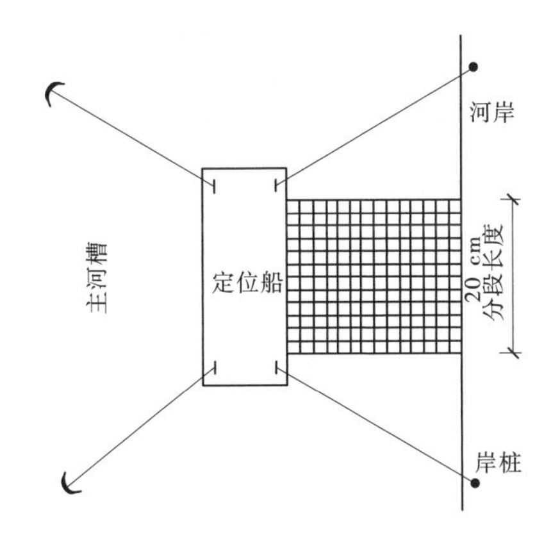

图 10-37　定位船定位及分段抛投网格示意图

用人工配合 GPS 动态微调来进行，以保证定位准确，设计网格投料均匀，无漏抛。

3) 运输船向定位船转运预制块

定位船定位后，运输船停靠，运输船向定位船转运预制块，转运工艺和通过浮体码头向运输船装载预制块一样(见图 10-37)，即两个船体间的动态高差也是利用抱夹机抱夹的升降功能完成转运、码放作业。一批次抛投数量码放完毕后实施抛投，为节约时间，抛投过程中预制块的转运可继续进行，以备运输船离开间歇的抛投施工。

4) 预制块清点及复核

施工分段作业面采用“网格法”分配设计预制块工程量，具有数量准确、便于控制的特点。抛投准备是把施工分段每前进 1 m 所有方格的混合搭配预制块数量按设计比例对应码放到定位船的边缘，待前进 1 m 作业面的预制块摆放完毕先由记录员清点记录，再请现场监理工程师复核签认并拍摄影像资料，作为工程计量的依据。

5) 抛投工艺

抛投作业面按施工分段设计网格，平行于河岸由坡脚向岸边推进(见图 10-37)。预制块清点后，由小型挖掘机从一端到另一端按顺序将预制块推入河内，即完成了该施工分段作业面前进 1 m 的抛投任务。

定位船移位，通过人工微调卷扬机收放两侧八字缆绳配合 GPS 控制向岸边移动 1 m，校准船位后，重复前 1 m 工作面的工序，完成该工作面的抛投，如此循环，直至达到岸边设计位置抛投完成，算是完成一个 20 m 长施工分段的抛投段任务。

抛投实施过程，还要根据当时的水深和水流等自然条件对预制块产生的漂移影响，确定并微调抛投船的定位，确保抛投预制块的护坡厚度、坡度质量，尽量使抛填后的坡面平顺。

7. 质量检测与抛投块体

采用水下地形测量确认抛投质量。用于抛投护岸的预制块块体尺寸为 40 cm×40 cm×40 cm 和 30 cm×30 cm×30 cm 两种。

10.4.2.5　劳动力与设备组织

施工中项目部按一个抛投点作为一个劳动团队进行劳动力组织编制，包括装船、运输、预制块转运及抛投，每个抛投点劳动力组织情况见表 10-8。每一个抛投点，完成各工序所需设备情况见表 10-9。现场施工照片见图 10-38。

表 10-8　劳动力组织情况

序号	类别	人数	说明
1	总指挥	1	
2	船队队长	1	
3	抱夹机司机	4	每辆车 1 人
4	船员	4	每艘拖轮 2 人
5	水手	4	每艘平板驳船 2 人
6	专职 GPS 定位员	1	
7	测量员	1	
8	记录质检员	1	
9	抛投点定位驳船操作员	6	
10	小挖机司机	1	

表 10-9　海堤改良护岸抛投设备

序号	名称	规格型号	单位	数量	说明
1	平板驳船	600 t	艘	2	运输
2	拖轮	270 kW	艘	1	运输
3	拖轮	180 kW	艘	1	运输
4	抱夹机	CPCD30	台	4	装船及转运
5	交通艇	15 kW	艘	1	人员、零星材料运输
6	定位平板驳船	600 t	艘	1	抛投
7	华星 GPS 定位系统	A8	套	1	抛投船定位
8	挖掘机	PC-70	台	1	抛投

10.4.3　水陆空联合作业与技术攻关展望

随着米 26 大型直升机在 2008 年唐家山堰塞湖处置中的应用,水陆空联合作业抢堵决口受到更多关注。在“十三五”国家重点研发计划“重大自然灾害监测预警与防范”“水资源高效开发利用”等重点专项中也列入了一批与防汛抢险技术与装备有关的项目,相信这些项目的实施将为大幅提升堵口的机械化、专业化水平提供有力的技术和装备支撑。有关项目主要包括以下内容。

(1)水利工程大坝安全监测预警、应急处置技术及应用(2016 年)。

研究内容:研发水利工程大坝深水检测修补技术装备,研究极端事件大坝溃决监测预警与应急处置技术;研究水利工程环境安全保障技术,研究大坝泄洪消能技术。

(a)浮体码头效果图

(b)预制块转运

(c)从浮体码头向运输船抱放预制块

(d)水上运输

(e)卷扬机配合GPS进行抛投船定位

(f)班前安全培训及技术交底

(g)预制块抛投

(h)预制块清点复核

(i)摆放预制块到预定抛投位

(j)抛投后护岸效果

图10-38　现场施工照片

考核指标:提交 10 项以上深水大坝监测预警及应急处置技术装备,10 项以上水利工程环境安全保障技术装备,形成国家技术标准,开展工程示范。

(2)长距离调水工程建设与安全运行集成研究及应用(2016 年)。

研究内容:针对大埋深长距离调水工程建设及安全运行的需求,研究大深埋隧洞、大跨度高架渡槽、闸泵阀系统等工程建设、技术装备,研制 15 MPa 超高压灌浆技术装备,研究应对自然灾害监测预警及快速处理技术,研究调水工程安全运行技术,开展集成示范。

考核指标:形成大埋深长距离重大水利工程建设与运行成套技术装备,在大型工程中应用。

(3)南水北调工程运行安全检测技术研究与示范(2017 年)。

研究内容:针对南水北调东、中线一期工程运行安全需求,研究大型建筑物常规运行条件下和极端因素影响条件下工程安全稳定运行影响因素、问题分类及诊断方法、检测技术标准等,研发大型渡槽、隧洞、管涵(PCCP)、倒虹吸、平原水库、泵站等运行安全检测技术标准与装备;突破线性工程运行安全检测技术难题,采用大数据分析技术,研究基于工程智能化检测手段下的预警技术及处置措施,研发线性工程智能化检测关键技术与装备。

考核指标:提出 1 套南水北调东、中线一期工程大型建筑物缺陷及问题分类及检测评价标准,形成适合于南水北调东、中线一期工程运行特点的大型建筑物运行安全检测技术和评估方案,研制 5 台套以上运行安全检测设备,提高安全运行维护效率 50%以上;研制 2 台套以上线性工程智能化检测装备,开发 1 套智能化检测预警系统,并在 100 km 输水渠段范围内进行示范。

(4)南水北调工程应急抢险和快速修复关键技术与装备研究(2017 年)。

研究内容:针对南水北调东、中线一期工程运行风险问题,研究渠道建筑物、干渠工程、平原水库等工程险情快速评价与应急抢险和修复技术;研发渠道衬砌结构损坏、输水建筑物损毁、出险应急处理等快速修复关键技术和设备。

考核指标:形成适合于南水北调东、中线一期工程运行特点的系统性应急抢险关键技术解决方案,研制 5 台套以上快速修复设备,提高工程运行安全保证率。

(5)高寒区长距离供水工程能力提升与安全保障技术(2017 年)。

研究内容:研究高寒区长距离输水渠道的劣化过程与灾变机理;研发渠道全断面改造、冬季供水及快速维护成套技术、装备和工法;构建高寒无人区渠道健康诊断、监测预警及安全运行定量评价体系;研究突发条件下高寒区长距离供水渠道应急调度技术。

考核指标:提出高寒区长距离供水渠道改造与维护成套技术、装备和工法,构建高寒区渠道健康诊断及安全运行定量评价技术指标体系;完成高寒区 10 km 以上渠道示范工程建设,年输水时间延长 30 d 以上,输水能力提升 20%以上。

(6)岸坡堤坝滑坡监测预警与修复加固关键技术及示范应用(2017 年)。

研究内容:研究膨胀土岸坡和堤坝滑坡渗透演化规律,建立全生命期行为预测模型和渗透失稳预警方法;提出膨胀土岸坡和堤坝滑坡渗透滑动无损探测的检测识别关键技术。研究不同渗透滑动条件下的柔性防渗墙防控设计理论方法,形成岸坡和堤坝渗透滑坡的柔性防护非开挖修复集成系统。

考核指标:建立柔性防渗墙质量控制和验收标准(征求意见稿)1 项;形成岸坡和堤坝

渗透滑坡检测识别技术发明专利不少于4项；堤坝渗透滑坡在线修复防控技术示范推广5处。

（7）堤防险情演化机理与隐患快速探测及应急抢险技术装备（2017年）。

研究内容：开展全国重点堤防现状调研、分类、工程信息建库与信息化管理研究，研究堤防管涌、冲刷、崩岸、漫顶溃决的破坏机理与险情演化机理，研究堤防工程安全评估指标体系、安全控制标准和安全运行风险评价体系，研究堤防风险识别与监测预警技术，研发堤防隐患快速探测、应急抢险、快速修复技术与装备，研究险情处置应急预案和应急避险技术。

考核指标：建立重点堤防工程全寿命服役期安全数据库，研发堤防隐患快速探测预警设备3套以上，提高堤防隐患探测精度20%，研发堤防工程抢险关键技术与装备2~3套，应急抢险效率提高30%，在3项以上工程开展示范应用。

（8）堰塞湖风险评估快速检测与应急抢险技术和装备研发（2018年）。

研究内容：研究堰塞湖形成机理、堰塞湖风险评估方法；研究堰塞湖影响区域地质、水文、气象等信息快速获取技术；研发堰塞湖、堰塞体险情应急监控、快速检测和预警技术与设备；研究不同堰塞体特征、溃决机理及溃决过程模拟预测技术；研究堰塞湖致灾风险快速评估技术和风险等级快速评价技术以及应急抢险决策标准；研发堰塞体快速排水疏通抢险技术与设备、崩塌快速修复技术与装备、抗冲刷快速防护技术和设备；研究堰塞湖下游应急避险技术。

考核指标：提出包括堰塞湖致灾洪水除险技术和应急预案等在内的应急抢险成套技术方案；研发堰塞湖和堰塞坝险情监控及预警技术设备3套以上，实现堰塞湖岸坡不稳定卸荷岩体和松散堰塞体的变形崩塌险情全覆盖监控，提前2 h以上进行险情监控和预警；研发堰塞湖应急抢险设备2~3套，堰塞体快速排水抢险设备的疏通效率>1 000 m^3/h，崩塌快速修复和抗冲刷快速防护设备的修复效率>100 m^2/h；提出堰塞湖风险快速评价技术和致灾风险等级标准，建立堰塞体溃决洪水致灾预警及风险评估系统平台，在2处以上典型堰塞湖开展示范应用。

（9）自然灾害损伤水工建筑物水下应急检测与处置关键技术装备（2020年）。

研究内容：面向重大地震、地质、洪涝等自然灾害发生后水工建筑物水下应急检测与处置的需求，研究水工建筑物自然灾害损伤巡检与应急处置技术方法；研发水库大坝灾后水下应急检测与处置技术装备；研发水下快速施工、高耐久性和环保性修复材料；研发长距离输水建筑物应急检测和处置技术装备；开展水下应急检测与处置装备的应用示范；构建自然灾害损伤水工建筑物水下应急检测与处置技术标准体系。

考核指标：自然灾害损伤水工建筑物水下应急检测与处置装备可满足水下搭载机械手臂，配备修复作业平台，支持表面清理、钻凿、嵌填和灌浆等多功能任务，支持搭载材料制备、储存和回收装置，渗漏缺陷修复率90%以上；在不同类型灾害现场进行验证及示范。其中，水库大坝应急检测与处置装备水下检测效率不小于1 000 m^2/h，最大检测深度不小于300 m，渗漏点、裂缝等缺陷定位精度不低于1 m，缺陷尺寸识别精度不低于10 cm；长距离输水建筑物应急检测与处置装备自主航行距离不小于10 km，适应流速不小于2 m/s，定位精度不低于1 m。核心技术实现自主研发，申请发明专利不少10项，制修订行业标准规范(送审稿)不少于 2 部。

(10)水下生命探测与搜索救援关键技术与装备研发(2020 年)。

研究内容:面向洪水、溃坝等灾害失踪者水下搜索和救援需求,研制便携式浑浊水域失踪者探测装置,开展多信息融合的失踪者定位与探测识别技术研究;突破水下图像增强、水下救援作业、智能控制与远程操作等关键技术,研制便携式水下应急救援动力装备、水下救援机器人;在国家级及省级应急救援队伍开展示范应用。

考核指标:研制的水下失踪者定位探测装备具高速精准定位、实时通信功能,垂直航迹向分辨率优于 2 cm,平行航迹向分辨率优于 9 cm,探测深度不少于 50 m;水下应急救援装备具备切割破拆、输送氧气、图像视频采集等功能,10 mm 厚钢板切割速度大于 30 mm/min,水下航速不低于 2 m/s,作业水深不小于 50 m,连续作业时长不小于 60 min;水下救援机器人可实现智能水下悬停,定深、定向、悬停、原地转弯、水底行走、切割破拆,水下航速不低于 2 m/s,作业最大水深不小于 300 m。在不少于 6 个国家级及省级应急救援队伍开展示范应用;核心技术实现自主研发,申请发明专利不少于 10 项,制修订国家或行业标准(送审稿)不少于 2 部。

(11)灾害现场高机动多功能模块化救援装备研发与应用示范(2020 年)。

研究内容:面向地震、地质等自然灾害救援需求,开展适于水陆空多途径机动的多功能模块化救援装备研制;研究救援装备模块化结构及轻量化设计,实现装备的轻量化及现场的快速分解与组装;研究一机多用功能化技术,实现挖掘、破碎等多种救援作业功能的机电液快速切换;研究智能化自主控制系统,使装备具备远程控制功能;研究装备的性能功能试验验证技术指标体系,开展应用示范。

考核指标:研制具备自主知识产权的高机动多功能模块化救援装备,装备具备挖掘、破碎等不少于 5 种作业功能及人工驾驶和远程操控 2 种操作模式,装备质量≤10 t,爬坡角度≥40°,行驶速度≥10 km/h,挖掘斗容≥0. 3 m^3;装备具备现场模块化快装快卸功能且轻量化及现场模块化组装后的整机功能性能指标均不低于原装备指标,单一模块质量≤500 kg,拆/装时间≤90 min;研制机电液快速切换装置,机具切换时间≤15 s;研制智能自主控制系统,操作模式切换时间≤15 s,遥控操作最大距离≥2 km;在不少于 3 个国家级专业救援队开展验证和应用示范。申请发明专利不少于 6 项,制修订行业/团体标准(送审稿)不少于 2 部。

(12)自然灾害应急运输保障集成技术及装备研发(2020 年)。

研究内容:研究灾情实时侦测评估和应急运输组织决策技术,研发应急运输保障信息系统;研发高承载能力、可拖挂专用重型特种载运平台;研发具有轮履快换、空运空投能力的可拖挂专用轻型载运平台;研究面向多种作业环境与货物类型的快速装卸和捆绑系固技术,研发自装卸起重装备与捆绑系固专用装备;开展多型装备与系统的集成应用示范。

考核指标:制成一体化跨区域应急运输保障信息平台 1 台套,具备灾情分析、态势跟踪、指挥决策等功能不低于 5 种;专用重型特种载运平台额定荷载不低于 65 t,最大爬坡度不低于 50%,铺装路面最高车速不低于 55 km/h,重载非铺装路面最高车速不低于 15 km/h;专用轻型载运平台满载总质量不高于 8 t,宽度不高于 2. 2 m;自装卸起重装备作业半径不低于 18 m、吊重不低于 2 t;制定一体化跨区域应急运输保障技术标准(送审稿)不少于 4 部，获发明专利不少于 5 项，并示范应用。

10.5　动水堵口方案的优化和关键技术环节

10.5.1　动水堵口技术方案的优化

10.5.1.1　汛期堵口改进途径

汛期实现快速堵复决口，核心是能让堵口料物更多、更快存留下来，可从三个方面着手：一是降低堵口难度；二是减少堵口工程量；三是提高堵口施工速度。

(1)降低堵口难度，主要通过改善堵口水流条件来实现，措施包括水库拦水、涵闸分水、挑水坝导水、引河疏水。

(2)减少堵口工程量，主要通过改善堵口工程的口门边界条件来实现，措施包括合理确定堵口工程措施和工程布置，并采取减少堵口料物流失、防止河床冲刷以及做好裹头防护措施等。

(3)提高堵口施工速度，主要通过提高堵口效率和速度来实现，措施就是采取机械化的流水作业施工方式，做到水陆空，协同作战。

在以上这些措施中，采取机械化施工，提高堵口的效率和速度，是实现较快堵复决口的关键。而传统堵口技术不适应机械操作，必须在工程材料、工程结构等方面进行改进，以满足机械施工的需要。

按黄河的实际情况，堵口能够大量使用的是大堤淤背区的土料和险工坝岸上堆放的备防石，社会上广泛存在的自卸汽车、挖掘机、推土机、装载机和解放军舟桥部队的汽艇、舟船等，如何组合当地土料、石料，既能抵抗较强水流的冲刷，又能利用大型工程机械设备施工，是值得研究的问题。

目前，在防洪工程建设和抗洪抢险中大量使用的土工合成材料、铅丝等工程材料，易于加工、运输、存放，可临时大量调集。用这些工程材料可加工成各种规格的包、袋、排、笼，装填土、石等当地材料，形成较大的组合料体，具有一定的适应变形能力，用于堵口可抵抗较强水流的冲刷。而且，材料加工、装(填)、运、抛(铺放)可机械操作，能满足快速堵口的需要。

10.5.1.2　堵口总体方案

根据目前黄河的实际情况和当前工程技术、施工手段，堵口工程总体方案是：在上游小浪底等水库调控下泄流量，口门以上引黄涵闸尽量引水的前提下，首先要对口门两侧堤防进行裹护，适当限制口门扩展；从两侧裹头进占堵口，修筑后戗跟进，加固占体；在进占的同时，对合龙区河床进行防冲保护；进占坝体合龙后，采取闭气措施；继续加固坝体至满足防洪要求。

10.5.2　堵口关键技术环节

根据堵口工程总体方案，按时间顺序，堵口的实施步骤见图 10-39。

堵口过程中的关键步骤如下：

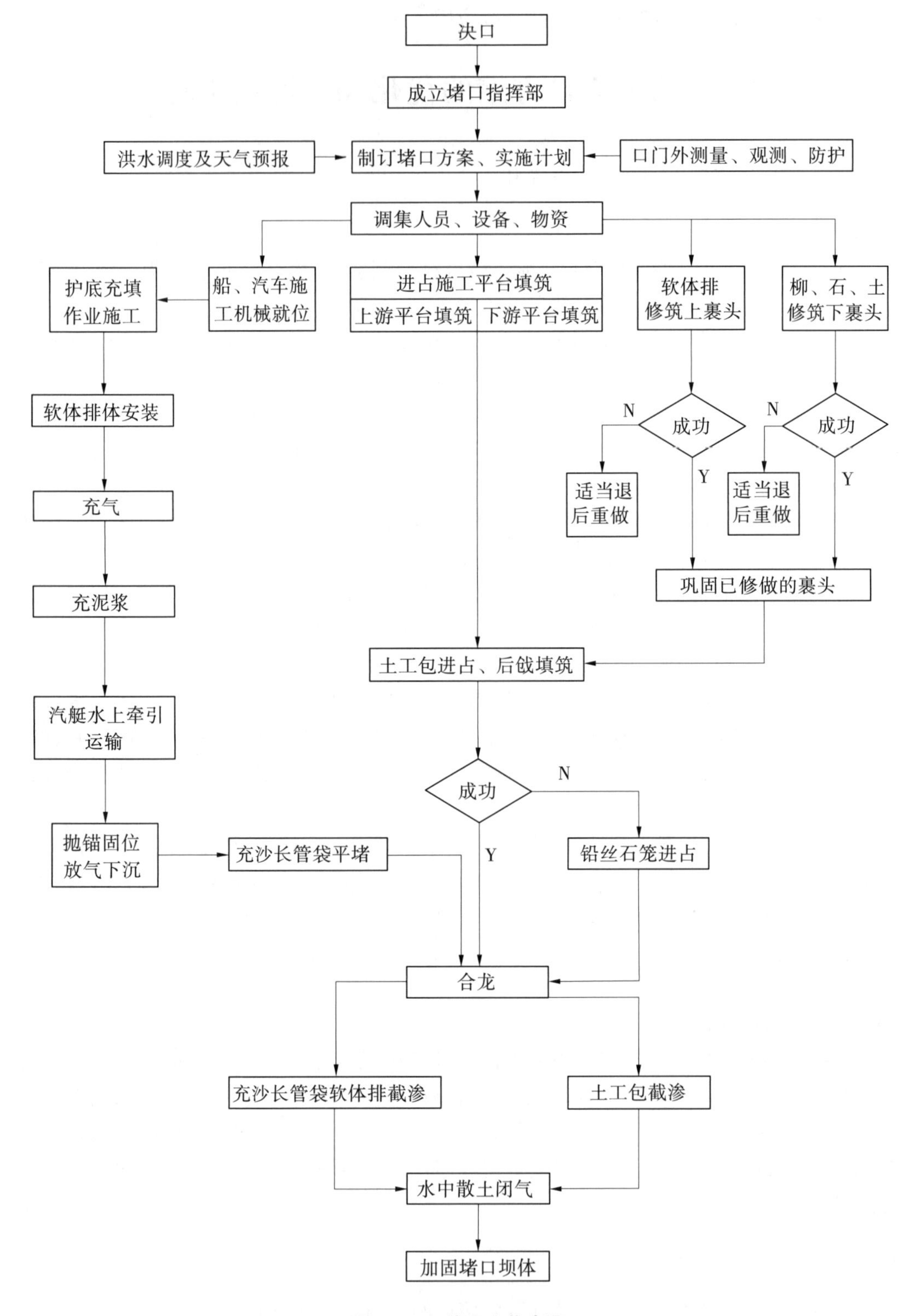

图 10-39　堵口实施步骤

(1)裹头。及时完成裹头工程,控制口门发展,是实现堵口的基础。针对上下裹头不同水流条件,应因地制宜分别采用不同裹护措施。

(2)进占。进占是堵口的主要工序,通过模型试验和现场试验,采用大型装载机、挖掘机、自卸汽车装、运、抛投大土工包、大铅丝网石笼进占,能满足进占要求。

(3)护底。对黄河这样的易冲刷河床,对口门尤其是合龙部位的河床采取护底防冲措施,是十分必要的,这将显著降低堵口的难度和减少堵口的工程量,有利加快堵口的进度。经模型试验、分析研究,采用充气式土工布软体排进行护底防冲是可行的。

(4)合龙。合龙时上下游水位差和流速较大,是堵口的难点。研究表明,采取大铅丝网石笼立堵配合土工布土枕平堵的方案,可以克服合龙困难。

(5)闭气。闭气是堵口的关键工序,是否能够闭气关系到堵口的成败。采用在占体前铺放土工布管袋式软体排或大土工包截渗防冲,在占体后填土闭气的措施是可行的。也可在背河侧修筑围堤,并采用泥浆泵淤填的办法进行闭气。

参 考 文 献

[1] 水利部黄河水利委员会. 黄河下游蔡集抗洪抢险启示录[M]. 黄河水利出版社,2008.

[2] 黄河兰考段抢险指挥部抢险专家技术组. 黄河兰考段蔡集工程堵口实施方案[R]. 2003.

[3] 翟家瑞,陈银太. 对 2003 年兰考蔡集工程抢险的几点认识[J]. 人民黄河,2004(4):13-14,46.

[4] 王卫红, 李小平,刘丰. 2003 年兰考、东明洪水漫滩落淤情况调查[J]. 人民黄河,2004(7):10-11.

[5] 张宝森,余咸宁,兰华林,等. 黄河下游串沟截堵技术研究报告[R]. 2006.

[6] 张宝森,杨根友,祁洪海. 黄河下游串沟截堵技术研究[J]. 地质灾害与环境保护,2007(1):10-13.

[7] 齐璞,张宝森. 黄河下游蔡集出险 10 周年思考[J]. 中国防汛抗旱,2014,24(5):51-52.

[8] 张宝森,王卫红. 黄河下游滩区防洪减灾分析[J]. 中国水利,2007(17):43-46.

[9] 谢志刚. 合金网笼抢护黄河下游工程险情的可行性分析[J]. 中国水运(下半月),2015,15(4):244-247.

[10] 张文倬. 水利工程河道截流的几个问题浅析[J]. 四川水利,2007(2):6-9.

[11] 谭必五,王鹏,王剑春,等. 杭州湾大潮差深水围堤龙口合龙施工技术[J]. 中国港湾建设, 2019, 39(9):64-68.

[12] 全国水利水电施工技术信息网,《水利水电工程施工手册》编委会. 水利水电工程施工手册(第五卷):施工导(截)流与度汛工程[M]. 北京:中国电力出版社, 2005.

[13] 郑守仁,杨文俊. 河道截流及流水中筑坝技术[M]. 武汉:湖北科学技术出版社, 2009.

[14] 河南省水利第一工程局. NALIAN 河锁坝施工组织设计[R]. 2018.

[15] 梁羽飞,任高飞,汪自力,等. 软基河床网箱混合截流技术与实践[J]. 人民黄河,2020,42(8):40-44.

[16] 杨光煦. 河堤决口水力特性及堵口技术[J]. 湖北水力发电,1999(4):9-16.

[17] 杨光煦. 九江长江江堤堵口实录及经验[J]. 人民长江,1998(11):4-7,49.

[18] 杨光煦. 长江江堤及九江溃口段复堤渗流控制与地基处理设计[J]. 长江职工大学学报,1999(2):9-14.

[19] 杨光煦. 堵口技术新发展——九江堵口工程中的创新技术[J]. 水利水电科技进展,1999(1):12-13.

[20] 杨光煦. 堤坝及其施工关键技术研究与实践[M]. 北京:中国水利水电出版社. 2000.
[21] 梁羽飞,潘奎生,孙华新,等. 感潮河流混凝土预制块抛投护岸施工工法[R]. 2018.
[22] 张宝森. 不抢险 PHC 管桩丁坝研究[J]. 人民黄河,2008(10):22-23.
[23] 谢志刚,张宝森. 振动沉桩法修筑黄河下游桩坝可行性分析[J]. 中国水运(下半月),2010,10(7):156-157,169.
[24] 谢志刚,张宝森,张晶. 黄河下游桩坝水上修筑方法探讨[J]. 人民黄河,2011,33(8):5-6,9.
[25] 张宝森,王忠福,田治宗,等. 黄河下游预应力管桩丁坝结构优化设计研究[J]. 郑州大学学报(工学版),2012,33(5):96-99,129.
[26] 李勇,王卫红,张宝森,等. 长期低含沙水流作用下黄河下游河势调整过程[J]. 人民黄河,2019,41(3):31-35.
[27] 张宝森,霍风霖. 堰塞湖溃决影响快速评估及应急措施探讨[C]//水力学与水利信息学进展. 四川:四川大学出版社,2009.
[28] 汪自力. 黄河大堤病险分析方法与抢险新技术[D]. 南京:河海大学,2009.
[29] 岳瑜素,赵青,王洁方,等. 应用应急物流理论优化黄河防汛物资储备[J]. 人民黄河,2014,36(8):37-38,42.
[30] 汪自力,何鲜峰. 2019 年典型堤防决口原因分析及对工程管理工作的启示[R]. 2020.
[31] 习近平. 在黄河流域生态保护和高质量发展座谈会上的讲话[J]. 求是,2019(20).
[32] 常向前,汪自力,何鲜峰. 新时代建立堤防风险标准的哲学思考[J]. 人民黄河,2020,42(9):71-75.
[33] 张清明,王荆,汪自力,等. 我国典型堤防工程管理现状调查分析[J]. 中国水利,2020(10):36-38.
[34] 田治宗,李泽平,邓宇. 新形势下黄河流域管理体制机理探讨[J]. 中国防汛抗旱,2020,30(4):17-19.
[35] 汪自力,薛建国,董舞. 澳大利亚水资源综合管理对黄河治理的启示[J]. 水资源开发与管理,2015(4):11-12,19.
[36] 科技部. 国家重点研发计划"水资源高效开发利用"重点专项申报指南[R]. 2016-2020.
[37] 科技部. 国家重点研发计划"重大自然灾害监测预警与防范"重点专项申报指南[R]. 2016-2020.
[38] 熊勇,程永辉,陈航. 堤防溃口应急抢险技术研究综述[J]. 长江科学院院报,2019,36(10):169-174.